Telegraphie und Telephonie ohne Draht.

Von

Otto Jentsch,

Kaiserlichem Ober-Postinspektor.

———

Mit 156 in den Text gedruckten Figuren.

Berlin.

Verlag von Julius Springer.

1904.

Spamersche Buchdruckerei in Leipzig.

Vorwort.

„Einst wird kommen der Tag, wenn wir alle vergessen
sind, wenn Kupferdrähte, Guttaperchahüllen und Eisenband
nur noch im Museum ruhen, dann wird das Menschenkind, das
mit dem Freunde zu sprechen wünscht, und nicht weiß, wo er
sich befindet, mit elektrischer Stimme rufen, die allein nur
jener hört, der das gleichgestimmte elektrische Ohr besitzt. Es
wird rufen: Wo bist Du? Und die Antwort wird erklingen
in sein Ohr: Ich bin in der Tiefe des Bergwerkes, auf dem
Gipfel der Anden, oder auf dem weiten Ozean. Oder vielleicht
wird keine Stimme antworten, und es weiß dann, sein Freund
ist tot.“ Ayrton.

Mit diesen Worten gibt Professor Ayrton ein Zukunftsbild von der
einstigen Gestaltung des menschlichen Gedankenaustausches durch die Erfindung der drahtlosen Telegraphie. Wenn man dieses Zukunftsbild auch
nur als Illusion oder mit Professor Slabys Worten nur als „wachenden
Traum“ bezeichnen kann, so veranschaulicht es doch treffend den gewaltigen Eindruck, den diese wunderbarste Erfindung der neueren Zeit selbst
auf die ernsten Männer der Wissenschaft gemacht hat. Hat doch die
Funkentelegraphie in der kurzen Zeit ihres Bestehens bereits Leistungen
aufzuweisen, die allerseits Staunen und Verwunderung erregen.

Am 21. Dezember 1902 hat Guglielmo Marconi erreicht, mit Hilfe
elektrischer Funkenwellen telegraphische Nachrichten durch den Äther über
den Atlantischen Ozean zu befördern. Wenn es ihm seither trotz großer
Anstrengungen auch noch nicht gelungen ist, zwischen seinen beiden transatlantischen Stationen in Poldhu und am Kap Breton einen regelrechten
Nachrichtendienst durch den Äther einzurichten, und wenn es auch nach
dem heutigen Stande der Technik überhaupt fraglich erscheint, ob eine
solche Verbindung sich je zu einem betriebssicheren Verkehrsmittel ausbilden lassen wird, so gebührt doch diesem Erfolge des rastlos vorwärts
strebenden jungen Italieners rückhaltlose Anerkennung. Neidlos wird sie
ihm von den Gelehrten und Technikern aller Länder und selbst von denen
gezollt, die sich mit der sehr weit getriebenen Reklame der Marconi-
Gesellschaften nicht befreunden konnten und diese auch heute noch scharf
verurteilen.

Mit der funkentelegraphischen Überbrückung des Atlantischen Ozeans
hat erfreulicherweise das meist planlose Hasten, auf dem Gebiete der

Funkentelegraphie den Weltrekord der größten Entfernung zu erzielen, der Erkenntnis Platz gemacht, daß der Allgemeinheit in erster Linie mit einer unbedingt sicheren und zuverlässigen Funkentelegraphie gedient ist, deren Einrichtungen einfach und wohlfeil sind. Die heute gebräuchlichen Systeme der Funkentelegraphie entsprechen durchgängig dieser Forderung; sie ermöglichen einen den praktischen Bedürfnissen genügenden Nachrichtenaustausch bis auf 300 km bei Verwendung mäßiger Energiemengen. Die Überbrückung weiterer Entfernungen bis zu 1000 km ist ebenfalls nicht mit erheblichen Schwierigkeiten verknüpft; sie erfordert nur die Aufwendung größerer Kraftquellen.

Diese Erfolge haben zu einem gewissen Stillstand auf dem Gebiete der Funkentelegraphie geführt; mit ihnen dürfte die erste Entwicklungsperiode des neuen Verkehrsmittels abgeschlossen sein.

Während die drahtlose Telegraphie mittels Hertzscher Wellen so in kurzer Zeit hervorragende Erfolge erzielt hat, ist die Anwendung der elektrischen Funkenwellen zur Übertragung von Gesprächen durch den Luftraum bisher noch nicht gelungen. Die Entdeckung des „sprechenden elektrischen Flammenbogens" durch Professor Dr. Simon hat indes den Weg gezeigt, eine drahtlose Telephonie mit Hilfe von elektrischen Lichtstrahlen zu ermöglichen. Die in dieser Hinsicht angestellten Versuche haben ergeben, daß unter günstigen Verhältnissen eine drahtlose Telephonie mittels elektrischer Lichtwellen auf 15 km möglich ist; eine praktische Verwertung der drahtlosen Telephonie in größerem Umfange ist jedoch bisher nicht erfolgt. Aussicht auf Verwirklichung einer drahtlosen Telephonie auf größere Entfernungen bieten neuerdings die Untersuchungen von Professor Simon und Reich über die Erzeugung hochfrequenter Wechselströme; durch sie dürfte das Problem der sogenannten Funkentelephonie bereits theoretisch gelöst sein.

In der nachfolgenden Arbeit will ich nicht nur einen Überblick über die gesamte Entwicklung der Telegraphie und Telephonie ohne Draht sowie ihrer Erfolge geben, sondern vornehmlich auch die Erfindungen und Untersuchungen deutscher Gelehrter und Techniker schildern, ohne die das heute Erreichte nicht möglich geworden wäre. Eine gebührende Würdigung des Anteils deutscher Geistesarbeit an der Entwicklung der drahtlosen elektrischen Nachrichtübermittlung habe ich bisher nur in dem vorzüglichen Werke „Die Telegraphie ohne Draht von A. Righi und B. Dessau" gefunden; die meisten ausländischen Werke schweigen sich darüber mehr oder minder aus.

Berlin, September 1904.   Der Verfasser.

Inhaltsverzeichnis.

I. Die geschichtliche Entwicklung der elektrischen Telegraphie ohne Drahtleitung.

II. Die Funkentelegraphie.

III. Die Telephonie ohne Draht.

I. Die geschichtliche Entwicklung
der elektrischen Telegraphie ohne Drahtleitung.

Bei der Telegraphie mittels galvanischer Ströme ist zwischen Geber- und Empfängerstation eine fortlaufende metallische Drahtleitung erforderlich. Da diese nicht nur einen verhältnismäßig hohen Kostenaufwand für die Herstellung und Unterhaltung erfordert, sondern auch eine nie versiegende Quelle von Betriebsstörungen bildet, so haben sich frühzeitig Bestrebungen geltend gemacht, Telegraphen zu schaffen, die einer metallischen Drahtverbindung zwischen Geber und Empfänger nicht bedürfen.

Die Versuche zur Lösung des Problems der Telegraphie ohne Drahtleitung lassen sich in vier Gruppen einteilen:

A) Die Versendung telegraphischer Zeichen durch die Erde oder das Wasser mittels galvanischer Ströme. Hierzu gehören die Versuche von Steinheil, Morse, Lindsay, Wilkins, Bourbouze, Mahlon Loomis, Rathenau und Strecker sowie neuerdings noch von Orling und Armstrong. Nennenswerte Erfolge mit derartigen Anordnungen, die man als einfache Leitungsmethoden bezeichnet, haben nur Rathenau, Strecker sowie Orling und Armstrong zu verzeichnen. Rathenau erzielte eine telegraphische Verständigung auf 4,2 km, Strecker auf 17 km und Orling und Armstrong bis jetzt auf 35 km.

B) Die Benutzung der elektromagnetischen oder elektrostatischen Induktion zur Übertragung telegraphischer Zeichen in die Ferne. Hierzu gehören die Versuche von John Trowbridge, W. H. Preece, Willoughby Smith, Stevenson, Sidney Evershed, von Phelps und von Edison sowie von Dolbear, Kitsee, Lodge und Somzée. Die Versuche von Preece haben zur Einrichtung einer Anlage für drahtlose Telegraphie im Bristolkanal zwischen Lavernock Point und der 5,5 km davon entfernten Insel Flat Holm geführt. Die Anlage ist seit März 1898 im Betriebe.

C) Die telegraphische Zeichengebung mit Hilfe der ultravioletten, also dem menschlichen Auge nicht sichtbaren Lichtstrahlen. Hierher gehören die Versuche von Prof. Zickler, die bis jetzt eine telegraphische Verständigung bis auf 1,3 km ergeben haben.

D) Die Verwendung der von einem elektrischen Funken ausgehenden unsichtbaren Kräfte — der elektrischen Funkenwellen, der elektromagnetischen Wellen oder Strahlen — für eine Telegraphie ohne Draht. Diese Methode hat bisher allein eine wirkliche und große praktische Bedeutung erlangt. Man bezeichnet sie als

1*

Funkentelegraphie, Telegraphie mit Hertzschen Wellen, Telegraphie ohne Leitungsdraht, drahtlose Telegraphie und Wellentelegraphie. Jede dieser Bezeichnungen hat zwar ihre Berechtigung; da jedoch die zur Übermittlung
der Nachrichten benutzten elektrischen Wellen bei allen Systemen dieser
Art von einer elektrischen Funkenstrecke ausgehen, der elektrische Funke
also die eigentliche treibende Kraft ist, so erscheint die von Prof. Slaby
zuerst angewandte Bezeichnung „Funkentelegraphie" für das neue Verkehrsmittel wohl die treffendste.

Für den Laien war die Funkentelegraphie zunächst etwas Unfaßbares
und Geheimnisvolles. Durch die Drahttelegraphie und -Telephonie sind
wir gewöhnt, einen metallischen Leiter zwischen den beiden Stationen zur
Übertragung der Zeichen und der Sprache auf elektrischem Wege für unent-
behrlich und selbstverständlich zu halten. Bei einer Verständigung durch
optische oder akustische Signale fehlt zwar ebenfalls das metallische Bindeglied, aber wir geraten nicht in Erstaunen, weil unser Auge und Ohr das
Zwischenglied: das Licht oder den Schall, erkennen.

Zur Wahrnehmung der Elektrizität steht uns dagegen ein Sinn nicht
zur Verfügung; daher ihr geheimnisvoller Reiz. Würden wir ein Organ
besitzen, das wie das Gehör für die Schallwellen in ähnlicher Weise für
elektrische Wellen empfindlich wäre, so bedürfte es für die drahtlose
Telegraphie nur eines elektrischen Wellensenders, und jeder müßte die
elektrischen Wellen wahrnehmen, wie er heute die von einer Glocke ausgehenden Schallwellen hört. Da wir aber einen besonderen elektrischen
Sinn nicht besitzen, gewissermaßen also elektrisch taub oder blind sind,
so mußte nach einem anderen Mittel gesucht werden, die elektrischen
Wellen wahrnehmbar zu machen. Als besonders hierzu geeignet erwies
sich ein kleiner, im wesentlichen aus Metallfeilicht bestehender Apparat,
auf den ich später noch ausführlich zu sprechen komme. Man hat diesen
Apparat Branlyröhre, Kohärer und Fritter genannt, ihn auch als „elektrisches Auge" bezeichnet, weil er den dem Menschen fehlenden elektrischen
Sinn ersetzt.

A) Telegraphie ohne Drahtleitung durch die Erde oder das Wasser mittels galvanischer Ströme.
(Hydrotelegraphie.)

a) Physikalische Grundlagen.

Verbindet man die Pole einer galvanischen Batterie oder einer sonstigen
elektrischen Stromquelle mit zwei Metallplatten (Erdplatten) und taucht
diese in eine stromleitende Flüssigkeit, so verläuft der Strom nicht nur in
der Richtung der geraden Verbindungslinie beider Platten, sondern er breitet
sich auch über die ganze Flüssigkeit aus. An Stelle der Flüssigkeit kann
auch feuchtes Erdreich treten (z. vgl. Fig. 2).

In dem zwischen beiden Erdplatten liegenden Raum ist die Stromdichte am größten, aber auch weit nach außen hin sind noch Stromfäden in einer solchen Dichte vorhanden, daß sie durch empfindliche Apparate wahrgenommen werden können. Hat man eine Gleichstromquelle verwendet, so muß man sich eines empfindlichen Galvanometers als Empfangsapparates bedienen; bei Wechselstrom nimmt man ein Telephon. Man hat in dem Telephon ein Instrument, das noch Ströme von recht geringer Stärke durch ein knackendes oder summendes Geräusch anzeigt.

Bei einer auf solcher Grundlage beruhenden Telegraphie gelangt also der auf der Senderstation erzeugte elektrische Strom selbst, wenn auch nur in geringen Bruchteilen, zur Empfangsstation. Da zu seiner Fortleitung dahin entweder Wasser oder durch Wasser angefeuchtetes Erdreich benutzt wird, so gibt man dieser Art der drahtlosen Telegraphie auch die Bezeichnung „Hydrotelegraphie". Sie ist am meisten der gewöhnlichen elektrischen Drahttelegraphie verwandt, da auch bei ihr die beiden Stationen noch einen gemeinschaftlichen Stromkreis für die Zeichenübermittlung bilden. Bei den übrigen Methoden der drahtlosen Telegraphie hat man für Geber- und Empfängerstation vollständig voneinander getrennte elektrische Stromkreise.

Steinheil[1] fand 1838, also bereits 5 Jahre nach Inbetriebnahme des ersten elektromagnetischen Telegraphen von Gauß und Weber, daß man die Rückleitung des Telegraphen durch die Erde ersetzen könne. Diese Entdeckung Steinheils, der viele vergebliche Versuche, die Schienen der Eisenbahnen an Stelle der Drahtleitungen zur Übertragung der Telegraphierströme zu benutzen, vorausgegangen waren, gab auch den Anstoß zu den Bestrebungen, die Erde oder das Wasser selbst zur Übermittlung der Telegraphierzeichen ohne eine Drahtverbindung zwischen den Stationen zu benutzen.

b) Versuche und praktische Anwendungen.

1. Morse.

Die ersten erfolgreichen Versuche auf dem Gebiete der Hydrotelegraphie stammen von dem Erfinder des Schreibtelegraphen, dem amerikanischen Professor Samuel Morse.[2] Bei der Vorführung seines Schreibtelegraphen in Amerika wurde im Jahre 1842 einmal der für die Demonstrationsversuche durch das Wasser verlegte isolierte Drahtleiter durch einen schleppenden Schiffsanker zerstört. Der Umstand, daß trotz der Unterbrechungsstelle im Drahte einige Zeichen übermittelt werden konnten, gab Morse Veranlassung, weitere Versuche zur Versendung telegraphischer

---

[1] Steinheil: Über Telegraphie, insbesondere durch galvanische Kräfte. Eine öffentliche Vorlesung, gehalten am 25. August 1838. München.

[2] Morse: Modern Telegraphy, Paris 1868, und Vail: American Electro-Magnetic Telegraph, Philadelphia 1845.

Zeichen durch das Wasser anzustellen. Die Ausführung dieser Versuche übernahm auf Morses Wunsch sein Freund Professor Gale (1844); dieser erreichte zuletzt eine Zeichenübertragung bis auf etwa eine englische Meile durch folgende Anordnung: Auf beiden Ufern des Susquehanna wurde eine Drahtleitung gezogen, deren Enden mit Kupferplatten verbunden in das Wasser versenkt waren. In die eine Leitung wurde eine galvanische Batterie, in die gegenüberliegende ein elektromagnetischer Empfänger eingeschaltet. Der Empfänger gab die durch Schluß oder Öffnung der Batterie auf dem jenseitigen Ufer dargestellten Morsezeichen wieder. Zur Erzielung der besten Übertragungswirkung mußte die Länge einer Leitung längs des Wasserlaufes etwa dreimal größer sein als dessen Breite.

2. Lindsay.

Der Schotte James Bowmann Lindsay[1]) will auf gleiche Weise wie Morse schon im Jahre 1831 eine drahtlose Telegraphie praktisch

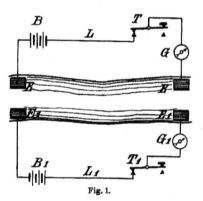

Fig. 1.

verwirklicht haben; das ihm für seine Erfindung erteilte Patent stammt aber erst aus dem Jahre 1854. Lindsay wollte mit seiner drahtlosen Telegraphie ebenfalls nur Mitteilungen von einem Ufer eines Wasserlaufes zum anderen übertragen, um hierdurch die Auslegung kostspieliger Kabel zu vermeiden. Zu diesem Zwecke zog Lindsay auf beiden Ufern eine Drahtleitung, in welche je eine Batterie, eine Taste und ein elektromagnetischer Empfangsapparat — es genügte ein gewöhnliches Galvanometer — eingeschaltet wurden. Jedes Ende der beiden Leitungen war an eine Erdplatte geführt, welche nahe am Uferrande in das Wasser versenkt wurde. Die beiden Batterien waren hintereinander geschaltet; sie arbeiteten also als eine einzige Stromquelle. Die Betriebsweise war eine Art Ruhestrom; wurde z. B. die Taste T (Fig. 1) gedrückt, so wurde dadurch der Batteriestrom in der Leitung L geöffnet und hierdurch der Strom in der gegenüberliegenden Leitung L_1 geschwächt. Es machte sich dies durch eine Verringerung des Ausschlags der Galvanometernadel bemerkbar. Als Bedingung für die Wirksamkeit der Anordnung ermittelte Lindsay, wie ja auch die Gesetze über die Stromverzweigung bestätigen, daß der Leitungswiderstand zwischen den einander gegenüberliegenden Erdplatten E und E_1 vermehrt um den

---

[1]) Richard Kerr: Wireless Telegraphy; with a Preeface by W. H. Preece. London 1898.

Widerstand der einen Leitung L oder L_1 nebst den in diese eingeschalteten Apparaten und Batterie kleiner sein mußte, als der Widerstand zwischen den beiden an der einen Uferseite liegenden Erdplatten E bzw. E_1. Es mußte also bei dieser Anordnung auch die Länge der beiden Leitungen längs des Wasserlaufes erheblich größer sein als dessen Breite. Konnte dieser Bedingung nicht Rechnung getragen werden, so mußten sehr starke Batterien und große Erdplatten zur Verwendung kommen. Eine weitere Bedingung war, daß die Platten unmittelbar einander gegenüberliegen mußten. Den besten Erfolg erzielte Lindsay bei seinen Versuchen mit der drahtlosen Telegraphie über den Tay von Dundee nach Woodhaven, wo der Fluß eine Breite von nahezu zwei engl. Meilen hat.

3. Wilkins.

Der englische Telegrapheningenieur J. H. Wilkins[1]) wollte 1849 eine drahtlose Telegraphie zwischen der englischen und französischen Küste einrichten. Sein Vorschlag ging dahin, an beiden Küsten nahe und parallel zum Ufer je eine 10—20 engl. Meilen lange Drahtleitung zu ziehen und deren zu Erdplatten ausgebildete Enden in den Meeresgrund einzubetten. In die eine Leitung sollte eine starke Batterie, in die andere ein empfindliches stromanzeigendes Instrument eingeschaltet werden. Dieses Instrument sollte aus einer Reihe von Drahtspulen bestehen, welche vor oder zwischen den Polen eines permanenten oder eines Elektro-Magneten drehbar aufgehängt sind. Sobald dann ein Strom durch die Drahtrollen fließt, wird dies durch deren Drehung angezeigt. Wenn auch der Vorschlag von Wilkins nicht zur praktischen Ausführung gekommen ist, so erweckt er doch insofern Interesse, als der von ihm angegebene Empfangsapparat das Vorbild für die Konstruktion des Syphon Recorders geworden ist.

Die geringen Erfolge, auf den vorbeschriebenen Wegen eine drahtlose Telegraphie durch die Erde oder das Wasser zu schaffen, entmutigten so, daß in den hierauf gerichteten Bestrebungen mehrere Jahrzehnte ein vollständiger Stillstand eintrat. Gewisses Interesse erregten in dieser Zeit des Stillstandes nur noch ein Vorschlag des französischen Ingenieurs Boùrbouze, der 1870 das belagerte Paris durch einen drahtlosen Telegraphen mit der Außenwelt verbinden wollte, sowie ein Vorschlag des amerikanischen Zahnarztes Mahlon Loomis 1872, der die Luftelektrizität für die drahtlose Telegraphie nutzbar machen wollte.

---

[1]) Wilkins: Telegraph communication between England and France. Mining Journal 1849.

4. Bourbouze.

Um das durch die Belagerung der deutschen Truppen vollständig abgeschlossene Paris mit den außerhalb operierenden französischen Truppen telegraphisch zu verbinden, wollte Bourbouze[1]) das Wasser der Seine als Telegraphenleitung benutzen. Es sollten zu diesem Zwecke an einer Stelle außerhalb des Belagerungsgebietes starke elektrische Ströme in die Seine geleitet, diese in Paris durch große in den Fluß eingetauchte Metallplatten aufgefangen und durch ein empfindliches Galvanometer geführt werden. Die in Paris auf der Strecke zwischen der Brücke von St. Michel und St. Denis mit einer Batterie von 600 Elementen erzielten Ergebnisse waren so günstig, daß der Baron D'Almeida in einem Luftballon Paris mit der Absicht verließ, an den Quellen der Seine eine Station für drahtlose Telegraphie zur Verständigung mit den in Paris aufgestellten Apparaten einzurichten. Die kurz darauf erfolgende Übergabe von Paris hat den Plan nicht zur Ausführung gelangen lassen; auch späterhin sind die Versuche nicht fortgesetzt worden.

5. Mahlon Loomis.

Bei seinem Vorschlage (1872) zur Nutzbarmachung der Luftelektrizität für eine drahtlose Telegraphie ging Mahlon Loomis[2]), ein amerikanischer Zahnarzt, von folgenden Gesichtspunkten aus. Die Atmosphäre ist stets mit Elektrizität geladen, und die Intensität der Ladung nimmt mit der Höhe so zu, daß sie in den oberen Luftschichten ganz bedeutende Werte erreicht. Verbindet man einen Punkt der oberen Luftschichten durch eine Leitung über eine Zeichentaste mit der Erde, so fließt die Elektrizität der oberen Luftschicht bei entsprechender Stellung der Zeichentaste in die Erde. Durch diese Ableitung der Elektrizität zur Erde wird jedoch deren Gleichgewicht im Luftraum gestört, und diese Störung kann von einer zweiten in gleicher Weise angelegten und mit empfindlichen Empfangsapparaten (Elektroskopen) ausgerüsteten Station registriert werden.

Versuche wurden angeblich mit Erfolg zwischen zwei etwa 16 km voneinander entfernten, annähernd gleich hohen Berggipfeln in Westvirginia angestellt. Zur Hochführung der Leitungen in den Luftraum wurden Drachen benutzt, deren Schnur mit feinen Kupferdrähten durchwebt war. Bei plötzlichem Witterungswechsel versagte die Einrichtung; praktische Verwendung hat sie nicht erlangt.

Im letzten Jahrzehnt sind die Versuche zur Einrichtung einer drahtlosen Telegraphie in erfolgreicher Weise wieder aufgenommen worden; besonders bemerkenswert sind die von dem Ingenieur Rathenau und dem

---

[1]) P. Ducretet: Traité élémentaire de Télégraphie et de Téléphonie sans fil. Paris 1903.
[2]) J. J. Fahie: A History of wireless Telegraphy, London 1900.

Professor Strecker erzielten Ergebnisse. Beachtung verdienen auch die von Orling und Armstrong angestellten Versuche.

6. Erich Rathenau.

Im Jahre 1894 stellte der Ingenieur Erich Rathenau[1]) von der Allgemeinen Elektrizitätsgesellschaft in Berlin auf dem Wannsee umfangreiche Versuche zur Einrichtung einer drahtlosen Telegraphie mit folgender Anordnung an (Fig. 2). Aus der primären Leitung L_1 werden mittels der Taste T kräftige elektrische Ströme in die Erde gesandt; diese gleichen

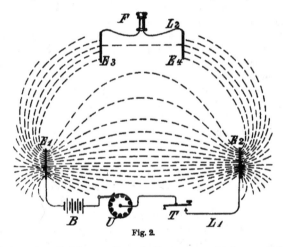

Fig. 2.

sich zwischen den Erdplatten E_1 und E_2 nur zum kleineren Teile in geraden Linien aus. Zum größeren Teile verzweigen sie sich nach allen Richtungen, wie es die gestrichelten Linien andeuten. Die innerhalb des Ausbreitungsgebietes der Stromlinien versenkten Erdplatten E_3 und E_4 der sekundären Leitung L_2 nehmen die auf sie treffenden Stromfäden auf; sie gehen statt durch die schlecht leitende Erd- oder Wasserschicht zwischen beiden Platten vorzugsweise durch die erheblich besser leitende Drahtleitung L_2. Es ist zu beachten, daß die Platten E_3 und E_4 möglichst so liegen sollen, daß sie von denselben Stromfäden getroffen werden. Es ist dies der Fall, wenn die sekundäre Leitung parallel zur primären gezogen wird. Würde man diese Erdplatten senkrecht zur Richtung der Stromfäden auslegen, so würde durch die sekundäre Leitung kein Strom gehen, weil dann

---

[1]) Rathenau: Telegraphie ohne metallische Leitung. Elektrotechnische Zeitschrift. Berlin 1894.

die Platten auf einer Fläche gleicher elektrischer Spannung liegen. Zur
Wahrnehmung des in der sekundären Leitung ankommenden Stromes, der
natürlich nur ein geringer Bruchteil des aus der primären Leitung abge-
sandten Stromes sein kann, wird ein Telephon benutzt. Um das Telephon
bei den hier in Frage kommenden geringen Stromstärken noch zum deutlichen Ansprechen zu bringen, würde zweckmäßig Wechselstrom von einigen
hundert Perioden zu verwenden gewesen sein. Rathenau wählte jedoch,
um bei den Versuchen Induktionswirkungen möglichst auszuschließen, einen
kräftigen „intermittierenden oder zerhackten" Gleichstrom. Der Gleichstrom
wird von einer Sammlerbatterie B oder einer Gleichstromdynamo geliefert
und durch eine in schnelle Umdrehung versetzte Unterbrechungsscheibe U
in eine Reihe von mehreren hundert Stromstößen in der Sekunde zerlegt.
Diese Stromstöße werden mit Hilfe der Taste T zu Morsezeichen vereinigt,
und im Telephon der sekundären Leitung macht sich der Morsepunkt als
kürzerer, der Morsestrich als längerer Ton bemerkbar. Rathenau erreichte
mit einer 500 m langen primären und einer 100 m langen sekundären
Leitung bei Verwendung eines zerhackten Gleichstromes von 2—3 Ampere
Stärke noch eine sichere Verständigung auf eine Entfernung von 4,2 km.
Die Erdplatten hatten hierbei eine Größe von 2 bzw. 3 qm. Die Maximal-
wirkung wurde bei parallelem Verlauf der Leitungen und ihrer Anordnung
derart erreicht, daß das auf der einen Leitung errichtete Lot durch die
Mitte der anderen ging.

7. K. Strecker.

Im Jahre 1895 ließ das deutsche Reichspostamt[1]) durch den Ober-
Telegrapheningenieur Professor Dr. K. Strecker in der Mark Brandenburg
ausgedehnte Versuche über die Ausbreitung starker elektrischer Ströme im
Erdreich anstellen. Bei den Versuchen wurde eine der Rathenauschen
Anordnung ähnliche benutzt. Das Ergebnis war, daß die Ströme sich in
der Erde vorwiegend nach der Tiefe hin verzweigen, die Erdplatten also
möglichst tief versenkt werden müssen. Es gelang so zwischen Großlichter-
felde und Löwenbruch auf eine Entfernung von 17 km Morsezeichen im
Telephon zu übermitteln. Die benutzte primäre Leitung war 3 km und
die sekundäre Leitung 1,2 km lang. Als Erdleitungen dienten starke eiserne
Rohre, die auf 19 bzw. 16 m Tiefe in die Erde getrieben wurden, den erforderlichen Strom lieferte eine Gleichstromdynamo, die im Mittel 16 Ampere
bei 140—170 Volt erzeugte. Die Morsezeichen wurden in der sekundären
Leitung, deren Widerstand 20 Ohm betrug, am besten mit einem Fernhörer
von nur 10 Ohm Rollenwiderstand aufgenommen.

---

[1]) Mitteilungen aus dem Telegraphen-Versuchsamt des Reichspostamts. Berlin
1901. III.

Nach dem Ergebnisse der Versuche von Rathenau und Strecker hätte man eigentlich annehmen müssen, daß man von weiteren Versuchen zur Herstellung einer Telegraphie ohne Draht durch die einfache Leitungsmethode endgültig Abstand nehmen würde; denn um größere Entfernungen als die erzielten überbrücken zu können, würde man entweder die Stärke des Senderstromes oder die Länge der beiden Leitungen unverhältnismäßig vergrößern müssen. Ein wirtschaftliches Verkehrsmittel würde also auf diese Weise nicht zu schaffen sein. Trotzdem sind in den letzten Jahren nochmals mehrfache Versuche mit der einfachen Leitungsmethode angestellt worden, von denen die von Orling und Armstrong Beachtung verdienen.

8. Orling und Armstrong.

Die Erfinder[1]) benutzten bei ihren Versuchen einen von ihnen konstruierten Quecksilberempfänger, der so empfindlich ist, daß er auf die geringsten Stromstärken anspricht. Sie haben mit diesem Empfänger bis auf 35 km Signale übermitteln können und hoffen durch Aufstellung von Empfangsapparaten auf passenden Zwischenstationen, die mit Übertragungsvorrichtung versehen sind, auch grössere Entfernungen überbrücken zu können. Die Konstruktion des Empfangsapparates beruht

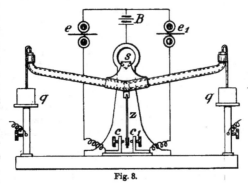

Fig. 8.

auf der bekannten Tatsache der Veränderung der Kapillarität des Quecksilbers durch den elektrischen Strom. Wird z. B. wie bei der einen Ausführung des Empfangsapparates von Orling und Armstrong in ein enges, zu einem stumpfen Winkel gebogenes Glasrohr (Fig. 3), das wie ein Wagebalken auf einer Schneide s ruht, etwas Schwefelsäure gegossen und dann an beiden Seiten Quecksilber eingefüllt, so findet bei Zuleitung des elektrischen Stromes durch die in die freien Enden der Quecksilbersäulen eingelassenen Elektroden eine Verschiebung der in der Mitte der Quecksilbermasse eingeschlossenen Schwefelsäure im Sinne der Stromrichtung nach der einen Seite statt. Die Gleichgewichtslage des Wagebalkens wird hierdurch gestört, der eine Balken senkt sich, und die Balkenzunge schließt damit den Kontakt c oder c_1 für einen Lokalstromkreis, in den der eigentliche Empfangsapparat e oder e_1 eingeschaltet wird.

[1]) Scientific American, 1902, S. 10.

B) Telegraphie ohne Drahtleitung mittels elektromagnetischer oder elektrostatischer Induktion.
(Induktionstelegraphie.)

a) Physikalische Grundlagen.

Elektromagnetische Induktion. — Sie ist bereits 1831 von Faraday entdeckt; man bezeichnet sie auch als Volta-Induktion, als elektro-elektrische und elektro-dynamische Induktion.

Ein konstanter elektrischer Strom eines Leiters erzeugt in dem diesen umgebenden Raume ein konstantes Magnetfeld, ein Strom von veränderlicher Stärke ein veränderliches Magnetfeld. Das magnetische Feld wird aus Kraftlinien gebildet. Man macht die Kraftlinien in der bekannten Weise sichtbar, daß man einen geraden Draht senk-

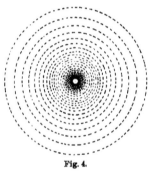

Fig. 4.

recht durch die Mitte eines wagerecht liegenden Papierblattes (Fig. 4) hindurchsteckt, das gleichmäßig mit Eisenfeilspänen bestreut ist. Wird durch den Draht ein kräftiger Strom gesandt, so ordnen sich die Eisenteilchen in konzentrischen Kreisen um den Draht herum. Die von diesen Kreisen angedeuteten Kraftlinien sind unmittelbar am Drahte am dichtesten gehäuft und werden mit wachsendem Abstande vom Drahte immer spärlicher. Gleich dem Drahtquerschnitt in der Ebene des Papiers sind alle anderen Querschnitte des Drahtes von Kraftlinien in Form konzentrischer Kreise umgeben.

Die Kraftlinien entstehen mit dem Strome und bleiben so lange an Zahl unverändert, als sich die Stromstärke nicht ändert. Mit jeder Änderung der Stromstärke ändert sich auch die Kraftlinienzahl.

In einem geschlossenen Leiter, der sich innerhalb eines solchen veränderlichen Magnetfeldes befindet, tritt ein elektrischer Strom auf, der so lange andauert, als die Veränderungen des magnetischen Feldes.

Auch konstante Ströme erzeugen ein veränderliches Magnetfeld, wenn man sie, d. h. den von ihnen durchflossenen Leiter, in geeigneter Weise bewegt. In einem zweiten unbeweglichen, sich in der Nähe befindlichen Leiter wird dann ebenfalls ein elektrischer Strom hervorgerufen, der so lange andauert als die Bewegung des Feldes.

Gleiche Wirkungen treten in einem geschlossenen Stromkreise innerhalb eines konstanten Magnetfeldes auf, wenn die das Feld erzeugenden Ströme in einem unbeweglichen Leiter verlaufen, dafür aber der zweite Stromkreis eine geeignete Bewegung erhält.

Da ein von einem Strome durchflossener geschlossener Leiter hinsichtlich seiner Wirkung nach außen durch ein magnetisches System ersetzt werden kann, so erhält man die vorbeschriebenen Stromwirkungen auch dann, wenn man Magnete erzeugt oder vernichtet, wenn man ihre Stärke steigert oder verringert oder auch, wenn man ihre Lage in bezug auf den Stromkreis in geeigneter Weise ändert. Denn hierdurch wird das Magnetfeld, innerhalb dessen sich der Stromkreis befindet, in ähnlicher Weise wie das durch den elektrischen Strom erzeugte verändert.

Elektrostatische Induktion. — Man bezeichnet sie auch als elektrische Induktion. Die Induktionsströme können nicht nur, wie bisher erörtert, durch die magnetischen Wirkungen galvanischer Ströme hervorgerufen werden, d. h. elektromagnetischen Ursprungs sein, sondern sie können auch von Ladungserscheinungen herrühren. Diese Art der Induktion bezeichnete man bisher allgemein noch im Gegensatz zu der elektromagnetischen Induktion als elektrostatische Induktion. Neuerdings nimmt man jedoch an, daß eine elektrische Kraft elektromagnetischen Ursprungs sich von einer elektrischen Kraft elektrostatischen Ursprungs in keiner Weise unterscheidet.

Nach Maxwell ruft jede elektromotorische Kraft in einem Dielektrikum, also einem schlechten Leiter oder Nichtleiter, durch Polarisation des den freien Raum und die Dielektrika durchdringenden Weltäthers eine elektrische Verschiebung hervor und jede Änderung in dieser Verschiebung bedingt einen elektrischen Strom. Maxwell bezeichnet ihn als Verschiebungsstrom. Nimmt man z. B. an, daß eine Anzahl positiv geladener Teile sich mit großer und konstanter Geschwindigkeit in gerader Linie bewegen und einander in regelmäßigen Abständen folgen, so wird dieser Transport elektrischer Teilchen dasselbe Magnetfeld erzeugen, wie ein in der gleichen Bahn fließender galvanischer Strom, dessen Intensität der von den geladenen Teilchen in der Zeiteinheit durch einen Punkt ihrer Bahn beförderten Elektrizitätsmenge gleich ist.

Richtung der Induktion. — Nach der Regel von Lenz hat die in einem Stromkreise induzierte elektromotorische Kraft in allen Fällen eine solche Richtung, daß sie die Bewegung, durch die sie zustande kommt, zu hindern sucht. Direkt läßt sie sich nach der Regel von Fleming bestimmen: „Hält man die ersten drei Finger der rechten Hand so, daß sie drei zueinander senkrechte Richtungen andeuten, und zeigt der Daumen in Richtung der Bewegung, der Zeigefinger in Richtung der Kraftlinien, so hat die induzierte elektromotorische Kraft die Richtung des Mittelfingers.

Wenn also in einer Drahtleitung ein Strom entsteht oder zunimmt, so wird in benachbarten Leitungen eine elektromotorische Kraft induziert, die der Richtung des induzierenden Stromes entgegengesetzt ist. Wenn andererseits in der induzierenden Drahtleitung der Strom verschwindet oder abnimmt, so ist die Richtung der induzierten elektromotorischen Kraft derjenigen des induzierenden Stromes gleich.

Stärke der Induktion. — Die Größe der induzierten elektromotorischen Kraft ist proportional der Änderung der Kraftlinienzahl in der Zeiteinheit; sie steht also im geraden Verhältnis zur Länge des induzierten Leiters und zur Geschwindigkeit, mit dem er die Kraftlinien schneidet. Schnelle Bewegung und schnelle Stromänderungen erzeugen starke Induktionswirkungen. Die Stärke der Induktion ist aber auch von der Lage der Leiter gegeneinander abhängig. Bewegt man z. B. den zu induzierenden Leiter die Kraftlinien derart entlang, daß er keine schneidet, so ist die Wirkung gleich Null. Das gleiche ist der Fall, wenn in einem Felde von schnell wechselnder Stärke die Kraftlinien sich immer dem Leiter entlang hin und her bewegen. Die stärkste Induktionswirkung wird erzielt, wenn der zu induzierende Leiter von den Kraftlinien senkrecht geschnitten wird, weil er dann in einer bestimmten Zeit die meisten Kraftlinien schneiden kann.

b) Versuche und praktische Anwendungen.

In der praktischen Telegraphie machten sich die Induktionsströme erst mit der Einführung des Telephons bemerkbar. Es zeigte sich, daß man an dem in eine Leitung eingeschalteten Telephon die Morsezeichen abhören konnte, welche in einer anderen an demselben Gestänge verlaufenden Leitung gegeben wurden, und man konnte sogar die in einer anderen Leitung geführten Gespräche belauschen. Professor John Trowbridge von der Harvard Universität der Vereinigten Staaten war der Erste, der diese Erscheinungen systematisch untersuchte und für eine drahtlose Telegraphie verwerten wollte. Die von ihm erzielten praktischen Erfolge waren nicht von Bedeutung. Von größerem Erfolge waren die Arbeiten und Versuche des damaligen Chefelektrikers des englischen Telegraphenwesens W. H. Preece, der sich in gleicher Weise wie Professor Trowbridge damit beschäftigte, die außerordentliche Empfindlichkeit des Telephons in Verbindung mit der Induktion zu einer Telegraphie ohne Draht auf größere Entfernungen zu benutzen. Willoughby Smith, Stevenson, Sidney Evershed und Somzée stellten in ähnlicher Weise wie Preece Versuche an.

Von den weiteren zahlreichen Versuchen, die Induktionswirkungen für eine Telegraphie ohne Draht zu verwenden, haben die von Phelps und von Edison größere Bedeutung. Beide benutzen die Induktion zur Herstellung einer drahtlosen telegraphischen Verbindung zwischen fahrenden Eisenbahnzügen und den Stationen. Phelps bedient sich zu diesem Zwecke der elektromagnetischen, Edison der elektrostatischen Induktion. Besonderes Interesse verdienen auch die Versuche des Professors Dolbear, der bereits Kondensatoren und hoch in die Luft geführte Drähte verwendet, sowie die des Professors Lodge, der unter Benutzung von Wechselströmen niedrigerer Frequenz, d. h. geringer Wechselzahl in der Sekunde, durch Induktion zwischen geschlossenen Stromkreisen erheblich größere Entfernungen als bisher überbrücken wollte.

1. Trowbridge.

Von der Sternwarte der Harvard Universität wurden elektromagnetische Zeitsignale nach Boston gegeben und diese Signale machten sich in den in der Nähe der Signalleitung verlaufenden Telephonleitungen zwischen Cambridge und Boston durch deutliches Ticken bemerkbar. Die von dem Professor John Trowbridge[1]) zur Ergründung dieser Erscheinung angestellten Untersuchungen führten ihn zuerst zu dem Schluß, daß nicht die Induktion, sondern unmittelbare Stromübergänge zwischen den schlecht isolierten Leitungen und deren Erdplatten die Ursache der drahtlosen Übertragung der Zeitsignale in die Telephonleitungen seien. Seine in den Jahren von 1880 bis 1891 angestellten vielfachen Versuche gingen deshalb zunächst darauf hinaus, durch eine kräftige Batterie oder eine Dynamomaschine elektrische Ströme in die Erde zu schicken, die sich in Gestalt elektrischer Wellen von der Erdleitung als ihrem Zentrum mehr und mehr ausbreiten und an Stärke verlieren, immerhin aber in ziemlich weiten Entfernungen noch durch ein Telephon wahrgenommen werden können. Trowbridge hielt das Problem der drahtlosen Telegraphie über den atlantischen Ozean auf diese Weise theoretisch gelöst, praktisch aber zunächst wegen Mangels der hierzu erforderlichen außerordentlich großen Energiequellen für unausführbar. Dagegen erschien

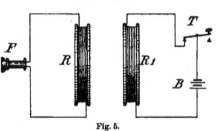

Fig. 5.

ihm eine praktische Verwertung seiner Untersuchungen zur Herstellung eines Verkehrsmittels zwischen Schiffen in See bei Nebel an Stelle der Signalisierung mit Glocken und Sirenen angängig. Trowbridge machte hierzu den Vorschlag, eine Wechselstrom-Dynamomaschine mit dem einen Pole an den Schiffskörper zu legen und den anderen Pol mit einer langen isolierten, am freien Ende aber blanken Leitung zu verbinden, die in die See gelassen und vom Schiffe geschleppt wird. Zur Übermittlung im Telephon deutlich wahrnehmbarer Zeichen auf eine Entfernung von etwa 1 km hält Trowbridge eine Wechselstromdynamo von etwa 7 KW. Leistung für ausreichend.

Späterhin (1891) machte Trowbridge eingehende Versuche, um die drahtlose Telegraphie unter Beibehaltung des Telephons als Empfänger durch elektromagnetische Induktion zu ermöglichen. Seine hierfür benutzte Versuchsanordnung wird durch Fig. 5 veranschaulicht. R und R_1 sind zwei Drahtrollen, bestehend aus vielen Windungen isolierten Drahtes. Die Enden der Rolle R sind mit dem Telephon F, die der Rolle R_1 über die Taste T

---

[1]) J. J. Fahie: A History of wireless Telegraphy. London 1900.

mit der Batterie B verbunden. Wird der Stromkreis $R_1\,T\,B$ durch die
Taste abwechselnd geöffnet und geschlossen, so entstehen im Stromkreise $R\,F$
durch die elektromagnetische Induktion gleichfalls Ströme, die sich durch
ein Knacken der Telephonmembran bemerkbar machen. Die Entfernung
zwischen den beiden Stromkreisen darf aber nur gering sein, sonst versagt
die Signalisierung aus einem Stromkreise in den andern. Um auf diese
Weise größere Entfernungen zu überbrücken, hätte man den Induktionsrollen oder den Stromquellen praktisch kaum anwendbare Dimensionen geben
müssen. Besonders hervorzuheben dürfte sein, daß Trowbridge hier bereits auf die Möglichkeit hinweist, bessere Resultate zu erzielen, wenn es
gelingen würde, die beiden Induktionsrollen so aufeinander abzustimmen,
daß die in der einen erregten elektrischen Oszillationen Resonanzschwingungen
in der anderen hervorrufen.

2. Preece.

Preece[1]) begann mit seinen Versuchen bereits im Jahre 1882; er
wollte in erster Linie eine telegraphische Verbindung zwischen den Leucht-
türmen und der Küste ermöglichen. Von den außerordentlich mannigfaltigen
Versuchen sollen hier nur folgende Erwähnung finden:

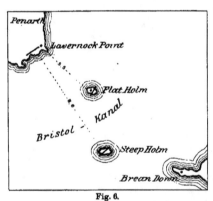

Fig. 6.

1. An der Küste wurde
eine längere Leitung gezogen
und auf einem Schiffe eine Leitung vom Vordersteven bis zum
Stern. Die Übertragung der
Zeichen erfolgte durch elektromagnetische Induktion.

2. Eine kurze Leitung wurde an einer Längsseite des
Schiffes derart befestigt, daß
ihre Enden in der Richtung
nach der Leitung an der Küste
zu in das Meer tauchten. Außer
der Übertragung der Zeichen
durch elektromagnetische Induk-
tion kam hier auch eine Übertragung mittels Stromüberganges durch das
Meerwasser in Betracht.

3. Ein leichtes, in eine Drahtspule endigendes Seekabel wurde vom
Ufer bis in die Nähe des Schiffes geführt. Die Spule wirkte auf eine
gleichartige zweite, auf dem Schiffe befindliche Spule. Hier kamen also
elektromagnetische und elektrostatische Induktion, sowie außerdem noch
Stromübergang durch das Meerwasser in Betracht.

[1]) R. Kerr: Wireless Telegraphy. London 1898.

Das Schlußergebnis der Versuche war ein günstiges. Es führte zur Einrichtung einer Anlage für drahtlose Telegraphie im Bristolkanal zwischen Lavernock Point und der 5,5 km davon entfernten Insel Flat Holm (Fig. 6) nach der Versuchsanordnung unter 2. Die Anlage vermittelt seit März 1898 den Telegraphenverkehr zwischen der Küste und dem Leuchtturm auf Flat Holm. Auf Lavernock Point ist eine 1157 m lange starkdrähtige Kupferleitung in der üblichen Weise an Telegraphenstangen befestigt und an beiden Enden mit der Erde verbunden worden. Der Empfängerstromkreis auf Flat Holm besteht aus einem in gerader Linie auf dem Erdboden ausgelegten durch Guttapercha isolierten Kupferdrahte von etwa $1/_2$ km Länge, in den zwei Telephone eingeschaltet sind. Die Drahtenden münden in das Wasser. Anfänglich wurde als Stromsender eine Wechselstrommaschine von 192 Perioden in der Sekunde und einer Intensität von 15 Ampere benutzt. Später wurde die Maschine durch eine Batterie von 50 Leclanché-Elementen ersetzt, die mittels eines automatischen Unterbrechers 400 Stromunterbrechungen in der Sekunde liefert. Auf diese Weise wurde eine Telegraphiergeschwindigkeit von 40 Wörtern in der Minute erreicht. Bei den Vorversuchen wurde auch eine telegraphische Verständigung zwischen Lavernock Point und der Insel Steepholm erzielt; sie war jedoch nicht zuverlässig genug.

3. Willoughby Smith.

Die von Willoughby S. Smith[1]) seit 1883 anfänglich allein und später in Verbindung mit W. P. Granville ausgeführten Versuche auf dem Gebiete der drahtlosen Telegraphie haben sich in ähnlicher Richtung wie die Preeceschen Versuche bewegt. Es wurden die direkten Leitungsmethoden, die elektrostatische und vor allem die elektromagnetische Induktion benutzt. Das praktische Ergebnis der Versuche war 1895 die Herstellung einer allerdings nur teilweise draht-

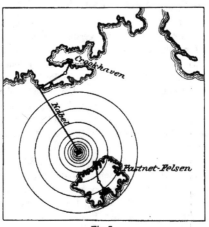

Fig. 7.

losen Verbindung zwischen dem Leuchtturm auf dem Fastnetfelsen und dem 12,8 km davon entfernten Postamt Crookhaven (Irland). Von letzterem wurde (Fig. 7) ein Kabel bis dicht an die Leuchtturminsel geführt, durch starke Kupferdrähte mit einem schweren schildförmigen Kupferanker verbunden und durch diesen auf dem Meeresboden befestigt. Der Anker dient gleichzeitig

---

[1]) W. Smith, Journal of the Institution of Electrical Engineers 1883.

als Erdplatte für das Kabel. In Crookhaven ist die Erdplatte ebenfalls in
das Meer versenkt. Auf dem Fastnetfelsen wurde die sekundäre blanke Drahtleitung quer über die Insel geführt und an beiden Enden mit Erdplatten
versehen, die in das Meerwasser versenkt wurden. Als Empfangsapparat
diente ein D'Arsonvalsches Spiegelgalvanometer; als Telegraphierbatterie
genügten zehn großplattige Leclanché-Elemente. Bei Einschaltung der
Batterie in die Kabelleitung wird diese und zugleich die Erdplatte geladen.
Diese Ladung beeinflußt auch die sekundäre Leitung auf der Insel und
läßt sich zur Zeichenübertragung nutzbar machen. Eine direkte vollständige Kabelverbindung zwischen Crookhaven und Fastnet war wegen
der ungemein starken Brandung bei der Fastnetinsel, die jedes Kabel zer-
scheuerte, unmöglich gewesen. Die Brandung ist dort so stark, daß die
Erdleitungen auf der Insel nicht direkt in das Wasser versenkt werden
konnten; sie rissen stets ab. Es mußte für sie deshalb ein senkrechter
Schacht in den Kreidefelsen gebohrt und dieser durch einen seitlichen
Stollen mit der See verbunden werden.

4. Ch. A. Stevenson und Sidney Evershed.

Ch. A. Stevenson. Wenn es sich um Sendung von Signalen nach
Schiffen oder Inseln bzw. Felsen von geringer Ausdehnung handelt, so läßt
sich hier meist die sekundäre Leitung nicht in genügender Länge parallel
zur primären Leitung ausspannen. Um auch in solchen Fällen genügend
starke Induktionswirkungen zu erzielen, schlug Ch. A. Stevenson 1894
die Verwendung großer Spulen vor. Bei seinen Versuchen zur Herstellung einer drahtlosen Telegraphie nach der im nördlichen Schottland
isoliert gelegenen Insel Muggle Flugga ermittelte Stevenson, daß die
Entfernung von 780 m mittels eines Stromes von 1 Ampere unter Verwendung von je einer Spule mit neun Windungen 4,2 mm dicken Eisen-
drahtes und einem Durchmesser der Spule von 183 m überbrückt werden
konnte. Die Spulen wurden horizontal ausgelegt.

Zur Verbindung mit in der See verankerten Leuchtschiffen verwendet
Stevenson als Senderspule ein Kabel, das auf dem Meeresboden in einer
oder mehreren Windungen um die Fläche herumgeführt wird, über der
sich das Leuchtschiff bewegen kann, wenn dessen Anker etwa in der
Mitte dieser Fläche festliegt. Das eine Ende der Kabelspule liegt frei im
Wasser, das andere Ende ist nach der Signalstation auf dem Lande geführt.
Die aus einer größeren Anzahl von Drahtwindungen bestehende Aufnahme-
spule ist am Bord des Leuchtschiffes ausgelegt oder um dasselbe außen
herumgewunden.

Sidney Evershed.[1] Mit der von Stevenson angegebenen Anordnung versuchte Evershed eine Telegraphenverbindung nach dem East

---

[1] Elektrotechnische Zeitschrift. Berlin 1895. S. 630.

Goodwin-Feuerschiff in Kent herzustellen. Der hier um das Bewegungs-
feld des Leuchtschiffes auf den Meeresboden verlegte Kabelring steht mit
der Küste durch ein doppeladriges Kabel von 18,5 m Länge in Verbindung. Auf dem Schiff wurde eine aus 50 Windungen isolierten
Drahtes bestehende Spule von geringem Widerstande niedergelegt. Mittels
eines Tasters und eines Stromunterbrechers (einige Tausend Unterbrechungen
in der Sekunde) wurden intermittierende Ströme von der Landstation
durch das Kabel geschickt. Die hierdurch in dem Kabelring unter dem
Leuchtschiff erzeugten Stromstöße rufen in der Sekundärspule auf dem
Leuchtschiff rasch wechselnde elektromotorische Kräfte hervor, die die
Telephonmembran in Schwingungen versetzen.

5. Phelps.

Phelps erreichte 1884 auf einer 20 km langen Eisenbahnlinie mit
folgender Einrichtung befriedigende Ergebnisse. Zwischen den Schienen
der Eisenbahn war in hölzernen Rinnen eine isolierte Leitung zur Verbindung der Sender- und Empfängerapparate der Stationen an der Eisenbahn verlegt. Unter dem die fahrende Station enthaltenden Eisenbahnwagen war ein rechteckiger Rahmen mit in 90 Windungen aufgewickeltem
isolierten Kupferdraht von etwa 2500 m Länge angebracht, dessen Enden
zu den Empfangsapparaten führten. Die Windungen waren in einer zum
Geleise parallelen lotrechten Ebene angeordnet. Der untere Teil der über
die ganze Wagenlänge laufenden Windungen war in einem Gasrohr unter
dem Wagenboden eingeschlossen, der obere Teil der Windungen lief über
das Dach des Wagens. Als Geber diente eine galvanische Batterie mit
Taste und automatischem Unterbrecher, der in Tätigkeit trat, sobald die
Taste niedergedrückt wurde. Bei dieser Geberanordnung gelangte ein aus
einer raschen Folge einzelner Impulse zusammengesetzter Strom in die
Leitung, der in dem Drähtrechteck eine ähnliche Folge von Induktionsströmen hervorrief. Diese betätigten auf der Empfangsstation einen Fernsprecher oder ein empfindliches Relais und durch dieses einen Schreib-
apparat. In gleicher Weise konnte vom Wagen nach der Station telegraphiert
werden. Später verwendete Phelps an Stelle der isolierten Verbindungs-
leitung einen gewöhnlichen Telegraphendraht, der in je 7,5 m Entfernung
auf besonders dazu hergestellten Isolatoren an den Verbindungslaschen der
Schienen etwa 0,75 m nach außen gerade unter der Schienenfläche verlegt wurde. Die Drahtrolle wurde an die Außenseite der Räder verlegt.

6. Edison.

Edison verwendete 1889 sein ihm bereits 1885 patentiertes System
mit gutem Erfolge auf einer 86 km langen Strecke der Lehigh Valley
Railroad. An Stelle der von Phelps ursprünglich zwischen den Schienen
verlegten isolierten Leitung benutzte Edison von Anfang an blanke, längs

der Eisenbahn in der üblichen Weise an Telegraphenstangen befestigte Drähte. Auf dem Eisenbahnwagen waren anfänglich mehrere isolierte Metallplatten angebracht, später wurde das ganze Wagendach aus Metall hergestellt und über die Sekundärspule eines Induktors mit dem Empfangstelephon verbunden (Fig. 8). Das zweite Ende der Telephonwindungen stand über die Wagenräder mit der Erde in Verbindung. Bei der Empfangsstellung war die Sekundärspule über einen Taster kurz geschlossen, so daß die durch statische Induktion aus den Telegraphenleitungen längs der Eisenbahn auf das Wagendach übertragenen Ströme unmittelbar zum Telephon gelangen konnten. Die primäre Spule des Induktors war mit einer Batterie, einem automatischen Stromunterbrecher, einer Taste und einem Umschalter zu einem Stromkreise vereinigt. Beim Telegraphieren wurde der Umschalter geschlossen, und es entstanden nun intermittierende Ströme, die mittels des Tasters im Rhythmus des Morsealphabets in die Platten bzw. in das Wagendach selbst gesandt wurden. Die auf diese Weise dem Wagendach abwechselnd zugeführten positiven und negativen Ladungen wirkten durch Influenz auf den nahe gelegenen Telegraphendraht und riefen in ihm Ladungs- bzw. Entladungsströme hervor, die die auf den Stationen aufgestellten Empfangsapparate in Tätigkeit setzten.

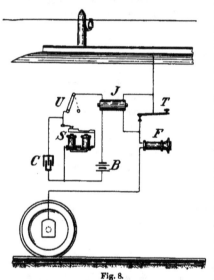

Fig. 8.

T Taste.
F Fernhörer.
J Induktor.
U Umschalter.
B Batterie.
S Selbstunterbrecher.
C Kondensator zur Verhinderung der Funken-
bildung am Unterbrecher.

Um von den Stationen aus telegraphieren zu können, wurden daselbst große isolierte Metallplatten in der Nähe der Telegraphenleitungen aufgestellt, die in gleicher Weise wie bei den Stationen im Zuge abwechselnd positiv und negativ geladen wurden, und welche ihrerseits diese Ladungen dann auf die Telegraphenleitung und durch diese auf das Fahrzeug und dessen Empfangsapparate übertrugen.

Edison wollte angesichts der guten Erfolge mit der vorbeschriebenen Anordnung sein System auch zu einer drahtlosen Telegraphie zwischen Küstenstationen und Schiffen in See nutzbar machen. Zu diesem Zwecke hängte er große Metallplatten auf hohen Masten an der Meeresküste auf oder führte die Platten auch durch Luftballons in die Höhe; auf den

Schiffen wurden die Metallplatten an den Mastspitzen befestigt. Als Empfänger benutzte Edison einen rotierenden Kalkzylinder, auf dem eine Metallbürste schleifte und hierdurch einen Ton von bestimmter Stärke und Höhe erzeugte. Gehen die durch Induktion den Metallplatten zugeführten elektrischen Ströme über die Bürste durch den Kalkzylinder, so ändert sich die Stärke der Reibung und damit die Höhe des Tons. Der Wechsel der Tonhöhe dient zur Unterscheidung der telegraphischen Zeichen. Edison nannte diesen Empfänger „Elektromotograph"; eine praktische Verwendung hat das System nicht erhalten.

Die Systeme von Phelps und von Edison zur telegraphischen Verständigung mit fahrenden Eisenbahnzügen haben keine ausgedehnte Verwendung erhalten; sie wurden bald wieder aufgegeben, hauptsächlich wohl deshalb, weil infolge der geringen Benutzung ein wirtschaftliches Ergebnis mit ihnen nicht erzielt werden konnte.

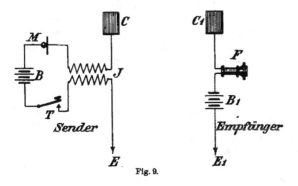

Fig. 9.

7. A. E. Dolbear.

Den Versuchen des Professors A. E. Dolbear (Boston) liegt folgende Erwägung zugrunde. Wenn man auf der Senderstation (Fig. 9) eine Dynamomaschine oder eine starke Batterie B von mindestens 100 Volt Spannung z. B. mit dem positiven Pole über eine Induktionsrolle J an Erde legt und den negativen Pol über einen Mikrophongeber M mit einem in die Luft ragenden Drahte oder einer durch einen vergoldeten Papierdrachen getragenen Kapazitätsfläche C verbindet, so erhält die Erdplatte der Senderstation die positive Spannung von 100 Volt. Wird in gleicher Weise auf der Empfangsstation der Erdplatte durch eine Stromquelle B_1 ein negatives Potential von 100 Volt erteilt und hier an Stelle des Mikrophons ein Telephon F eingeschaltet, so verursachen die durch die Schwingungen der Mikrophonmembran auf der Senderstation entstehenden Potentialschwankungen diesen entsprechend eine Reihe von Ladungs- und Entladungsströmen nach der

Empfängerstation, die sich in dem dort eingeschalteten Telephon bemerkbar machen. Benutzt man auf der Senderstation eine Morsetaste T zur kürzeren oder längeren Unterbrechung der Entladungsströme, so werden die hierdurch gebildeten Zeichen im Telephon der Empfangsstation deutlich wahrnehmbar. Die Membranschwingungen des Mikrophons werden durch einen automatischen Stromunterbrecher erzeugt.

Bei seinen Versuchen in den Jahren 1883—1886 hat Dolbear auf diese Weise eine drahtlose Verständigung bis zu etwa 1 km Entfernung erreicht. Bemerkenswert ist, daß wir hier, ebenso wie bei den Edisonschen Schiffsversuchen, bereits die Anwendung von Luftleitern in Verbindung mit Kapazitätsflächen oder Kondensatoren finden, die später in der Funkentelegraphie eine so große Rolle spielt, deren große Bedeutung aber damals noch nicht genügend erkannt wurde.

8. Kitsee.

Die Versuche Kitsees gehen darauf hinaus, eine drahtlose Telegraphie in ähnlicher Weise wie Edison und Dolbear durch statische Induktionswirkungen unter Anwendung von Luftleitern und Kondensatoren zu erzielen. Charakteristisch ist bei ihnen nur die Verwendung einer Geißlerschen oder sonstigen Vakuumröhre als Empfangsinstrument.

9. Lodge.

Prof. Dr. Oliver Lodge stimmt die Stromkreise der beiden miteinander korrespondierenden Stationen durch Zuschaltung von Kondensatoren entsprechender Kapazität aufeinander ab; er verwendete also bereits hier das Prinzip der Syntonie, das später in der Funkentelegraphie eine solche Bedeutung erlangt hat. Als Stromquelle benutzte Lodge bei seinen Versuchen zuerst eine Wechselstrommaschine, dann eine Akkumulatorenbatterie, die mit einem Stimmgabelunterbrecher zusammengeschaltet, intermittierende Ströme von etwa 400 Wechseln in der Sekunde lieferte. Diese Ströme wirkten auf einen aus einem Kondensator und einer in mehreren horizontalen Windungen angeordneten Drahtschleife von starkem Kupferdrahte gebildeten Stromkreis; sie induzierten in ihm bei passender Wahl des Kondensators Ströme von gleicher Periode. Auf der Empfangsstation war ein Telephon oder auch eine Art Mikrophon in einen Stromkreis eingeschaltet, der genau so angeordnet war, also dieselbe Schwingungsfrequenz hatte, wie der Kondensatorstromkreis der Senderstation.

Versuche auf größere Entfernungen hat Lodge mit seiner syntonischen drahtlosen Induktionstelegraphie nicht angestellt, weil die inzwischen bekannt gewordenen Versuche zur Einrichtung einer Telegraphie ohne Draht unter Benutzung elektrischer Funkenwellen mehr Aussicht auf Erfolg versprachen.

10. Somzée.

Somzée wollte die Schiffe durch Fernsprecher und Telegraphen auf folgende Weise in dauernde Verbindung setzen. Jedes Fahrzeug soll eine Boje in größerer Entfernung hinter sich herziehen, die eine in Wasser versenkte Metallplatte trägt. Zwei voneinander isoliert versenkte Metallplatten sind am Vorderteil des Schiffes aufgehängt. Eine kräftige Dynamomaschine ist durch einen Draht einerseits mit den beiden Plattenelektroden des Schiffes, andererseits mit derjenigen der Boje verbunden. Der elektrische Stromkreis wird durch das Meer geschlossen. Wenn ein benachbartes, in gleicher Weise ausgerüstetes Schiff sich in einer näheren Entfernung als der zwischen Boje und erstem Schiff befindet, so wirkt der Strom des einen Fahrzeuges durch Induktion auf den des anderen.

Die Einrichtung kann als Warnungssignal zur Verhütung von Zusammenstößen benutzt werden; in der Benachrichtigungszone zeigen elektrische Wecker, Telephone oder Telegraphen die Gefahr an, in der Sicherheitszone sollen Auslösungen von Apparaten stattfinden, die die Fahrt des Schiffes hemmen. Nennenswerte praktische Erfolge sind nicht erzielt worden.

C) Telegraphie ohne Drahtleitung mittels ultravioletter Strahlen.
(Lichtelektrische Telegraphie.)

a) Physikalische Grundlagen.

Wenn zwischen zwei durch ein Dielektrikum getrennten Leitern ein elektrischer Funke auftreten soll, so muß zwischen den Leitern eine Spannungsdifferenz bestehen, deren Größe im wesentlichen von dem Abstand zwischen den Leitern, ihrem Material und der Natur des Dielektrikums abhängt. Man bezeichnet diese für die Entstehung eines elektrischen Funkens erforderliche Spannungs- oder Potentialdifferenz als Entladungspotential. Prof. H. Hertz [1]) beobachtete 1887 gelegentlich der Anstellung von Versuchen über Resonanzerscheinungen zwischen schnellen elektrischen Schwingungen, daß das Entladungspotential zwischen zwei Leitern unter den normalen Wert sinkt, d. h. niedriger wird, wenn im Augenblick der Entladung in der Nähe ein zweiter Funke überspringt. Da dieser zweite Funke gewissermaßen das Auftreten des ersten ermöglicht, so nennt man ihn den aktiven und den ersten den passiven Funken. Hertz erkannte bald, daß diese Erscheinung, die man das Hertzsche Phänomen nennt, nicht von den elektrischen oder magnetischen Kräften des aktiven Funkens herrührt, sondern lediglich ihre Ursache in der von diesem Funken ausgehenden Lichtstrahlung hat. Diese Eigenschaft, elektrische Entladungen auszulösen, stellte Hertz für Lichtstrahlen von

---

[1]) H. Hertz, Über den Einfluß des ultravioletten Lichts auf die elektrische Entladung. Wiedemanns Annalen 31. Bd., 1887, S. 983.

geringer Wellenlänge fest; insbesondere kommt sie den ultravioletten
Strahlen zu. Der experimentelle Nachweis kann leicht folgendermaßen
geführt werden. Zieht man die kugelförmigen Elektroden eines im Gange
befindlichen Induktoriums so weit auseinander, bis die Potentialdifferenz
an den Elektroden gerade nicht mehr hinreicht, um noch eine Funkenentladung zwischen den Elektroden zu erhalten, so setzt die Funkenentladung sofort wieder ein, wenn man auf die Elektroden ultraviolette
Strahlen, also z. B. das an ultravioletten Strahlen reiche Licht einer elektrischen Bogenlampe oder Magnesiumlicht fallen läßt.

Das Hertzsche Phänomen tritt noch stärker auf, wenn man den
Druck des Gases, in dem sich der Funke bildet, vermindert. Die Wände
des Gefäßes, in das die Funkenstrecke eingeschlossen ist, müssen aber
aus einem Material bestehen, das für die ultravioletten Strahlen durchlässig ist. Glas ist hierfür im allgemeinen nicht zu gebrauchen, wenig-
stens muß der Teil der Wandung, der belichtet wird, aus einer Quarz-
oder Selenitplatte bestehen.

Von den eingehenden Untersuchungen von Wiedemann und Ebert[1]
über das Hertzsche Phänomen ist hier anzuführen, daß die ultravioletten
Strahlen die funkenauslösende Wirkung nur dann hervorrufen, wenn sie
die negative Elektrode (Kathode) treffen, und daß die Kathode zweckmäßig
aus Platin herzustellen ist.

b) Versuche und praktische Anwendungen.
1. Karl Zickler.

Karl Zickler, Professor der k. k. technischen Hochschule in Brünn,
benutzte das Hertzsche Phänomen in folgender Weise für eine drahtlose
Telegraphie[2]):

Von einem auf der Senderstation befindlichen elektrischen Bogen-
lichte werden in den den Morsezeichen entsprechenden Zwischenräumen
ultraviolette Lichtstrahlen in der Richtung nach der Empfangsstation aus-
gesendet, und diese lösen auf der Empfangsstation in denselben Zwischenräumen elektrische Funken aus. Die von den Funken wiedergegebenen
Zeichen können durch die von der Funkenstrecke ausgehenden schwachen
elektrischen Wellen mittels einer Frittröhre, wie sie jetzt in der Funkentelegraphie zur Anwendung kommt, auf einen elektrischen Wecker oder
einen Morseapparat übertragen werden. Der elektrische Funke spielt also
auch bei der lichtelektrischen Telegraphie eine wichtige Rolle; indes erscheint er hier als Wirkung der auf der Empfangsstation eingehenden
Zeichen, während er bei der Funkentelegraphie auf der Senderstation als
Ursache der abgehenden Zeichen auftritt.

---

[1] Wiedemanns Annalen 33. Bd., S. 241 u. 35. Bd., S. 209.
[2] K. Zickler, Lichtelektrische Telegraphie. Elektrotechnische Zeitschrift,
Berlin 1898, Heft 28 u. 29.

Senderstation für lichtelektrische Telegraphie. — Als strahlenerzeugender Apparat (Fig. 10) dient das elektrische Bogenlicht L, das nach Art der Scheinwerfer in einem in horizontaler und vertikaler Ebene drehbarem Gehäuse G einge-

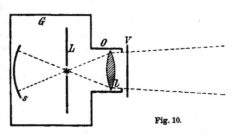

schlossen ist. Die Lichtstrahlen treten aus der Öffnung O des Gehäuses und werden durch entsprechende Einstellung desselben in der Richtung der Empfangsstation ausgeschickt. Zur Konzentration der Strahlen in der gewünschten Richtung

Fig. 10.

dient die in der Figur angegebene Anordnung des Hohlspiegels s und der Linse l. Die Linse muß aus Bergkristall bestehen, damit sie die wirksamen ultravioletten Strahlen durchläßt. Der Verschluß V der Ausstrahlungsöffnung

erfolgt durch Glasplatten, die, wie bei den Verschlüssen photographischer Apparate, auf pneumatischem Wege vor die Öffnung geschoben oder von ihr weggeschoben werden. Der Strahlenkegel der Lichtquelle tritt zwar durch den Glasverschluß hindurch, es werden jedoch die wirk-

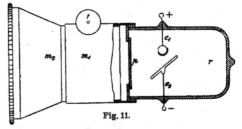

Fig. 11.

samen, ultravioletten Strahlen von den Glasplatten absorbiert, so daß keine lichtelektrische Wirkung nach der Empfangsstation gelangen kann. Diese tritt erst ein, wenn der Glasverschluß entsprechend den Morsezeichen kürzere und längere Zeit in entspre-chenden Zwischenräumen ge-öffnet wird. Bei der Zeichen-gebung erfahren also nur die ultravioletten Strahlen eine Abblendung; der sichtbare Strahlenkegel erleidet hier-durch keine für das Auge merkbare Intensitätsände-

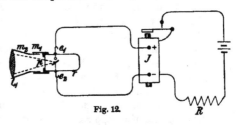

Fig. 12.

rung. Eine Geheimhaltung der Zeichengebung erscheint hierdurch bis zu einem gewissen Grade gewährleistet.

Empfängerstation für lichtelektrische Telegraphie. — Der Strahlenempfänger (Fig. 11 und 12) besteht aus einem Glasgefäß r, das an der vorderen Seite mit einer planparallelen Quarzplatte p luftdicht abgeschlossen ist. Die eine der beiden in das Glasgefäß eingeschmolzenen Platinelektroden e_1 bildet eine kleine Kugel, die andere e_2 eine kreisförmige Scheibe, deren Ebene so gegen die Achse des Gefäßes geneigt ist, daß ein durch das Quarzfenster p eintretender Strahlenkegel leicht von ihr getroffen wird. Die Elektroden stehen etwa 5—10 mm voneinander entfernt. In dem Glasgefäße ist die Luft bis zu einem gewissen Grade verdünnt, oder es ist mit einem verdünnten Gase gefüllt. An das Glasgefäß schließen sich zwei Metallröhren m_1 und m_2 an, von welchen die letztere durch eine Quarzlinse l_1 abgeschlossen und mittels des Schraubentriebes t verschiebbar ist. Durch entsprechende Einstellung der Linse l_1 kann man die von der Senderstation kommenden Strahlen durch das Quarzfenster hindurch auf der scheibenförmigen Elektrode zu einem kleinen ovalen Lichtfleck konzentrieren.

Die Elektroden sind in den Sekundärstromkreis eines kleinen Induktoriums von 1—2 cm Schlagweite so eingeschaltet, daß e_1 Anode und e_2 Kathode wird. Der in dem Primärstromkreise des Induktoriums eingeschaltete Regulierwiderstand R dient zur erforderlichen Änderung der Stärke des Primärstromes. Das Induktorium befindet sich dauernd in Gang und der Regulierwiderstand R ist so eingestellt, daß die Spannung an den Elektroden noch nicht vollständig zur Funkenbildung ausreicht. Sobald jedoch durch Öffnung des Glasverschlusses am Senderapparat die ultravioletten Strahlen des Bogenlichtes auf die Scheibenelektrode des Empfängers geworfen werden, erfolgt durch deren lichtelektrische Wirkung die Auslösung des Funkens zwischen den Elektroden. Sperrt der Glasverschluß die wirksamen Strahlen wieder ab, so hört auch die Funkenbildung sofort wieder auf. Die Aufnahme der Zeichen erfolgt unter Benutzung eines Fritters durch den Morseschreiber; sollen sie nur hörbar gemacht werden, so genügt die unmittelbare Einschaltung eines Telephons in den Funkenstromkreis.

Praktische Versuche. — Von den vielfachen Versuchen des Professors Zickler waren die mit einem Schuckertschen Scheinwerfer von 80 cm Durchmesser und 20 cm Brennweite am 5. und 6. Oktober 1898 angestellten bisher die erfolgreichsten. Der parabolische Metallspiegel des Scheinwerfers war mit einer Neusilberlegierung belegt. Als Lichtquelle diente eine Bogenlampe für normal 60 Ampere und 47 Volt, deren Kohlenstäbe horizontal in der Spiegelachse angeordnet waren. Der Senderapparat wurde auf dem Scheinwerferturme der Firma Schuckert in Nürnberg aufgestellt und der Empfangsapparat in 1,3 km Entfernung auf dem Bauplatze der Nürnberger Maschinenbau-A.-G. bei Neu-Gibitzenhof. Bei einer Luftverdünnung von 200 mm im Empfänger und bei Verwendung einer Quarzlinse von 4 cm Durchmesser und 15 cm Brennweite sowie einem Elektrodenabstande von 5 mm ergab sich eine tadellose Zeichenübertragung. Professor Zickler setzt seine Versuche fort, und es steht zu erwarten, daß er durch besonders für ultraviolette Strahlen konstruierte Projektorspiegel und größere Linsen, sowie u. a. auch durch Verwendung von anderen Gasen im Empfänger an Stelle der atmosphärischen Luft auf weitere Entfernungen lichtelektrische Wirkungen wird erzielen können. Die lichtelektrische Telegraphie würde dann eine schätzenswerte Ergänzung der Funkentelegraphie auf nahe Entfernungen bilden können. Bei nahen Entfernungen bis zu 5 km und sogar 10 km ist zurzeit eine gleichzeitige Funkentelegraphie mehrerer Stationen trotz aller Abstimmung kaum möglich; die lichtelektrische Telegraphie würde für diese Entfernungen das Mittel bieten, die Zeichengebung nur in einer Richtung wirken zu lassen.

2. Sella.

Der Italiener Sella macht im Nuovo Cimento 1898 den Vorschlag, die von der Senderstation in ähnlicher Weise wie bei der Zicklerschen Anordnung ausgeschickten ultravioletten Strahlen auf ein Telephon einwirken zu lassen, das in den Funkenstromkreis einer Elektrisiermaschine eingeschaltet ist. Wird die Elektrisiermaschine in Gang gesetzt, so entsteht in dem Telephon ein Ton, dessen Schwingungszahl durch die Anzahl der in der Zeiteinheit zwischen den Polen der Elektrisiermaschine überspringenden Funken bedingt wird. Fallen nun ultraviolette Strahlen auf die negative Elektrode, so erleidet der Ton eine wesentliche Veränderung, hört die Bestrahlung auf, so erhält der Ton wieder seinen ursprünglichen Charakter. Sella will zwischen Strahlenquelle und Funkenbahn noch eine rotierende Scheibe mit einer Anzahl nahe der Peripherie gleichweit voneinander angeordneten Löchern aufstellen. Bei raschem Umlauf der Scheibe hört man dann im Telephon einen mehr oder weniger hohen Ton, dessen Schwingungszahl davon abhängt, wie oft die lichtelektrischen Strahlen durch die Öffnungen der Scheibe hindurch die Kathode treffen. Der Sellasche Vorschlag kommt im wesentlichen auf die Zicklerschen Anordnungen hinaus.

D) Telegraphie ohne Drahtleitung mittels elektromagnetischer Wellen.
(Funkentelegraphie.)
a) Vorschläge und erste Versuche.
1. Hughes.

Die ersten erfolgreichen Versuche einer drahtlosen Telegraphie mittels elektromagnetischer Wellen wurden von dem Professor D. E. Hughes, dem Erfinder des gleichnamigen Typendrucktelegraphen und des Mikrophons, bereits im Jahre 1879 angestellt.[1]) Hughes fand, daß ein durch eine

---

[1]) J. J. Fahie: A History of wireless Telegraphy. London 1900.

Drahtspule fließender intermittierender Strom bei jeder Unterbrechung einen so intensiven Extrastrom erzeugte, daß davon die ganze Atmosphäre im Versuchsraum und in den angrenzenden Räumen eine augenblickliche unsichtbare elektrische Ladung erhielt, deren Vorhandensein er durch ein Mikrophon mit Kontakten aus Kohle oder aus Kohle und polierten Stahlflächen feststellen konnte. Hughes schrieb diese Wirkungen unbekannten elektrischen Luftwellen zu, die beim Auftreffen auf die Mikrophonkontakte unter Bildung unsichtbarer Funken thermoelektrische Ströme hervorriefen, die stark genug wären, um das in den Stromkreis eingeschaltete Telephon zu betätigen. Die beste Wirkung erhielt Hughes durch Zusammenschaltung des Mikrophons mit einem galvanischen Element und Einschaltung des Telephons in die sekundäre Spule des Mikrophons. Der Mikrophonkontakt wirkt dann durch Abnahme seines Widerstandes unter Einwirkung der elektrischen Wellen als Relais. Mit einer solchen Anordnung gelang es Hughes, auf eine Entfernung von etwa 500 Meter eine funkentelegraphische Verständigung zu erzielen, bei welcher Empfänger und Sender in verschiedenen Räumen aufgestellt waren.

Da es andererseits aber Hughes nicht gelang, den wissenschaftlichen Beweis für das Vorhandensein der von ihm angenommenen elektrischen Luftwellen zu führen, so nahm er trotz der Anfangs 1880 an ihn ergangenen Aufforderung der Royal Society in London davon Abstand, seine Versuche in einer Abhandlung zu veröffentlichen.

Infolge dieser bescheidenen Zurückhaltung des Professors Hughes trat in der Entwicklung der Funkentelegraphie ein Stillstand von nahezu einem Jahrzehnt ein. Erst die von dem Professor Heinrich Hertz Ende der 80er Jahre des vorigen Jahrhunderts angestellten Versuche über die Natur der elektrischen Funkenwellen gaben eine weitere Anregung zur Lösung des Problems der Telegraphie ohne Draht.

2. Hertz.

Professor Heinrich Rudolf Hertz gelang durch seine epochemachenden Versuche in den Jahren 1886—1889, auf die im II. Abschnitt näher eingegangen wird, die experimentelle Bestätigung der von Maxwell nur auf mathematischer Grundlage aufgebauten elektromagnetischen Lichttheorie. Seitdem wissen wir, daß von einem elektrischen Funken Kräfte ausgehen, die sich in Gestalt von Wellen oder Strahlen mit Geschwindigkeit des Lichts in den Raum verbreiten, daß diese Wellen dieselben Grundgesetze befolgen, wie die Lichtwellen, und daß ihr Träger derselbe unwägbare Äther ist, der die Fortpflanzung des Lichts vermittelt. Das Licht selbst ist eine elektromagnetische Erscheinung.

Zum Nachweis der von einer Funkenstrecke ausgehenden elektrischen Wellen bediente sich Hertz der sogenannten Resonatoren. Diese hatten

vornehmlich die Form offener Drahtkreise mit kleinen polierten Messingkugeln an den Enden.   Durch eine isolierte Stellvorrichtung konnte Hertz
den Luftraum zwischen den beiden Kugeln auf Bruchteile eines Millimeters
genau einstellen.   Treffen elektrische Wellen auf einen solchen Resonator,
so erfolgt gewissermaßen ein elektrisches Mitklingen desselben, das sich
durch Überspringen kleiner Funken zwischen den Messingkugeln bemerkbar macht.   Das elektrische Mitklingen geht in ähnlicher Weise vor sich,
wie das Mittönen einer von Schallwellen getroffenen Stimmgabel.

Die von Hertz bei seinen Versuchen beobachteten Einwirkungen der
elektrischen Wellen auf seinen Resonator waren nicht so stark, daß er von
vornherein an die Möglichkeit denken konnte, seine Erfolge für eine Telegraphie ohne Draht nutzbar machen zu können.

Es dürfte dies aus einem Briefe vom 3. Dezember 1889 an den Zivil-
ingenieur H. Huber in München gefolgert werden können, der allerdings
nur angefragt hatte, ob Hertz eine Übertragung von Telephongesprächen
durch elektrische Wellen für möglich halte.   Hertz antwortete im ver-
neinendem Sinne mit der Begründung, daß die Stromänderungen im Telephon
im Vergleich mit der Schwingungsperiode der Funkenwellen zu langsame
seien.   Würde Hertz damals die Einrichtung einer drahtlosen Telegraphie mit Hilfe der Funkenwellen für möglich gehalten haben, so würde
er sicher in dem Antwortschreiben an Huber dieser Möglichkeit Erwähnung
getan haben.

Hertz würde auch die Verwendbarkeit seiner Funkenwellen für eine
Telegraphie ohne Draht sofort erkannt haben, wenn er die von Professor
Hughes festgestellte Empfindlichkeit der Mikrophonkontakte für elektrische
Wellen gekannt hätte.   An dem weiteren Ausbau der elektrischen Wellen-
theorie und deren praktischer Verwertung konnte sich Hertz nicht mehr
beteiligen.   Das Schicksal setzte seinem arbeitsreichen Leben ein leider
allzufrühes Ziel: er starb am Neujahrstage 1894.

8. Branly.

Ein weit empfindlicheres Hilfsmittel als der Hertzsche Resonator zur
Wahrnehmung der elektrischen Wellen bildet eine von dem Professor
Eduard Branly in Paris 1891 erfundene Vorrichtung, die gewissermaßen
ein elektrisches Auge darstellt, das die Ankunft elektrischer Strahlen in
ähnlicher Weise anzeigt, wie das menschliche Auge die Ankunft von Lichtstrahlen.   Der Branlysche Wellenempfänger besteht aus einer Glasröhre,
die an beiden Enden durch Metallelektroden abgeschlossen und zwischen
ihnen mit Metallfeilicht gefüllt ist.   Sie wird an Stelle der Funkenstrecke
des Resonators eingeschaltet, und der Resonator wird mit einem empfindlichen Galvanometer und einem galvanischen Element zu einem Stromkreis
vereinigt.   Für gewöhnlich ist dann die Nadel des Galvanometers nicht
abgelenkt, weil die zahlreichen Berührungsstellen der mit unreiner Ober-

fläche behafteten Feilspäne dem Batteriestrom einen fast so großen Widerstand darbieten, als ob der Stromkreis völlig unterbrochen wäre. Gelangen
aber elektrische Wellen zu der Röhre, so werden die Metallspäne leitend.
Der Widerstand des Stromkreises sinkt sofort auf einen geringen Wert und
die Nadel des Galvanometers schlägt aus. Um die Leitfähigkeit nach
dem Auftreffen der elektrischen Welle wieder aufzuheben, genügt ein
leichter Schlag auf die Röhre, der die Metallspäne durcheinander schüttelt.
An Stelle des Galvanometers kommt in der Praxis ein empfindliches Relais
oder ein Telephon zur Verwendung.

Die Priorität der Erfindung des Metallfeilicht-Wellenanzeigers wird
Branly vielfach, aber mit Unrecht, streitig gemacht. S. A. Varley
stellte zwar bereits 1866 fest, daß feines Metallpulver elektrischen Strömen
von geringer Spannung großen Widerstand bietet, während es unter dem
Einfluß von Strömen höherer Spannung gut leitend wird. Weiterhin hat
auch der italienische Professor Calzecchi Onesti die Änderung des
Widerstandes von Metallfeilicht oder Metallpulver durch die Einwirkung
von Induktionsströmen in den Jahren 1884 und 1885 zum Gegenstand
ausgedehnter Untersuchungen gemacht. Eine praktische Verwendung des
Metallpulvers zum Nachweise der elektrischen Wellen wurde indes erst
infolge der Arbeiten Branlys möglich.

4. Popoff.

Mit Hilfe der Hertzschen Funkenwellen und der Branly-Röhre
wäre bereits eine Telegraphie ohne Draht möglich gewesen; genügt doch
schon ein winziger Funke, um auf mehrere Meter diesen Wellenanzeiger
ansprechen zu lassen. Professor Oliver Lodge kam bei seinen Untersuchungen über die Branly-Röhre auch darauf, eine derartige drahtlose
Telegraphie in den Bereich der Möglichkeit zu ziehen. Er bezeichnete aber
als äußerst erreichbare Entfernung eine halbe englische Meile, etwa 800 m.
Lodge hatte wohl erkannt, daß die geschlossene Strombahn der Funkenerzeuger nur geringe Energie nach außen abgibt. Erst die Versuche des
Professors Popoff im Jahre 1895 an der Forstakademie in Kronstadt,
welcher die Branly-Röhre benutzte, um luftelektrische Entladungen nachzuweisen, brachten das Problem der drahtlosen Telegraphie auf weitere
Entfernungen seiner Lösung näher. Popoff benutzte bei seinen Versuchen
einen in vertikaler Stellung befestigten langen, in die Luft reichenden
Draht, dessen unteres Ende mit der Erde verbunden war, z. B. die Auf-
fangestange eines Gebäudeblitzableiters, um die luftelektrischen Erregungen
dem Wellenanzeiger zuzuführen. Der Popoffsche Auffangedraht ist die
späterhin mit der Bezeichnung „Antenne" belegte Luftleitung der drahtlosen Telegraphie.

Nachdem es Popoff Ende 1895 gelungen war, unter Verwendung
des Auffangedrahtes elektrische Entladungen bis auf Entfernungen von 5 km

mittels der Branly-Röhre zu registrieren, sprach er sich zuversichtlich dahin aus, daß es ihm gelingen werde, durch Verwendung stärkerer Wellenerreger und empfindlicherer Wellenanzeiger eine regelmäßige drahtlose telegraphische Verbindung auf größere Entfernungen herzustellen. Popoff würde sein Ziel damals bereits erreicht haben, wenn er seinen Wellensender mit der gleichen Antenne versehen hätte, die er bei seiner Empfangsstation benutzte. Er kam nicht auf diesen Gedanken; die Legung dieses letzten Schlußsteins im Aufbau der Funkentelegraphie war dem Italiener Guglielmo Marconi vorbehalten.

b) Die praktische Lösung des Problems der Funkentelegraphie durch Marconi.

Marconi war durch die bei dem Professor Righi in Bologna über die Hertzschen Wellen gehörten Vorlesungen angeregt worden, sich mit dem Problem der Funkentelegraphie zu beschäftigen. Bei seinen ersten Versuchen verwendete er als Wellensender lediglich einen freistehenden Righi-Oszillator ohne Antenne. Um dann eine stärkere Ausstrahlung der elektrischen Wellen von den Oszillatorkugeln herbeizuführen, verband sie Marconi mit großen Metallflächen, und diese Versuche führten ihn schließlich zur Anwendung der Popoffschen Empfängerantenne bei seiner Senderstation. Damit war der letzte Schritt zur Lösung des Problems der Funkentelegraphie getan; er ist das unanfechtbare Verdienst Marconis.

Nach Abschluß seiner Versuche auf dem Landgute seines Vaters in Bologna begab sich Marconi 1896 nach England, um dort mit Unterstützung des Chefelektrikers des englischen Telegraphenwesens W. Preece Versuche auf größere Entfernungen anzustellen. Diese fanden im Mai 1897 im Bristolkanal zwischen Lavernock Point und Flat Holm auf eine Entfernung von 5,5 km sowie zwischen Lavernock Point und Brean Down auf eine Entfernung von 14 km statt (vgl. Fig. 6).

Die Versuche ergaben eine hinreichende Telegraphierverständigung bei Anwendung von 20 m und noch längeren Luftdrähten mit oben an ihnen befestigten Zinkzylindern. Auf Grund dieser Ergebnisse konnte nunmehr daran gedacht werden, die Funkentelegraphie als Verkehrsmittel in den Nachrichtendienst einzustellen.

An den Versuchen Marconis zwischen Lavernock Point und Flat Holm hatte auch Professor Slaby von der technischen Hochschule zu Charlottenburg teilgenommen. In seinem Werke „Die Funkentelegraphie" (Berlin, Verlag von Leonhard Simion) schreibt Slaby hierüber: „Es wird mir eine unvergeßliche Erinnerung bleiben, wie wir, des starken Windes wegen in einer großen Holzkiste zu Fünfen übereinander gekauert, Augen und Ohren mit gespanntester Aufmerksamkeit auf den Empfangsapparat gerichtet, plötzlich nach Aufhissung des verabredeten Flaggenzeichens das erste Ticken, die ersten deutlichen Morsezeichen vernahmen, lautlos und unsichtbar herübergetragen von jener felsigen, nur in undeutlichen Umrissen wahrnehmbaren Küste, herübergetragen durch jenes unbekannte geheimnisvolle Mittel, den Äther, der die einzige Brücke bildet zu den Planeten des Weltalls."

c) Die geschichtliche Entwicklung der Funkentelegraphie seit 1897.

1. Der weitere Ausbau des Marconisystems.

Versuche im Golf von Spezia. — Im Anschluß an seine erfolgreichen Versuche in England stellte Marconi zunächst gleichartige Versuche im Auftrage der italienischen Regierung im Golf von Spezia in der Zeit vom 10. bis 18. Juli 1897 an. Das Schlußergebnis war befriedigend; es gelang die funkentelegraphische Übermittlung gut auf 12 km und zeitweise sogar auf 16 km bei einer Masthöhe für die Luftleitung der Landstation von 34 m und von 22 m für die Schiffsstation.

Abstimmung von Sender- und Empfängerstation aufeinander. — Von den weiteren Versuchen Marconis haben zunächst diejenigen Bedeutung, die sich damit befassen, eine gleichzeitige Funkentelegraphie zwischen mehreren benachbarten Stationen zu ermöglichen, ohne daß der Betrieb der einen durch den der anderen gestört wird. Marconi wollte zu diesem Zwecke den Sender und den Empfänger so gestalten, daß jener nur elektrische Wellen bestimmter Länge aussendet und dieser nur auf Wellen bestimmter Länge ansprechen kann. Sender und Empfänger einer Anlage sollten auf die gleichen Wellenlängen abgestimmt sein, d. h. in Syntonismus stehen.

In seinen Vorträgen vor der Royal Institution vom 2. Februar 1900 und 13. Juli 1902 berichtet Marconi, daß er seine Versuche zur Abstimmung der Stationen auf bestimmte Wellenlängen bereits 1898 begonnen habe. Aus patentrechtlichen Gründen will Marconi seine Versuche in dieser Richtung zunächst geheim gehalten haben. Die Öffentlichkeit erhielt davon erst durch die Einrichtung der Versuchsanlage zwischen St. Catherines Point auf der Insel Wight und Poole im Frühjahr 1900 Kenntnis. Hier gelang Marconi eine funkentelegraphische Verständigung auf eine Entfernung von 49 km, ohne daß die Zeichen durch andere in der Nähe arbeitende Stationen gestört wurden. Die Abstimmung der Sender- und Empfängerstation auf eine bestimmte Wellenlänge will hier Marconi durch Anwendung von Luftleitern in Gestalt zweier konzentrisch angeordneter Metallzylinder erreicht haben. Zuverlässig scheint diese Anordnung nicht gewesen zu sein, denn Marconi hat sie bald wieder aufgegeben; jedenfalls stellt sie keine so vollständige Lösung der Abstimmungsfrage dar, wie sie in demselben Jahre Professor Slaby gab.

Benutzung des Braunschen Schwingungskreises. — Größere Übertragungsweiten erzielte Marconi erst durch Benutzung eines geschlossenen Schwingungskreises zur Erzeugung schwachgedämpfter elektrischer Schwingungen von gleicher Periode. Dieser Schwingungskreis besteht aus Kondensatoren von der Form Leydener Flaschen, einer Selbstinduktionsspule und der Funkenstrecke. Zuerst hatte Marconi mit der Anwendung dieses geschlossenen Schwingungskreises keinen besonderen Erfolg; er trat erst ein, als er den Schwingungskreis und den Senderdraht auf ein und dieselbe Schwingungsperiode abstimmte. Zu diesem Zwecke schaltete Marconi in den vertikalen Senderdraht eine regulierbare Selbstinduktionsspule ein; er konnte dann dessen Schwingungsdauer in gewissen Grenzen vergrößern, wenn er mehr Spulenwindungen einschaltete, und verkleinern, wenn er Spulen ausschaltete. Die Übertragung der Schwingungen aus dem geschlossenen Kreise in die offene Strombahn des vertikalen Senderdrahtes erfolgt mittels einer Induktionsspule. Diese Anordnung, die später noch näher beschrieben wird, stellt das heutige Marconi-System dar; mit ihr will Marconi bereits im Sommer 1900 praktische Erfolge bei Versuchen zur Herstellung einer gleichzeitigen Funkentelegraphie zwischen mehreren Stationen erzielt haben. Zum Beweis hierfür gibt Marconi an, daß Dr. J. A. Fleming in einem Briefe vom 4. Oktober 1900 an die „Times" in London bereits dieser erfolgreichen Versuche Erwähnung getan habe.

Die von Marconi benutzte Anordnung unterscheidet sich in nichts wesentlichem von dem Professor Braunschen System des geschlossenen Schwingungskreises und der induktiven Sendererregung, das diesem durch das deutsche Patent vom 14. Oktober 1898 geschützt ist. Es mag dahingestellt bleiben, ob und inwieweit Marconi die Braunsche Erfindung für sein System benutzt hat, oder ob er vollständig unabhängig von ihr zu demselben Ergebnis gekommen ist. Die Priorität muß jedenfalls Professor Braun zuerkannt werden. Er benutzte, wie später noch ausführlich erörtert werden wird, den Leydener Flaschenstromkreis bereits bei seinen Versuchen im Sommer 1898 in Straßburg und in größerem Maßstab im Frühjahr 1899 in Cuxhaven. Über die Cuxhavener Versuche erschienen damals bereits Zeitungsberichte, in denen von Kondensatorkreisen die Rede war und in denen der Gedanke der Senderanordnung: „große Energiemengen zu benutzen und in günstiger Weise zur Ausstrahlung zu bringen" wiedergegeben wurde.

Ozeanfunkentelegraphie. — Mit der Anwendung des Braunschen Schwingungskreises und des Prinzips der induktiven Sendererregung gelang es Marconi bald, eine sichere Telegraphierweite von 200 bis 300 km über Wasser und etwa 100 km über Land zu erreichen. Damit war aber dem Ehrgeiz Marconis nicht genügt, er hatte sich die Überbrückung des Weltmeers zum Ziele gesetzt. Das Streben Marconis, dieses Ziel baldigst zu erreichen, würde allgemeine Anerkennung und Unterstützung gefunden haben, wenn nicht die Reklame der Marconi-Gesellschaften sich der Angelegenheit bemächtigt und jeden noch so kleinen vermeintlichen oder wirklichen Erfolg der Welt als große Errungenschaft verkündet hätte.

Im Dezember 1901 gab die englische Marconi-Gesellschaft bereits durch alle Zeitungen der staunenden Welt bekannt, daß Marconi funkentelegraphische Zeichen von Poldhu (Cornwall) nach St. Johns auf Neufundland übermittelt habe. Wenn man auch nach dem damaligen Stande der Funkentelegraphie die Möglichkeit einer funkentelegraphischen Überbrückung des Atlantischen Ozeans nicht mehr von der Hand weisen konnte, so zweifelte man doch allgemein, daß es Marconi tatsächlich zu jener Zeit geglückt sei, das vielbesprochene „S" funkentelegraphisch über den Ozean zu senden. In dem bereits erwähnten Vortrage vom 13. Juni 1902 vor der Royal Institution in London erklärte jedoch Marconi auf das Bestimmteste, daß die Übermittlung der Reihe „S" unzweifelhaft gelungen sei, daß aber die Übermittlung einer bestimmten Nachricht infolge der Schwäche der Zeichen und der Unzuverlässigkeit der Empfangsapparate nicht stattfinden konnte.

Im Sommer und Herbst 1902 ist Marconi mit Feststellungen beschäftigt gewesen, wie weit sich der Wirkungsbereich der Station Poldhu erstreckt. Zu diesen Versuchen wurde ihm das italienische Kriegsschiff „Carlo Alberto" zur Verfügung gestellt. Marconi will während der Reisen dieses Schiffes nach Rußland und Italien stets funkentelegraphische Nachrichten von der Station Poldhu empfangen haben. Die bekannte Londoner Fachzeitschrift „The Eletrician" stellte als Schlußergebnis der Versuche auf dem „Carlo Alberto" fest, daß eine Telegrammsendung von Poldhu nach dem Schiff bis auf 1200 km möglich gewesen sei und daß bei dieser Entfernung die Telegramme zwar vielfach entstellte Zeichen aufwiesen, immerhin aber bei einiger Übung noch zu entziffern waren. Am Sonntag, den 21. Dezember 1902 ist dann die Überbrückung des Atlantischen Ozeans durch die Funkentelegraphie tatsächlich erfolgt; die beiden Marconi-Riesenstationen Poldhu und Kap Breton stehen seitdem durch den Äther in funkentelegraphischer Verbindung. Ob sich letztere zu einem betriebssicheren Verkehrsmittel ausbilden lassen wird, muß die Zukunft lehren. Bis heute ist es Marconi zwar noch nicht gelungen, einen regelrechten Funkentelegraphendienst über den Atlantischen Ozean einzurichten, immerhin braucht die Hoffnung nicht endgültig aufgegeben zu werden.

Marconis Verdienste um die technische Ausgestaltung und Entwicklung der Funkentelegraphie verdienen volle Anerkennung; sie wird ihm insbesondere auch in Deutschland rückhaltslos gezollt. Man würde aber zu weit gehen, wenn man ihn als alleinigen Erfinder hinstellen und danach das neue Verkehrsmittel Marconi-Telegraphie bezeichnen und weiterhin sogar von Marconigrammen reden wollte. Mit demselben Rechte könnte man ähnliche Bezeichnungen aus den Namen der deutschen Erforscher und Förderer der drahtlosen Telegraphie, der Professoren S l a b y und B r a u n, ableiten, deren Verdienste um die weitere Entwicklung der drahtlosen Telegraphie nicht minder hoch anzuschlagen sind als die M a r c o n i s.

2. Der deutsche Anteil an der Entwicklung der Funkentelegraphie.

Es seien hier zunächst die beiden Erfindungen deutscher Gelehrter hervorgehoben, ohne welche die rapide technische Entwicklung der Funkentelegraphie in den ersten Jahren des 20. Jahrhunderts nicht möglich gewesen wäre; es sind dies die Lösung der Abstimmungsfrage durch Professor S l a b y und der geschlossene Schwingungskreis zur Erzeugung reiner elektrischer Wellen von Professor B r a u n. Neue Aussichten von großer Tragweite eröffnen jetzt die von der deutschen Gesellschaft für drahtlose Telegraphie zur praktischen Anwendung gebrachten Energieschaltungen des Professor Braun für funkentelegraphische Sender. Besondere Erwähnung verdient auch die Initiative der deutschen Regierung zur Herbeiführung einer internationalen Regelung der Funkentelegraphie.

Abgestimmte Funkentelegraphie von Slaby. — Wie aus einem von Professor Slaby am 5. Dezember 1899 in der schiffsbautechnischen Gesellschaft über „die Anwendung der Funkentelegraphie in der Marine" gehaltenen Vortrag entnommen werden kann, hatte er sich bereits bei seinen Versuchen an Bord deutscher Kriegsschiffe im Sommer 1899 mit einer Abstimmung der Empfangsapparate auf ganz bestimmte Wellenlängen befaßt, ohne indes zu dem gewünschten Ziel zu gelangen. Erst die von ihm im Sommer 1900 angestellten praktischen Versuche und theoretischen Untersuchungen brachten die gewünschte Lösung der Abstimmungsfrage. Das Ergebnis dieser Arbeiten hat Professor S l a b y in einem Vortrage über „Abgestimmte und mehrfache Funkentelegraphie" am 22. Dezember 1900 im Sitzungssaale der Allgemeinen Elektrizitäts-Gesellschaft zu Berlin der Öffentlichkeit übergeben. S l a b y weist nach, daß die Länge der von der Funkenstrecke im Senderdraht erzeugten Wellen gleich dessen vierfacher Drahtlänge sein muß, um die besten Wirkungen zu erzielen, und daß dann die auftretenden Wechselspannungen ein einfaches harmonisches Gesetz befolgen. Am oberen Ende des Drahtes bildet sich stets ein Schwingungsbauch und am unteren Ende, also an der Funkenstrecke, ein Schwingungsknoten der elektrischen Spannung aus. Indem S l a b y die Strahlung eines Senderdrahts auf dicht dahinter angebrachte photographische Platten einwirken ließ, fand er, daß die entwickelten Bilder tatsächlich eine gesetzmäßige Zunahme der Spannung nach dem oberen Drahtende zeigten und somit das Vorhandensein von stehenden elektrischen Schwingungen im Drahte bewiesen. Eine geringe Veränderung der Kapazität des Drahtes hatte bereits eine beträchtliche Änderung der Wellenlänge zur Folge.

Man hat es also nunmehr in der Hand, durch entsprechende Bemessung der Länge des Senderdrahts und der Kapazität des in diesen eingeschalteten Kondensators elektromagnetische Wellen von bestimmter Länge auszusenden, oder aber man kann bei vorhandenen Anlagen die Wellenlänge in beliebigem Maße verändern, indem man durch Einschaltung abgestimmter Spulen die Selbstinduktion des Systems ändert.

Den Empfangsapparat kann man in ähnlicher Weise auf eine bestimmte Wellenlänge abstimmen. Man braucht seinem Luftleiter nur dieselbe Länge wie dem Senderdrahte zu geben und das untere Ende durch Erdverbindung zu einem Knotenpunkte zu machen; dann bilden sich in ihm Wechselspannungen nach demselben harmonischen Gesetz aus wie im Senderdrahte. Von bedeutendem Einfluß auf die Entwicklung der Funkentelegraphie sind ferner die Slaby schen Untersuchungen über den Einfluß der Erdung von Sender- und Empfängerluftleitung auf die Fernwirkung gewesen.

Der Braunsche Schwingungskreis. — Während Marconi und Professor Slaby bei ihren Funkentelegraphensystemen lange Zeit die für die Fernwirkung erforderlichen elektrischen Wellen nur in offenen Strombahnen, d. h. in Drähten erzeugten, welche nicht in sich zurücklaufen, und erst später dazu übergegangen sind, hierzu einen geschlossenen Stromkreis zu benutzen, hat Professor Braun von Anbeginn seiner Arbeiten an, die bis in das Jahr 1897 zurückreichen, als Erregerkreis für die elektrischen Wellen stets eine im Sinne der Geometrie nahezu geschlossene Strombahn zur Anwendung gebracht. Bei der offenen Strombahn schnüren sich, wenn sie in elektrische Schwingungen versetzt wird, nach Hertz Kraftlinien ab; sie wandern als elektromagnetische Strahlen in den Raum hinaus und kehren nicht mehr zurück, sobald sie einen gewissen Abstand erreicht haben. Durch die Abgabe von elektrischer Energie an die Umgebung verliert aber die offene Strombahn an ihrer eigenen Energie; ihre elektrische Schwingung hört also bald auf, sie klingt schnell ab, oder sie ist, wie man es jetzt allgemein bezeichnet, infolge der elektromagnetischen Strahlung stark gedämpft. Bei einer geschlossenen Strombahn dagegen, z. B. einem Stromkreise aus Leydener Flaschen, der unter gewöhnlichen Umständen keine Energieabgabe nach außen aufweist, liegen die Verhältnisse anders. Eine in einem solchen Flaschenkreise einmal eingeleitete elektrische Schwingung würde unaufhörlich weiter schwingen, wenn nicht ihre Energie sich mit der Zeit in Wärme umsetzte. Es geschieht dies durch Erwärmung des Schließungsbogens infolge des elektrischen Widerstandes desselben und zu einem beträchtlichen Teile noch durch die Funkenbildung. Eine Abnahme der Energie der elektrischen Schwingungen erfolgt also auch hier; die Dämpfung ist hier ebenfalls nicht zu vermeiden. Es ist jedoch der Leydener Flaschenstromkreis, um elektrische Schwingungen längere Zeit zu unterhalten, von allen bekannten Anordnungen die günstigste; ein solcher Schwingungskreis hat die geringste Dämpfung.

Es ist das unbestreitbare Verdienst des Professors Braun, die außerordentliche Bedeutung des Leydener Flaschenstromkreises für die drahtlose Telegraphie nicht nur zuerst erkannt, sondern auch die praktische Verwendung desselben zuerst ermöglicht zu haben. Die Arbeiten Brauns dürften vorbildlich gewesen sein für den Ausbau der übrigen Systeme und ihnen dürfte wohl ein guter Teil der auf dem Gebiete der Funkentelegraphie erzielten Errungenschaften zuzuschreiben sein. Braun benutzt bei seinem System die geschlossene Strombahn in Verbindung mit der offenen. Der schwach gedämpfte Leydener Flaschenstromkreis, der große Energiemengen aufnehmen kann, dient zur Erzeugung der elektrischen Wellen und gleichzeitig als Energiereservoir; die offene Strombahn des vertikalen Luftleiters dagegen dient zum Aussenden der Wellen; ihr wird aus dem geschlossenen Erregerkreise immer neue Energie nachgeliefert. Die Schwingungen der offenen Strombahn werden auf diese Weise auch nachhaltiger.

Die Verbindung des geschlossenen Schwingungskreises mit dem Luftleiter erfolgt entweder durch induktive Übertragung (elektrische Koppelung) oder durch direkten Anschluß des Luftleiters an einen Punkt der geschlossenen Strombahn (galvanische Koppelung).

Mit den Braunschen Erfindungen beginnt zuerst eine zielbewußte Weiterentwicklung der Funkentelegraphie. Der Braunsche Schwingungskreis wurde seitdem allen weiteren Arbeiten zugrunde gelegt, freilich leider unter gänzlicher Mißachtung der Rechte des Erfinders. Es scheint jetzt geradezu Manie geworden zu sein, epochemachende Erfindungen zu verkleinern und den Erfindern durch Ausgrabung irgend welcher alten Analogien ihr geistiges Eigentum streitig zu machen. Im vollen Maße hat auch Professor Braun diese Erfahrung machen müssen; überall wird seine Erfindung angewandt und doch hat es jahrelanger Kämpfe — sogar in Deutschland — bedurft, bevor man sein Erfinderrecht anerkannte.

In den Jahren 1898—1900 haben sich die Funkentelegraphentechniker allgemein mit der Ausbildung der Braunschen Senderanordnungen und der Verbesserung der einzelnen Apparate beschäftigt, und in den nächsten Jahren von 1900—1902 war das Hauptziel die Ausgestaltung der elektrischen Resonanz und die Steigerung der Wirkungen durch dieselbe.

Die Braunschen Senderanordnungen sind in Deutschland durch das Patent vom 10. Oktober 1898 Nr. 111 579 geschützt; sie genossen also bereits zwei Jahre früher Patentschutz, als die Marconi-Gesellschaft in England damit begann, dieselbe Einrichtung in Gebrauch zu nehmen.

Die gleichartige Anordnung für den Empfänger, nämlich ein geschlossener Resonanz-Schwingungskreis, genießt Patentschutz seit 1. Januar 1901. Dieser Resonanz-Schwingungskreis bedingt eine scharfe und ausgesprochene Eigenperiode des Empfangssystems; er spricht infolgedessen nur auf eine ganz bestimmte Geberfrequenz an und scheidet daher Störungen fremder Geber leicht aus. Er ist auch am besten geeignet, die gesamte vom Geber mit Flaschenerregung ausgehende Energiestrahlung aufzunehmen.

Seit Anfang 1903 ist die Funkentelegraphie in ihr neuestes Entwicklungsstadium getreten. Wieder sind es deutsche Erfindungen, die diese Periode einleiten, wiederum sind es in der Hauptsache die Arbeiten des Professors Braun. Man kann diese unter der Bezeichnung „Energieschaltungen" zusammenfassen.

Die Braunschen Energieschaltungen für funkentelegraphische Sender. — Sie ermöglichen eine größere Fernwirkung durch Erhöhung der Kapazität des Erregerkreises, ohne daß dadurch die elektrische oder galvanische Koppelung beeinträchtigt wird, wie dies bei den bisherigen Senderschaltungen der Fall ist. Professor Braun verwendet für den Sender nicht mehr einen einzelnen Schwingungskreis, sondern mehrere solcher Kreise, von denen jeder auf die gleiche Schwingungszahl wie der bisherige Einzelkreis abgestimmt ist. Jeder dieser Schwingungskreise wird von der Hochspannungsquelle mit der gleichen Energie versorgt wie der frühere Einzelkreis. Auf diese Weise können n Schwingungskreise die n fache Energie auf den Senderdraht übertragen.

Von einer gewissen Funkenlänge ab schreitet die Vergrößerung der Spannung nicht mehr proportional mit der Vergrößerung der Funkenstrecke fort. Die durch die sogenannte kritische Funkenlänge gegebene Grenze für die Erhöhung der Entladespannung beseitigt Professor Braun in genialer Weise durch eine Unterteilung der Funkenstrecke, d. h. eine Auflösung derselben in eine Anzahl von hintereinander geschalteten Einzelfunkenstrecken. Um die praktische Ausbildung der unterteilten Funkenstrecke hat sich in hervorragender Weise der Ingenieur Hagar Rendahl verdient gemacht.

Die Verringerung der Dämpfungsverluste durch die Anwendung der unterteilten Funkenstrecke in Verbindung mit einer Abstimmung der Funkeninduktorien auf Resonanz geben neuerdings sogar die Möglichkeit, die älteste Marconi-Senderanordnung, d. h. die direkte Erregung eines einfachen Luftleiters, wieder mit Vorteil auf mittlere Reichweiten von 200—300 Kilometer zu benutzen.

Weitere deutsche Erfindungen von größerer Tragweite. — Hier seien nur kurz angeführt: der Wellenindikator von Schlömilch, der Mikrophonfritter von Dr. Köpsel, und die verschiedenen Apparate zur Messung der Wellenlängen und Herbeiführung der Abstimmung von Graf Arco, Franke-Dönitz, Professor Slaby und Professor P. Drude. Hervorragenden Anteil an der Entwicklung der Funkentelegraphie und ihrer wissenschaftlichen Ergründung haben hauptsächlich noch die Professoren P. Drude, M. Wien und H. Th. Simon. Ich möchte hier insbesondere auf die Forschungen hinweisen, die in folgenden Arbeiten niedergelegt sind:

P. Drude: Schwingungsdauer und Selbstinduktion von Drahtspulen. Annalen der Physik 1902, Bd. 9.

M. Wien: Über die Verwendung der Resonanz bei der drahtlosen Telegraphie. Annalen der Physik 1902, Bd. 8.

H. Th. Simon: Über die Erzeugung hochfrequenter Wechselströme und ihre Verwendung in der drahtlosen Telegraphie. Physikalische Zeitschrift 1903.

Die von H. Th. Simon in Verbindung mit M. Reich angestellten Versuche mit Wechselströmen von außerordentlich hoher Frequenz unter Anwendung von Vakuumfunkenstrecken dürften einen neuen Zeitabschnitt in der Entwicklung der Funkentelegraphie einleiten.

Anregung zur internationalen Regelung der Funkentelegraphie durch die deutsche Regierung. — Die englische Wireless Telegraph Company, welche die kommerzielle Verwertung der Erfolge Marconis auf dem Gebiete der Funkentelegraphie in die Hand genommen hatte, strebte von Anfang an danach, sich ein Weltmonopol für die Funkentelegraphie zu schaffen. Sie suchte dies durch Gründung von Tochtergesellschaften in den hauptsächlichsten Küstenländern, durch Abschließung von Staatsverträgen und Verträgen mit Verkehrsunternehmungen zu erreichen.

Die gefährlichste Leistung in dieser Hinsicht war der Abschluß eines Übereinkommens der Marconi-Gesellschaft mit dem Britischen Lloyd. Letztere Gesellschaft besitzt eine große Anzahl von Signalstationen in allen Weltteilen, die den Nachrichtenverkehr zwischen dem Lande und Schiffen in See vermitteln, soweit dies nicht durch staatliche Seetelegraphenanstalten geschieht. Nach dem Übereinkommen sollen sämtliche Signalstationen des Britischen Lloyd mit Marconi-Systemen ausgerüstet werden, und während der nächsten 14 Jahre sollen die Stationen mit den Schiffen in See, die Funkentelegraphenanlagen an Bord haben, ausschließlich mittels der Marconi-Systeme in Verkehr treten. Für Schiffe dagegen, die Funkentelegraphenanlagen anderer Systeme benutzen, sollen die Lloydstationen keine Nachrichtenvermittlung auf funkentelegraphischem Wege übernehmen. Bei der Bedeutung, die die Lloydstationen für den Nachrichtenverkehr der Schiffe aller Nationen haben, würde die praktische Ausführung des Übereinkommens sämtliche Schiffe zwingen, nur Marconi-Anlagen an Bord zu installieren; jedes andere System würde dann ausgeschlossen sein. Die Schiffahrt der ganzen Welt würde also in ein Abhängigkeitsverhältnis zur Marconi-Gesellschaft geraten.

Damit wäre auch eine gedeihliche wissenschaftliche Weiterentwicklung der Funkentelegraphie ausgeschlossen.

Die deutsche Regierung regte daher bei den wichtigsten europäischen Staaten und den Vereinigten Staaten von Amerika an, die auf den Gegenstand bezüglichen, zum Teil sehr komplizierten Fragen zunächst auf einer Vorkonferenz zu klären, um auf diese Weise die Grundlage für die Arbeiten einer späteren, erweiterten Konferenz zu schaffen, deren Aufgabe es sein würde, eine internationale Vereinbarung über die drahtlose Telegraphie zustande zu bringen. Die Vorkonferenz fand in der Zeit vom 4. bis 13. August 1903 in Berlin statt und war, außer von Deutschland, von Großbritannien, den Vereinigten Staaten von Amerika, Spanien, Frankreich, Italien, Österreich-Ungarn und Rußland beschickt. Das Schlußergebnis der Verhandlungen bildete die Aufstellung folgenden Protokolls:

Die nachgenannten Delegationen der Vorkonferenz für drahtlose Telegraphie, nämlich Deutschland, Österreich, Spanien, die Vereinigten Staaten von Amerika, Frankreich, Ungarn und Rußland, sind übereingekommen, der Prüfung ihrer Regierungen die folgenden allgemeinen Grundlagen einer Regelung vorzuschlagen, die den Gegenstand eines internationalen Vertrages bilden können.

Artikel I.

Der Austausch der Korrespondenz zwischen den Schiffen in See und den Küstenstationen für drahtlose Telegraphie, die dem allgemeinen Telegraphenverkehr geöffnet sind, ist den nachstehenden Bestimmungen unterworfen:

§ 1. Unter Küstenstation wird jede feste Station verstanden, deren Wirkungsbereich sich bis auf das Meer erstreckt.

§ 2. Die Küstenstationen sind gehalten, die Telegramme von oder nach Schiffen in See ohne Unterschied der von diesen benutzten Systeme der drahtlosen Telegraphie anzunehmen und zu befördern.

§ 3. Die vertragschließenden Staaten veröffentlichen alle diejenigen technischen Angaben, die zur Erleichterung und Beschleunigung der Verbindungen zwischen den Küstenstationen und den Schiffen in See dienen.

Indes kann jede der vertragschließenden Regierungen die auf ihrem Gebiete befindlichen Stationen unter ihr nötig erscheinenden Bedingungen ermächtigen, mehrere Einrichtungen oder besondere Dispositionen zu benutzen.

§ 4. Die vertragschließenden Staaten erklären, daß sie für die Festsetzung der Tarife, welche auf die zwischen den Schiffen in See und dem internationalen Telegraphennetz ausgewechselte telegraphische Korrespondenz Anwendung finden, die nachstehenden Grundlagen annehmen:

Die für diesen Verkehr zu erhebende Gesamtgebühr wird pro Wort festgesetzt; sie umfaßt

a) die Gebühr für die Beförderung auf den Linien des Telegraphennetzes; ihr Betrag entspricht der durch das jeweils gültige internationale Telegraphenreglement zum Vertrage von St. Petersburg festgesetzten Gebühr;

b) die Gebühr für die Seebeförderung.

Die zuletzt genannte Gebühr wird, wie die vorherstehende, nach der Zahl der Wörter bestimmt, wobei diese Wortzahl gemäß dem unter a) dieses Paragraphen genannten internationalen Telegraphen-reglement festgestellt wird. Sie besteht aus:

a) einer Gebühr, Küstengebühr genannt, die der Küstenstation zu-kommt;

b) einer Gebühr, Bordgebühr genannt, die der auf dem Schiffe eingerichteten Station zusteht.

Die Gebühr der Küstenstation unterliegt der Genehmigung des Staates, auf dessen Gebiete sich diese Station befindet, und die Bord-gebühr der Genehmigung des Staates, dessen Flagge das Schiff führt.

Jede dieser beiden Gebühren soll auf der Grundlage einer ange-messenen Entschädigung für die telegraphische Arbeit festgesetzt werden.

Artikel II.

Ein dem abzuschließenden Vertrage beizufügendes Reglement wird den Austausch von Mitteilungen zwischen den Küstenstationen und den Schiffs-stationen regeln.

Die Vorschriften dieses Reglements können jederzeit im gemeinsamen Einverständnis der Verwaltungen der vertragschließenden Staaten geändert werden.

Artikel III.

Die Bestimmungen des Telegraphenvertrages von St. Petersburg finden auf die Korrespondenz mittels drahtloser Telegraphie insoweit Anwendung, als sie nicht im Widerspruch zu den Bestimmungen des abzuschließenden Vertrages stehen.

Artikel IV.

Die Stationen für drahtlose Telegraphie sollen, ausgenommen den Fall, daß sie dazu materiell außerstande sind, die Ersuchen um Hilfe, die ihnen von den Schiffen zugehen, mit Vorrang aufnehmen.

Artikel V.

Der Betrieb der Stationen für drahtlose Telegraphie soll nach Möglich-keit so eingerichtet sein, daß er den Betrieb anderer Stationen nicht stört.

Artikel VI.

Die vertragschließenden Regierungen behalten sich das Recht vor, unter-einander Sonderabkommen zu dem Zwecke abzuschließen, die Unternehmer, die auf ihrem Gebiete Stationen für drahtlose Telegraphie betreiben, zur Beobachtung der Bestimmungen des abzuschließenden Vertrages auch in allen ihren übrigen Stationen zu zwingen.

Artikel VII.

Die Bestimmungen des abzuschließenden Vertrages, ausgenommen die Bestimmungen, die den Gegenstand der Artikel IV und V bilden, finden auf diejenigen staatlichen Stationen für drahtlose Telegraphie, die nicht für den allgemeinen Verkehr geöffnet sind, keine Anwendung.

Artikel VIII.

Den Ländern, die an dem abzuschließenden Vertrage nicht teilgenommen haben, wird der Beitritt auf ihren Antrag gestattet.

Berlin, den 13. August 1903.

(Folgen die Unterschriften.)

Erklärung der Delegierten von Großbritannien.

Die britische Delegation verpflichtet sich zwar, die vorstehenden Grundlagen der Prüfung ihrer Regierung zu unterbreiten, sie erklärt aber, daß sie in Anbetracht der Lage, in der sich die drahtlose Telegraphie im Vereinigten Königreiche befindet, einen allgemeinen Vorbehalt aufrecht erhalten muß. Dieser Vorbehalt bezieht sich besonders auf Artikel I, § 2 und auf die Anwendung der Bestimmungen des Artikels V auf die im Artikel VII genannten Stationen.

Berlin, den 13. August 1903.

(Folgen die Unterschriften.)

Erklärung der Delegierten von Italien.

Obwohl die italienische Delegation es übernimmt, die im Schlußprotokoll der Konferenz enthaltenen Bestimmungen der Prüfung ihrer Regierung zu unterbreiten, muß sie doch gemäß den von ihren Mitgliedern in den verschiedenen Sitzungen abgegebenen Erklärungen im Namen ihrer Regierung die folgenden Vorbehalte machen:

Artikel I, § 2.

Sie würde den vorgeschlagenen Text nur unter der Bedingung annehmen, daß nachstehender Zusatz gemacht wird:

> „vorausgesetzt, daß alle diese Systeme eine anerkannte Gewähr für gutes Arbeiten beim gegenseitigen Telegraphieren in bezug auf Reichweite, Vollkommenheit der Organisation und Sicherheit der Beförderung geben".

Artikel I, § 3.

Sie kann den ersten Absatz dieses Paragraphen nicht annehmen, weil die Regierung sich in den mit Marconi abgeschlossenen Verträgen zur Geheimhaltung der Einzelheiten der Einrichtungen verpflichtet hat.

Artikel VI.

Sie vermag dem Text dieses Artikels nicht zuzustimmen und muß sich auf die Erklärung beschränken, daß von seiten ihrer Regierung das Mögliche geschehen wird, um die mit Marconi abgeschlossenen Verträge in dem gewünschten Sinne abzuändern.

Berlin, den 13. August 1903.

(Folgen die Unterschriften.)

II. Die Funkentelegraphie.

A) Die physikalischen Grundlagen der Funkentelegraphie.

1. Der elektrische Funke.

Der elektrische Funke ist die Kraftquelle der Funkentelegraphie. Er ist eine außerordentlich schnell auftretende, von einer kurzen Lichterscheinung begleitete Ausgleichung entgegengesetzter Elektrizitäten. Nähert man zwei entgegengesetzt elektrisch geladene Leiter einander, so springt zwischen ihnen, noch bevor sie zur Berührung kommen, solange sie also noch durch einen Luftzwischenraum voneinander getrennt sind, ein heller Funke über. Die positive Elektrizität strömt zur negativen, und diese Bewegung beginnt schon, bevor der leitende Weg völlig hergestellt ist, denn die anziehende Kraft zwischen den beiden Elektrizitäten und die dadurch erzeugte Spannung sind so groß, daß die Luftschicht zwischen den genäherten Enden der geladenen Leiter gewaltsam durchbrochen wird. Indem hierbei winzige Metallteilchen mitgerissen und nebst den benachbarten Luftteilchen zum Glühen erhitzt werden, entsteht der elektrische Funke. Die plötzliche Ausdehnung der Luft infolge der starken Erhitzung bringt das bekannte Geräusch hervor, das sich je nach der vorhandenen Spannung vom Knistern bis zum Knall steigern kann.

Die Schlagweite, d. h. der Abstand der beiden Leiter, bei welchem noch eine Funkenbildung erfolgt, hängt hauptsächlich von der Spannungsdifferenz zwischen den Leitern, in zweiter Linie auch von der Form der Leiter ab. Je größer die Spannungsdifferenz ist, desto größer ist auch die Schlagweite. Die Dauer des elektrischen Funkens ist äußerst kurz, sie wird auf den 24 000. bis 72 000. Teil einer Sekunde angegeben.

Nach Heydweiler, E. T. Z. 1893, S. 29 und K. Strecker, Hilfsbuch für die Elektrotechnik, gilt für die Funkenbildung zwischen zwei Kugeln vom Durchmesser d cm bei 745 mm Druck und 18° C in gewöhnlicher atmosphärischer Luft folgende Tabelle:

Funken-länge in mm	Spannung in Kilovolt (1000 Volt)				Funken-länge in mm	Spannung in Kilovolt (1000 Volt)			
	$d=5$	2	1	0,5		$d=5$	2	1	0,5
1	—	4,1	4,5	4,8	8	27,5	26,2	24,0	19,1
2	—	7,9	8,4	8,6	10	33,4	30,9	27,1	20,5
3	—	11,4	11,9	11,4	12	39,2	35,0	—	—
4	—	14,8	14,9	13,7	14	44,6	38,7	31,4	—
5	17,8	17,9	17,7	15,5	16	49,6	42,0	—	—
6	21,1	20,8	20,0	17,0	20	—	47,5	—	23,8

Für je 8 mm höheren Druck und 3° C niedrigerer Temperatur ist die Spannung um 1 % zu vergrößern.

2. Kapazität und Kondensator.

Kapazität. — Wenn ein isoliert aufgestellter Leiter mit Elektrizität geladen wird, so stehen die Elektrizitätsmenge Q und die Spannung oder das Potential E auf demselben in einem bestimmten Verhältnis C, und zwar ist

$$C = \frac{Q}{E}.$$

Die Größe C nennt man die Kapazität des Leiters; sie ist gleich derjenigen Elektrizitätsmenge, die ihn auf die Spannung 1 Volt bringt, oder die der Leiter aufnimmt, wenn er aus einer Elektrizitätsquelle von 1 Volt Spannung geladen wird.

Wäre der Leiter, z. B. eine Kugel, deren Kapazität dem Halbmesser proportional ist, gerade so groß, daß eine Ladung von 1 Coulomb die Spannung 1 Volt erzeugte, so hätte sie die Kapazität von 1 Farad. Für praktische Zwecke benutzt man den millionten Teil von 1 Farad, das Mikrofarad (Mf) als Maß der Kapazität. 1 Mikrofarad ist also $= 10^{-6}$ Farad. Auf die absolute Einheit des elektromagnetischen Maßsystems zurückgeführt, das seinerseits auf den mechanischen Grundeinheiten Centimeter, Gramm, Sekunde (C. G. S.-System) basiert, ist $1\,F = 10^{-9}$ und $1\,Mf = 10^{-15}$ C. G. S.-Einheiten. Ein hohler Leiter hat dieselbe Kapazität wie ein massiver von gleicher Gestalt und Abmessung, da die freie Elektrizität nur auf der Oberfläche sitzt.

Das Coulomb ist die Maßeinheit für die Größe einer Elektrizitätsmenge oder einer elektrischen Ladung. Die Maßeinheit stellt diejenige Elektrizitätsmenge dar, die auf eine gleichgroße Menge in der Entfernung von 1 cm die Kraft 1 ausübt. Hierbei gilt jedoch nicht das Kilogramm als Krafteinheit, sondern diejenige Kraft, welche der Masse eines Grammes in der Sekunde eine Beschleunigung von 1 cm zu erteilen vermag, das ist also $\frac{1}{981}$ rund $= 1$ Milligramm oder 1 Dyne (sogenannte absolute Krafteinheit). Die so definierte Einheit der Elektrizitätsmenge ist gegenüber der für Versuche und technische Zwecke benutzten Mengen sehr klein. Um nicht daher mit sehr großen Zahlen rechnen zu müssen, benutzt man das 3000 millionenfache als praktische Einheit. Letztere wird Coulomb genannt; es ist also 1 Coulomb $= 3 \cdot 10^{9}$ absolute elektrostatische Einheiten.

Um von der Größe eines Coulomb Elektrizitätsmenge eine Vorstellung zu geben, sei angeführt, daß zwei mit je 1 Coulomb geladene Kugeln im Abstande von 1 km noch mit einer Kraft von rund 900 kg aufeinander wirken.

Das Verhältnis der vorhandenen Elektrizitätsmenge zur Größe der Oberfläche des Leiters, d. h. die auf eine Flächeneinheit (1 qcm) entfallende Elektrizitätsmenge nennt man die Dichte der Elektrizität. Auf einer Kugel hat die Elektrizität überall gleiche Dichte, sofern die benachbarten Körper auf allen Seiten gleich weit abstehen. Wird jedoch auf einer Seite ein Körper genähert, so findet auf dieser eine stärkere Influenzwirkung und daher auch eine dichtere Lagerung der Kugelelektrizität als an den übrigen Seiten statt. Auf einem Leiter mit ungleichmäßig gekrümmter Oberfläche ist die Dichte der Elektrizität verschieden und an den einzelnen Stellen von der Krümmung abhängig. An den Spitzen ist die Dichte am größten und es zeigt die Elektrizität hier das Bestreben, den Leiter zu verlassen. Trotz der schlechten Leitungsfähigkeit der Luft findet an den Spitzen ein Ausströmen der Elektrizität — eine Glimmentladung — statt.

Kondensator. — Die Kapazität oder das Aufnahmevermögen eines Leiters kann dadurch erheblich gesteigert werden, daß man ihm einen zweiten Leiter gegenüberstellt, der vom ersten durch eine dünne Isolierschicht getrennt und mit Erde verbunden ist. Man erhält dadurch einen Kondensator; seine Wirkungsweise erklärt sich folgendermaßen. Die isolierte leitende Platte A (Fig. 13) sei zunächst allein vorhanden und mit a Coulomb $+ E$ geladen, wodurch sie eine Spannung von b Volt erhalten habe, dann ist ihre Kapazität

$$C = \frac{a}{b} \text{ Farad.}$$

Fig. 13.

Bringt man nun die mit der Erde verbundene leitende Platte B heran, so sammeln sich auf dieser nahezu a Coulomb negative Influenzelektrizität. Durch die Wirkung der negativen Ladung wird aber die ursprüngliche Spannung von A verändert; denn will man jetzt 1 Coulomb $+$ Elektrizität auf die Platte A bringen, so bedarf es dazu nicht mehr eines Arbeitsaufwandes von $\frac{b}{9,81}$ kgm, da ja die negative Ladung der Platte B heranziehen hilft und so die Arbeit erleichtert. Die Spannung von A ist also kleiner geworden, sie ist von b Volt z. B. auf b^1 Volt gesunken, daher muß das Verhältnis

$$\frac{a}{b^1} > \frac{a}{b}$$

oder die neue Kapazität

$$C^1 > C$$

sein. Infolgedessen muß nunmehr die Elektrizitätsquelle, aus der man A ladet, mehr Elektrizität hergeben als vorher, um A auf die Spannung b Volt zu bringen. Die Zahl, welche angibt, wievielmal mehr Elektrizität die Kollektorplatte A infolge des Einflusses der Kondensatorplatte B aufzunehmen vermag, als für sich allein, nennt man die Verstärkungszahl des Kondensators.

Die Kapazität eines Kondensators ist um so größer, je größer die einander gegenüberstehenden Leiterflächen sind und je geringeren Abstand sie voneinander haben; von Einfluß ist ferner das Material der Isolierschicht. Für Leydener Flaschen und sonstige Plattenkondensatoren mit dem Plattenabstande d und der Plattenfläche S ist die Kapazität

$$C = \frac{S}{4\,\pi\,d} \cdot k,$$

wo k die sogenannte Dielektrizitätskonstante ist, die den Einfluß der Isolierschicht ausdrückt. Besteht die Isolierschicht aus Luft, so ist $k = 1$ zu setzen. Die Maße der Längen und Flächen sind in cm und cm^2 zu nehmen; die Formel ergibt dann die Kapazität im elektrostatischen Maße; um Mikrofarad zu erhalten, hat man noch durch $9 \cdot 10^5$ zu dividieren.

Für die wichtigsten anderen Isolatoren gelten folgende Werte von k:

Kolophonium	2,6	Olivenöl	3
Ebonit	2—3	Terpentinöl	2,2
Glas	3—7	Paraffin, fest	2,0—2,3
Weißes Spiegelglas etwa . . .	6	Petroleum	2,0—2,2
Glimmer	4—8	Porzellan	4,4
Guttapercha	4,2	Schellack	2,7—3,7
Kautschuk, braun	2	Siegellack	4,3
„ vulk. grau . . .	2,7		

Ein Kondensator, dessen Isolierschicht aus Glas, wie bei der Leydener Flasche, oder aus Glimmer besteht, hat also das drei- bis achtfache Aufnahmevermögen eines Luftkondensators von denselben Abmessungen. Die in der Funkentelegraphie zur Anwendung kommenden Kondensatoren haben zumeist die Form der Leydener Flasche. Blätterkondensatoren kommen nur wenig zur Verwendung; diese bestehen aus abwechselnden Schichten von Stanniolblättern und Blättern aus Glimmer oder paraffiniertem Papier. Die den ungeraden Zahlen entsprechenden Stanniolblätter sind links am Rande und die den geraden Zahlen entsprechenden Blätter rechts am Rande je untereinander verbunden, so daß zwei Stanniolbelegungen von großer Fläche mit einer isolierenden Zwischenlage entstehen.

3. Selbstinduktion.

Ein elektrischer Strom läßt sich ansehen als ein Bündel vieler Stromfäden. In derselben Weise wie auf benachbarte Leiter (Seite 12) wirkt daher jeder Strom auch auf seinen eigenen Leiter induzierend. Diese induzierende Wirkung heißt Selbstinduktion, der durch sie hervorgerufene Strom Extrastrom oder auch Gegenstrom.

Beim Entstehen erzeugt jeder Strom einen entgegengesetzten Schließungsextrastrom, der sein Entstehen zu hindern strebt und zur Folge hat, daß der Strom nicht sofort seinen dem Ohmschen Gesetz entsprechenden Wert erreicht, sondern eine gewisse Zeit zum Anwachsen braucht. Beim Unterbrechen des Stromes entsteht ein Öffnungsextrastrom von gleicher Richtung, der den plötzlichen Abfall der Stromstärke zu hemmen sucht. Der

Extrastrom beim Öffnen hat eine viel höhere Spannung, als der beim Schließen und vermag u. U. eine dünne Luftschicht in einem Funken zu durchbrechen. Die an der Unterbrechungsstelle eines Stromkreises häufig zu beobachtenden Funken rühren vom Extrastrom her. Die Selbstinduktion ist gering in gradlinigen Leitern, stark dagegen in Drahtspulen, weil jede Wirkung auf alle anderen induzierend wirkt. Auch hängt sie von der Magnetisierbarkeit des Leiters ab, sie ist in Eisendraht stärker als in Kupferdraht; sie ist ferner um so größer, je rascher der Hauptstrom seine Stärke ändert.

In jedem Leiter ist die elektromotorische Kraft der Selbstinduktion in Volt ausgedrückt, gleich dem Produkt aus dem Selbstinduktionskoeffizienten und der Stromänderung in der Sekunde. Der Selbstinduktionskoeffizient eines Leiters gibt demnach diejenige elektromotorische Kraft an, die erzeugt wird, wenn der Hauptstrom in einer Sekunde um 1 Ampere zu- oder abnimmt. Wird bei dieser Veränderung gerade eine elektromotorische Kraft von 1 Volt erzeugt, so hat der betreffende Leiter den Selbstinduktionskoeffizienten 1 Henry oder 1 Quadrant $= 10^9$ C. G. S.-Einheiten.

In Drähten, welche bifilar gewickelt sind, d. h. zu einer Schleife gelegt und diese dann aufgespult ist, ebenso in graden und frei ausgespannten Drähten von mäßiger Länge ist die Selbstinduktion Null oder praktisch zu vernachlässigen. Bei bifilar gewickelten Drähten hat der Strom in der zweiten Hälfte des Umwindungsdrahtes die entgegengesetzte Richtung wie in der ersten, so daß die magnetisierenden Wirkungen beider Hälften sich aufheben. Aber auch die induzierenden Wirkungen beider Hälften heben sich auf, da neben jeder einzelnen Windung der ersten Drahthälfte die entsprechende Windung der zweiten Drahthälfte liegt und in allen übrigen Windungen eine gleich große, aber entgegengesetzte elektromotorische Kraft induziert wie jene.

Apparate mit besonders kräftiger Selbstinduktion sind die Induktanzrollen, auch Gegenstromrollen und Graduatoren genannt. Sie bestehen aus Drahtrollen mit mehr oder weniger Windungen und dementsprechend größerem oder geringerem Widerstande, ferner aus einem Kern und einem Mantel von dünnen Eisenstäbchen. In der Funkentelegraphie kommen in der Regel Selbstinduktionsrollen ohne Eisenkerneinlage und ohne Eisenmantel zur Anwendung.

Der Selbstinduktionskoeffizient L für eine Spule mit N Windungen und dem Querschnitt F, deren Länge l gegen den Durchmesser sehr groß ist, beträgt

$$L = 4 \pi N^2 l F.$$

Um L in Henry zu erhalten, ist der Wert durch 10^9 zu dividieren. Ein Wechselstrom wird durch die Selbstinduktion in seiner Stärke geschwächt. Die Stromstärke wird in dem mit größerer Selbstinduktion belasteten Leiter kleiner als sie dem Ohmschen Gesetz entspricht. Denn tatsächlich

wirkt nicht die vorhandene elektromotorische Kraft allein, sondern diese
vermindert um die elektromotorische Kraft des Extrastromes. Bei derselben
elektromotorischen Kraft ist also die Stromstärke in einem Leiter mit hoher
Selbstinduktion bei Wechselstrom kleiner als bei Gleichstrom. Es hat den
Eindruck, als ob der Widerstand des Leiters mit hoher Selbstinduktion
gegen Wechselstrom größer ist, als gegen Gleichstrom. Man bezeichnet
diesen Widerstand des Leiters deshalb auch als scheinbaren Widerstand oder Impedanz desselben, zum Unterschied gegen den gewöhnlichen Widerstand, den der Leiter gegen Gleichstrom hat. Der Widerstand
wächst mit der Periodenzahl des Wechselstromes, d. h. mit der halben
Anzahl der Richtungswechsel in der Sekunde. Bezeichnet n die Periodenzahl des Wechselstromes und L den Selbstinduktionskoeffizienten des Leiters,
so ist dessen scheinbarer Widerstand $= \sqrt{w^2 + 4\pi^2 n^2 L^2}$. Dieser schein-
bare Widerstand setzt sich also zusammen aus dem eigentlichen Leitungs-
widerstande w und dem sogenannten induktiven Widerstande, der von dem
Selbstinduktionskoeffizienten L und der Periodenzahl des Stromes abhängt.

4. Der Weltäther.

Zur Erklärung der Fernwirkung, wie sie bei der drahtlosen Telegraphie ohne ein durch unsere Sinne wahrnehmbares Bindeglied vor sich
geht, dient die zuerst von dem Holländer Huyghens aufgestellte Theorie
vom Weltäther. Wir nehmen an, daß der Weltraum und alle Körper in
ihm von einem unendlich feinen Stoffe, dem Weltäther, erfüllt oder durch-
drungen sind. Das Licht stellen wir uns mit Hilfe dieser Theorie als
eine Wellenbewegung des Äthers vor und finden hieraus die für die Licht-
wirkungen passenden Erklärungen.

Der englische Physiker Maxwell gelangte bei seinen hauptsächlich
in den Jahren von 1863 bis 1873 angestellten Untersuchungen über das
Wesen und die Ausbreitung der elektrischen Erscheinungen bald zu der
Erkenntnis, daß sich die Äthertheorie auch auf die Elektrizität anwenden
lasse. Er fand, daß von einem elektrischen Funken Kräfte ausgehen
müssen, die sich als Wellenbewegung mit der Geschwindigkeit des Lichtes
nach allen Richtungen im Raume verbreiten. Unter der Annahme, daß
der Weltäther ebenfalls den Träger für die Fortpflanzung der elektrischen
Wellen bilde, kam Maxwell schließlich zu der Behauptung, daß das
Licht selbst eine elektromagnetische Erscheinung sei, und daß Licht und
elektrische Strahlen dieselben Grundgesetze befolgen. Den praktischen
Beweis für die Richtigkeit der Maxwellschen Theorie hat der Professor
Heinrich Hertz in Bonn Ende der 80er Jahre des vorigen Jahrhunderts durch seine bekannten epochemachenden Versuche geführt. Seitdem
wissen wir, daß ein elektrischer Funke im Äther Wellenbewegungen erzeugen kann, die sich in physikalischer Beziehung genau so verhalten wie
die Lichtwellen.

5. Elektrische Oszillationen in Kondensatorkreisen.

Bringt man einen geladenen Kondensator, z. B. eine Leydener Flasche (Fig. 14), durch eine von zwei Kugeln *A* und *B* begrenzte Funkenstrecke zur Entladung, so findet zwischen den beiden Belegungen ein Übergang von Elektrizität statt. Helmholtz hat bereits in seiner epochemachenden Schrift von 1847 „Über die Erhaltung der Kräft" darauf hingewiesen, daß die Entladung der Leydener Flasche nicht als einfache Bewegung der Elektrizität in nur einer Richtung anzusehen sei, sondern als eine hin und her gehende Bewegung zwischen den Belegen aufgefaßt werden müsse, die schwächer und schwächer wird, bis die ganze elektrische Arbeit der Ladung aufgezehrt ist. Die Ursache dieser pendelnden Bewegung der Elektrizität fanden Faraday und Maxwell in der elektrischen Induktion. Sie stellten fest, daß jeder entstehende und verschwindende elektrische Strom einen anderen elektrischen Strom hervorbringt oder induziert, nicht nur in anderen benachbarten Leitern, sondern im eigenen Leiter selbst; daher auch die Bezeichnung Selbstinduktion für den letzteren Vorgang. Nach der Lenzschen Regel ist der induzierte Strom so gerichtet, daß er die Bewegung, durch die er zustande kommt, zu schwächen sucht, d. h. ein entstehender Strom induziert einen seiner Richtung entgegengesetzten, ein verschwindender Strom einen seiner Richtung gleichen Strom.

Fig. 14.

Die hauptsächlichste Ursache der bei der Entladung eines Kondensators zu beobachtenden Erscheinungen ist danach die Selbstinduktion; durch sie erhalten die elektrischen Ströme scheinbar eine Art von Trägheit.

Bei der Entladung der Leydener Flasche (Fig. 14) sinkt also die zwischen den Belegungen vorhandene Spannungsdifferenz zunächst auf Null. Der durch den Entladungsvorgang in dem Stromkreise hervorgerufene elektrische Strom bewegt sich jedoch in der ihm zuerst erteilten Richtung *A-B* weiter und ladet nunmehr die Belegungen mit Elektrizität von einem der vorherigen Ladung entgegengesetzten Vorzeichen. Ist diese Ladung vollständig erfolgt, so ist die Stärke des ersten Entladungsstroms gleich Null geworden, und die Belegungen des Kondensators haben wieder eine Ladung erhalten, die etwas geringere Stärke als die ursprüngliche besitzt. Nunmehr beginnt ein neuer Entladungsvorgang, jetzt aber in der entgegengesetzten Richtung *B-A*. Die vorhandene Spannungsdifferenz zwischen den beiden Belegungen wird wieder auf Null gebracht und eine neue Spannungsdifferenz von dem Vorzeichen der ursprünglichen erzeugt. Die Stärke des zweiten Entladungsstroms ist dann wieder auf Null gesunken.

Die Bewegung der Elektrizität von einem Ladungsmaximum über das entgegengesetzte Ladungsmaximum zum zweiten gleichnamigen Maximum nennt man eine elektrische Schwingung oder Oszillation und den gesamten

Vorgang danach eine oszillatorische Entladung. Nach Beendigung der ersten Schwingung befindet sich der Kondensator wieder in seinem ursprünglichen Zustande, nur sind die Ladungen seiner Belegungen jetzt etwas schwächer. Es folgen nunmehr die zweite, dritte usw. Schwingung, bis die Ladungen schließlich so schwach werden, daß eine Entladung durch die Funkenstrecke nicht mehr stattfinden kann.

Es findet also gewissermaßen eine Dämpfung der Schwingungen statt, und diese ist um so stärker, je größer der Widerstand des Entladungsstromkreises ist. Denn je größer dieser Widerstand ist, desto mehr wird die Ladungsenergie des Kondensators in Wärme verwandelt.

Den Maximalwert der Spannungsdifferenz zwischen beiden Belegungen des Kondensators, der wie bereits erörtert, in demselben Augenblick erreicht wird, in welchem der Entladungsstrom verschwindet, bezeichnet man wie bei den Pendelschwingungen als die Amplitüde der elektrischen Schwingung.

Nicht jede Entladung eines Kondensators ist eine schwingende oder oszillatorische; Vorbedingung für eine solche ist, daß der Widerstand des Schließungsbogens im Verhältnis zu seiner Selbstinduktion ein geringer ist.

Ist dagegen der Widerstand des Schließungskreises im Verhältnis zu seiner Selbstinduktion ein hoher, so steigt die Intensität des Entladungsstroms beim Überspringen jedes Funkens von Null bis zu einem Maximalwert und sinkt dann wieder auf Null. Gleichzeitig sinkt die Spannungsdifferenz zwischen den Belegungen von ihrem Anfangswerte beständig, aber nicht gleichmäßig bis auf Null. Eine solche Entladung nennt man eine kontinuierliche; bei ihr findet ein Hin- und Herschwingen der Elektrizität zwischen den beiden Belegungen nicht statt. Nur wenn der Entladungskreis einen sehr hohen Widerstand besitzt, kann es vorkommen, daß nach dem ersten Ausgleiche noch einige weitere Entladungen, sogenannte Rückstandsentladungen, folgen. Diese Entladung nennt man eine intermittierende Entladung; sie besteht aus einer Reihe von kontinuierlichen Teilentladungen.

6. Die Thomsonschen Formeln für die Entladung von Leydener Flaschen oder Kondensatoren in geschlossenen Strombahnen.

W. Thomson, jetzt Lord Kelvin, führte 1853 den mathematischen Beweis für die von Helmholtz aufgestellte Theorie der Entladung Leydener Flaschen auf folgende Weise:

Bezeichnet man die Kapazität des Kondensators (Fig. 14) mit C, die Potentialdifferenz zwischen seinen Belegungen mit E und die Selbstinduktion des Schließungsbogens mit L, sowie seinen Widerstand mit R, so ist die Intensität I des Entladungsstromes

$$I = \frac{E - L\frac{\partial I}{\partial t}}{R}.$$

Bezeichnet man mit Q die Elektrizitätsmenge des Kondensators, so ist (vgl. Seite 46)

$$E = \frac{Q}{C}$$

und

$$I = -\frac{\partial Q}{\partial t}.$$

Durch Substitution dieser Werte erhält man aus der ersten Gleichung:

$$\frac{\partial^2 Q}{\partial t^2} + \frac{R}{L}\frac{\partial Q}{\partial t} + \frac{Q}{CL} = 0.$$

Das allgemeine Integral dieser Gleichung ist:

$$Q = A_1 e^{\alpha_1 t} + A_2 e^{\alpha_2 t}$$

und $\alpha 1$ $\alpha 2$ die Wurzeln der Gleichung:

$$L\alpha^2 + R\alpha + \frac{1}{C} = 0.$$

Also:

$$\alpha = -\frac{R}{2L} \pm \sqrt{\frac{R^2}{4L^2} - \frac{1}{CL}}.$$

Sind die Wurzeln reell, d. h.

$$R > 2\sqrt{\frac{L}{C}},$$

so ergibt sich eine kontinuierlich abnehmende Entladung. Sind die Wurzeln aber imaginär, d. h.

$$R < 2\sqrt{\frac{L}{C}},$$

so wird

$$Q = e^{-\frac{2L}{R}}[B_1\cos\beta t + B_2\sin\beta t],$$

$$\beta = \sqrt{\frac{1}{CL} - \frac{R^2}{4L^2}},$$

d. h. die Entladung wird oszillatorisch mit der Periode

$$T = \frac{2\pi}{\sqrt{\dfrac{1}{CL} - \dfrac{R^2}{4L^2}}}.$$

Das Verhältnis $\frac{L}{R}$ bezeichnet man als Zeitkonstante des Entladungs-stromkreises und das Produkt CR als Zeitkonstante des Kondensators. Der Ausdruck „Zeitkonstante" eines Stromkreises wird angewandt, um die Zeit in Bruchteilen einer Sekunde oder einer anderen Einheit auszudrücken, die

bei Einwirkung einer stetigen elektromotorischen Kraft ablaufen muß, bevor
der Strom zu einem bestimmten Bruchteile seines vollen Wertes anwächst.

Ist $\frac{R^2}{4L^2}$ klein gegen $\frac{1}{CL}$, was in dem vorliegenden Falle zutrifft, da
der Schließungsbogen nur geringen Widerstand und geringe Selbstinduktion
besitzt, so werden die Oszillationen sehr schnell und ihre Periode wird,
da der Quotient $\frac{R^2}{4L^2}$ vernachlässigt werden kann, durch $T = 2\pi \cdot \sqrt{CL}$
dargestellt.

Ist L in elektromagnetischen Einheiten und C in elektrostatischen
Einheiten gemessen, so ändert sich die Formel, da 9×10^{20} elektrostatische
Einheiten einer elektromagnetischen Einheit entsprechen in

$$T = \frac{2\pi}{3 \times 10^{10}} \cdot \sqrt{C \cdot L}.$$

Da die Wellenlänge λ gleich dem Produkt aus der Fortpflanzungsgeschwindigkeit v und der Schwingungsdauer T ist und $v = 3 \times 10^{10}$ cm
in der Sekunde beträgt, so ergibt sich für λ die Gleichung:

$$\lambda = 2\pi \cdot \sqrt{Ccm\,Lcm}.$$

7. Die bildliche Darstellung der Flaschenentladung.

a) Die Spiegelversuche Feddersens. — Den experimentellen
Beweis für die Richtigkeit der theoretischen Untersuchungen von Helm-
holtz und Thomson über die Entladung der Leydener Flaschen lieferte
Feddersen 1859.

Im schnell rotierenden Spiegel läßt sich, wie Feddersen gezeigt hat,
der Charakter der Funkenentladung erkennen. Die Photogramme eines
Funkenbildes zeigen bei der kontinuierlichen Entladung einen zusammenhängenden Streifen, aus dem man ersehen kann,

Fig. 15.

daß das Licht des Funkens vom Beginne bis zum
Aufhören fortwährend abgenommen hat. Bei der
intermittierenden Entladung ist dieser Streifen in
mehrere ungleiche Teile zerlegt, von welchen jeder Teil für sich das Bild der
kontinuierlichen Entladung darstellt. Die schwingende Entladung liefert ebenfalls ein in einzelne Streifen zerlegtes Bild (Fig. 15); die Streifen sind
aber von gleicher Breite und nicht scharf voneinander geschieden. Die
einzelnen Abteilungen zeigen an den Rändern, die den Enden des Funkens
entsprechen, abwechselnd ein dunkles oder helles Aussehen entsprechend der
bekannten Tatsache, daß der elektrische Funke besonders zwischen Elektroden aus Zink oder Kadmium an den beiden Enden verschiedene Helligkeit
besitzt. Da nach dem Bilde der Funke bald an der einen, bald an der
anderen Elektrode heller ist, so geht daraus hervor, daß die Elektroden ihr
Vorzeichen dauernd wechseln.

b) Graphische Darstellung. — F. Wittmann[1]) benutzt zur graphischen Darstellung des Entladungsvorganges einen nach dem Blondel-Duddellschen Prinzip hergestellten Oszillographen.

Ein solcher Oszillograph ist ein schnellschwingendes Galvanometer folgender Einrichtung. In dem festen magnetischen Felde eines starken Elektromagnets befindet sich eine Schleife aus sehr dünnem Metallband, also geringem Trägheitsmoment. Durch die Wechselwirkung des die Schleife durchfließenden

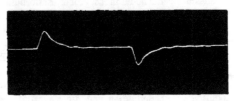

Fig. 16.

Entladungsstromes und des magnetischen Feldes wird die Schleife tordiert, wodurch das auf die Mitte der Schleife geklebte Spiegelchen gedreht wird. Ein mittels elektrischen Bogenlichtes erzeugtes, auf das Spiegelchen fallendes Strahlenbündel wird auf einen rotierenden Spiegel und von diesem als konvergentes Strahlenbündel auf einen Schirm oder eine lichtempfindliche Platte ge-

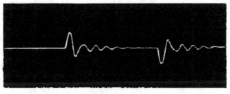

Fig. 17.

worfen. Fig. 16 zeigt das auf diese Weise aufgenommene Photogramm für den Verlauf einer kontinuierlichen Ladung und Entladung eines Kondensators und Fig. 17 das für eine oszillatorische Entladung.

8. Elektrische Oszillationen in linearen Leitern.

Die durch die Entladungen eines Kondensators hervorgerufenen elektrischen Schwingungen können sich auch in linearen Leitern ausbilden.

Nimmt man zwei Kondensatoren, deren äußere Belegungen nach der Anordnung der Fig. 18 durch einen Draht verbunden sind, und deren innere Belegungen gleich große elektrische Potentiale aber von entgegengesetztem Vorzeichen erhalten, so ist leicht ersichtlich, daß diese

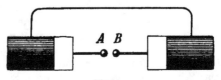

Fig. 18.

Anordnung prinzipiell von dem Schema für den Schwingungskreis eines

[1]) Fr. Wittmann: Untersuchung und objektive Darstellung von Flaschenbatterie- und Induktionsströmen. Annalen der Physik Bd. 12, 1903.

einzigen Kondensators nicht verschieden ist. Die Entladung dieses Systems
wird also auch einen oszillatorischen Charakter annehmen können.

Wird sodann an Stelle des Kondensatorglases eine Luftschicht angenommen, deren Dicke stetig wachse, so befinden sich die äußeren Belegungen
des Kondensators schließlich in so großer Entfernung von den inneren, daß
man ihre Wirkungen vernachlässigen kann. Es bleibt also nur das durch

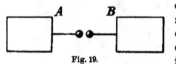

Fig. 19.

die Fig. 19 veranschaulichte System
zweier Leiter A und B übrig, die auf
entgegengesetzte Potentiale geladen werden. Ihre Funkenentladung wird ebenfalls eine oszillatorische sein, wenn der
Widerstand, die Selbstinduktion und die Kapazität dieser Leiter in dem für
eine solche Entladung erforderlichen Verhältnis zueinander stehen.

Wenn man endlich die Leiter A und B so miteinander verbindet, daß
dadurch die Funkenbildung beseitigt wird, daß sie also einen geraden Stab
oder einen kreisförmig gebogenen Leiter AB bilden (Fig. 20), so ist leicht

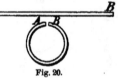

Fig. 20.

ersichtlich, daß auch in diesen Leitergebilden
elektrische Oszillationen erregt werden können.

Wird z. B. der lineare Leiter AB zwischen den entgegengesetzt geladenen Leitern
C und D (Fig. 21) angeordnet, so werden die
in A und B durch Influenz erzeugten Ladungen
einander neutralisieren, wenn man die Ladungen
der Leiter C und D plötzlich zum Verschwinden bringt.

Der Leiter AB muß dann in ähnlicher Weise wie das System AB
der Fig. 21 in elektrische Schwingungen geraten. Die Schwingung des Leiters
AB würde in diesem Falle eine elektrische Eigenschwingung sein, deren
Schwingungszahl und Schwingungsweite durch seine Selbstinduktion und
Kapazität bedingt wird.

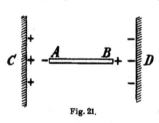

Fig. 21.

Da es jedoch praktisch kaum angängig
ist, die entgegengesetzten Ladungen der
Leiter C und D mit einem Male zu entfernen, sondern dies immer nur durch kontinuierliche oder oszillatorische Entladung
erfolgen dürfte, so werden die Ladungen
des Leiters AB, die von den Ladungen
auf C und D abhängig sind, entsprechende
Schwingungen wie C und D ausführen. Dem Leiter AB wird dadurch
u. U. eine Schwingung gegeben, die mit seiner Eigenschwingung nicht übereinstimmt. Man nennt dies eine erzwungene Schwingung.

Liegt jedoch der Fall so, daß die Entladungsschwingungen des elektrischen Feldes zwischen C und D den Eigenschwingungen des Leiters
AB in der Periode entsprechen, so werden die Schwingungen des letzteren

verstärkt. Zwischen den Systemen $A\,B$ und $C\,D$ besteht dann „elektrische Resonanz"; den geraden oder kreisförmig gebogenen Leiter $A\,B$ nennt man Resonator.

Resonanzschwingungen oder erzwungene Schwingungen werden naturgemäß in dem Leiter $A\,B$ auch dann hervorgerufen werden müssen, wenn in seiner Umgebung ein oszillierendes elektrisches Feld durch das Vorübergehen elektrischer Wellen verursacht wird, die in einer oszillatorischen Entladung ihren Ursprung haben.

Für die Schwingungsdauer T und die Wellenlänge λ elektrischer Oszillationen in linearen Leitern gelten nach Slaby (vgl. S. 73) die Formeln:

$$T = 2\sqrt{CL} \quad \text{und} \quad \lambda = \sqrt{C\mathit{cm}\,L\mathit{cm}}\,.$$

9. Die elektromagnetischen Wellen.

Das elektrische Feld einer oszillierenden Schwingung ist stets von einem entsprechend schwingenden Magnetfeld begleitet. Letzteres wird also in einem geradlinigen oder gebogenen Leiter alternierende Ströme hervorrufen, insbesondere wenn die Richtung der magnetischen Kraft zur Ebene des Leiters senkrecht steht. Man bezeichnet die Funkenwellen daher auch als elektromagnetische Wellen. Ist ihre

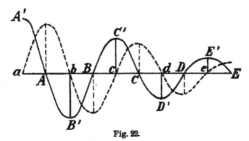

Fig. 22.

Schwingungsperiode gleich derjenigen der Eigenschwingungen des Leiters, so können letztere eine solche Amplitude erlangen, daß sie an einer Unterbrechungsstelle des Leiters $A\,B$ bzw. bei dessen kreisförmiger Anordnung (Fig. 20 u. 21) zwischen den einander genäherten Enden einen elektrischen Funken hervorrufen. Je nach der Lage des Leiters $A\,B$ zu den elektrischen Wellen ist die bei ihm auftretende Funkenbildung eine Wirkung der elektrischen oder der magnetischen Kraft der Wellen.

Die Schwingungen der elektromagnetischen Wellen lassen sich in gleicher Weise wie die Pendel- und Schallschwingungen graphisch durch die Sinuskurve zur Darstellung bringen. In der Fig. 22 stellt die ausgezogene Linie die Sinuskurve für die elektrische Kraft und die gestrichelte Linie die Sinuskurve für die magnetische Kraft der elektromagnetischen Wellen dar; erstere gibt also ein Bild der Änderungen, welche die Potentialdifferenz während der oszillatorischen Entladung erfährt, und letztere stellt die Änderungen der Stromstärke in dem betreffenden Schwingungskreise dar. Die Intervalle $a\,b$, $b\,c$, $c\,d$ usw. entsprechen der Dauer einer halben

Schwingung; sie sind einander gleich, ebenso wie die Dauer der aufeinander folgenden Schwingungen eines Pendels ebenfalls stets die gleiche ist.

Die Schwingungsweite oder Amplitude der elektrischen Wellen nimmt jedoch infolge des Widerstandes des Entladungsstromkreises nach und nach ab. Man kann ihre Schwingungen also auch nicht durch die gleichmäßig verlaufende Sinuslinie der Schwingungen eines idealen Pendels darstellen, dessen Bewegung keinen Widerstand zu überwinden hat und bei dem daher die Amplitude der Schwingungen stets die gleiche bleibt. Vielmehr muß man die Kurve der Schwingungen eines gewöhnlichen Pendels zugrunde legen, dessen Schwingungsweite sich nach und nach verringert. Man erhält damit die abgebildeten Kurven, bei denen die, die Amplituden der elektrischen und magnetischen Schwingungen darstellenden Ordinaten allmählich kürzer werden. Da die von einem elektrischen Strom erzeugte magnetische Kraft senkrecht zur Stromrichtung verläuft, so hat man sich

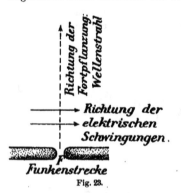

Fig. 23.

die Kurve, die den Verlauf der magnetischen Kraft der Welle darstellt, in einer zur Zeichnung senkrecht stehenden Ebene vorzustellen. Ein Maximum der Spannungsamplitude oder elektrischen Kraft der elektromagnetischen Welle entspricht einem Minimum der Stromamplitude oder magnetischen Kraft der Welle und umgekehrt. Im Punkte A der Stromkurve ist also die Spannungsdifferenz $= 0$ und die Stromstärke ein Maximum, und im Punkte A^1 ist die Spannungsdifferenz ein Maximum, die Stromstärke dagegen $= 0$.

Das Maximum der Spannungsdifferenz bezeichnet man als Spannungsbauch, das Maximum der Stromstärke als Strombauch und in gleicher Weise das entsprechende Minimum als Spannungsknoten oder Stromknoten.

Die in einer Funkenstrecke durch die Entladung eingeleitete Wellenbewegung zieht das umgebende Medium in der Weise in Mitleidenschaft, daß sich ein Teil der in ihr zum Ausgleich kommenden elektrischen und magnetischen Energie an die der Funkenstrecke nächste Ätherschicht, von ihr an eine zweite, dritte usw. Ätherschicht überträgt. Während nun in den einzelnen Schichten die ihnen mitgeteilte elektrische Verschiebung oder Strömung parallel zum erregenden Leiter, d. h. in diesem Falle parallel zur Funkenstrecke stattfindet, schreitet die Übertragung selbst von Schicht zu Schicht gewissermaßen als „elektrischer Strahl" oder „Wellenstrahl" senkrecht zur Richtung dieser elektrischen Strömung fort (Fig. 23). Wie beim Licht erfolgt also die elektrische Schwingung in vertikaler Richtung, der Vorgang selbst breitet sich aber senkrecht zur Schwingungsbewegung aus; der elektrische Strahl schreitet in horizontaler Richtung fort. Die elektrischen Funkenwellen bezeichnet man daher auch wie die Lichtwellen als Transversalwellen oder Transversalschwingungen des Äthers.

Die elektrischen Funkenwellen verhalten sich in physikalischer Beziehung genau so wie Lichtwellen; sie pflanzen sich gleich ihnen mit einer Geschwindigkeit von 300 000 km in der Sekunde fort. Eine auf unserer Erde erzeugte elektrische Funkenwelle würde bei genügender Stärke also in drei Minuten auf dem Mars anlangen. Trifft eine elektrische Welle auf ein Mittel, das ihr eine andere Fortpflanzungsgeschwindigkeit als im Äther vorschreibt, so wird sie bei dem Übergange in dasselbe gebrochen, fällt sie auf Metalle, so wird sie reflektiert. Brechung, Reflexion usw., alle Änderungen erfolgen genau nach den Gesetzen der Lichtstrahlen. Ein Unterschied zwischen den elektrischen Strahlen und den Lichtstrahlen besteht nur in der Länge ihrer Wellen.

Zur Erleichterung des Verständnisses vom Wesen der elektrischen Wellen diene folgende Analogie:

Wird eine ruhende Wasserfläche durch einen Steinwurf getroffen, so verbreitet sich vom Einfallpunkte des Steines aus eine Bewegung in ringförmigen Wellen nach allen Richtungen. Die einzelnen Wasserteilchen steigen auf und nieder, wie ein auf der Wasserfläche schwimmender Kork zeigt; an der nach außen gerichteten Bewegung nehmen aber die einzelnen Wasserteilchen nicht teil. Der Kork schwimmt bald auf einem Wellenberge, bald in einem Wellental; im übrigen entfernt er sich aber nicht von seinem Platze.

Der gleiche Vorgang vollzieht sich, wenn eine lange elastische Schnur horizontal zwischen zwei festen Punkten ausgespannt und ihr an dem einen Ende durch einen Stab ein kurzer Schlag gegeben wird. Man sieht dann eine aus Hebungen und Senkungen bestehende wellenförmige Bewegung auf der Schnur entlang laufen. Die Bewegung erreicht das andere Ende der Schnur, kommt zurück, wird flacher und hört nach einigen Malen Hin- und Hergehens ganz auf. Diese Bewegung nennt man eine fortschreitende Welle; man erkennt bei der Bewegung der Schnur ebenfalls deutlich, daß die einzelnen Teile der Schnur sich nicht in der Richtung der fortschreitenden Welle bewegen, sondern nur senkrecht zu dieser Richtung auf- und niedersteigen.

Wenn man dieselbe elastische Schnur hintereinander in gleichen Zeiträumen an dem einen Ende in Schwingungen versetzt, so bemerkt man bald, daß bestimmte, gleich weit voneinander entfernte Stellen in Ruhe bleiben und die dazwischen liegenden Stücke einen nach oben und einen nach unten gewölbten Bogen zeigen; es sind dies stehende oder stationäre Wellen. Man hat also wieder wie bei der Wasserwelle einen Wellenberg und ein Wellental, beide bilden zusammen die Welle. Wellenberg und Wellental bezeichnet man jedoch hier als Schwingungsbäuche. In der

Mitte jedes Wellenberges und Wellentales, wo die auf- und absteigende
Bewegung der Schnur am größten ist, liegt ein Schwingungsbauch; wo
diese Bewegung gleich Null ist, liegt ein Schwingungsknoten.

Solche stationäre Wellen lassen sich auch auf elektrischem Wege
sichtbar machen, wenn man einen Platindraht zwischen zwei Festpunkten
ausspannt, von denen der eine an der Zinke einer Stimmgabel sitzt. Wird
die Stimmgabel durch elektrische Hilfsmittel in Schwingung versetzt und
in Schwingung erhalten, so teilen sich diese Schwingungen dem Platin-
drahte mit und es bilden sich in dem Drahte stehende Wellen aus, die
sichtbar werden, wenn man einen starken elektrischen Strom durch ihn
schickt. Die Schwingungsknoten erhitzen sich dann bis zur Rotglut, während
die Schwingungsbäuche durch die Luft gekühlt werden und daher dunkel
bleiben.

Die vorbeschriebenen Wasserwellen und die Schwingungen der elastischen Schnur sowie des Platindrahts sind wie die elektrischen Funkenwellen Querwellen oder Transversalwellen; bei ihnen findet also keine
Fortbewegung der einzelnen Massenteile in der Richtung der fortschreitenden
Welle, sondern nur eine auf- und niedersteigende Bewegung der Massenteile senkrecht zur Fortpflanzungsrichtung statt.

Bei den Längswellen oder Longitudinalwellen dagegen bewegen sich
die einzelnen Massenteile des Wellenträgers selbst in der Richtung der
fortschreitenden Bewegung. Solche Längswellen treten z. B. beim Schalle
auf, der seine Wirkung durch Verdichtung und Verdünnung des schall-
tragenden Mittels, z. B. der Luft, fortpflanzt.

Da die Fortpflanzung der von einer Funkenstrecke ausgehenden elektrischen Wellen nach allen Richtungen des Raumes gleichmäßig erfolgt,
so hat man sich die elektromagnetischen Wellen als kugelförmige Gebilde
vorzustellen. In jedem Punkte einer solchen Welle stehen ihre elektrische
und ihre magnetische Kraft zueinander und zu der Richtung senkrecht,
in der sich an der betreffenden Stelle die Welle fortpflanzt. Es geht dies
aus den Betrachtungen über die graphische Darstellung der elektromagnetischen Wellen als Sinuskurven und aus den Erörterungen über die Wellenstrahlen, d. h. über die Fortpflanzungsrichtung dieser Wellen, hervor.

Die von verschiedenen Punkten in den Raum gesandten elektromagnetischen Wellen werden sich in ihren Wirkungen entweder verstärken
oder schwächen und u. U. ganz aufheben. Treten z. B. in den Punkten
A und B zwei Wellensysteme von gleicher Schwingungsperiode auf, so
werden sich ihre Wirkungen an allen denjenigen Stellen des Raumes
gegenseitig verstärken, deren Lage eine derartige ist, daß der Unterschied
ihrer Entfernungen vom Ausgangspunkte der Wellen gleich Null oder gleich
einer ganzen Anzahl von Wellenlängen ist. Eine gegenseitige Vernichtung
der Wirkungen, die man wie in der Akustik als „Interferenz" bezeichnet,
findet dagegen an denjenigen Punkten des Raumes statt, für welche die

Differenz ihrer Entfernungen von den Ausgangspunkten der Wellenbewegung eine halbe Wellenlänge oder ein ungerades Vielfaches einer halben Wellenlänge beträgt.

10. Die Dämpfung.

Wir sahen, daß der elektrische Funke in der Regel aus einer Anzahl von Oszillationen besteht und daß die bei jeder Oszillation wirkende Elektrizitätsmenge mehr und mehr abnimmt, die Schwingungsamplituden (vgl. Fig. 22) also immer kleiner werden, während die Schwingungsdauer jeder Oszillation die gleiche bleibt. Den Unterschied je zweier aufeinander folgender Amplitüden, also z. B. $B'b - C'c$ bezeichnet man als Dämpfung und den Quotienten $\dfrac{B'b}{C'c}$ als Dämpfungsverhältnis. Für ein und denselben Funken ist das Dämpfungsverhältnis konstant, also

$$\frac{B'b}{C'c} = \frac{D'd}{E'e} = \text{usw.}$$

Die Dämpfung stellt eine Verminderung der bei dem Funkenübergang geleisteten Arbeit dar. Die zur Überwindung des Widerstandes in dem Funkenstromkreise bei einer gewissen Elektrizitätsmenge erforderliche Arbeit kommt zunächst in einer Erwärmung des Leiters zum Ausdruck und zwar ist nach dem Jouleschen Gesetze die für die Erwärmung aufzuwendende elektrische Arbeit I^2W, wenn I die Stromstärke und W der Widerstand des gesamten Leitungskreises ist.

Würde keinerlei weiterer Verbrauch elektrischer Energie auftreten, so würde die Dämpfung $B'b - C'c$ usw. für jede Oszillation genau der jeweils in Wärme umgesetzten Elektrizität entsprechen. Es würden also außer der Erwärmung der Leitung keinerlei weitere Wirkungen vorhanden sein können. Daß dies aber nicht der Fall ist, sondern der elektrische Funke auch elektromagnetische Wellen ausstrahlt, ist bereits erwähnt worden. Der durch die Dämpfung angegebene Gesamtverbrauch an Elektrizität $B'b - C'c$ usw. setzt sich also, wenn man von dem geringen als Ladung in den Leitern zurückbleibenden Teil absieht, aus zwei Teilen zusammen:

     a) den für die Erwärmung des Leitungskreises einschließlich der Funkenstrecke aufgewendeten Teil,

     b) den für die Ausstrahlung verwendeten Teil, den man als Nutzdämpfung bezeichnet.

Bei der Funkentelegraphie müssen die Einrichtungen so getroffen werden, daß der erste Teil verschwindend klein wird, daß also die Dämpfung fast nur der ausgestrahlten elektrischen Energie entspricht.

11. Die Hertzschen Versuche.

Im Herbst 1889 konnte der Bonner Professor Heinrich Rudolf Hertz auf der Naturforscherversammlung zu Heidelberg seinen Vortrag über die

von ihm zum experimentellen Nachweis der Maxwellschen elektromagnetischen Lichttheorie ausgeführten Versuche mit den bedeutungsvollen Worten
beginnen: „Das Licht ist eine elektrische Erscheinung, das Licht an sich,
alles Licht, das Licht der Sonne, das Licht einer Kerze, das Licht eines
Glühwurms. Nehmt aus der Welt die Elektrizität, und das Licht verschwindet; nehmt aus der Welt den lichttragenden Äther, und die elektrischen und magnetischen Kräfte können nicht mehr den Raum über-
schreiten." Die ungeheure Bedeutung der Hertzschen Versuche für die
Wissenschaft liegt darin, daß sie unzweifelhaft die Richtigkeit der Maxwellschen Theorie über den Zusammenhang zwischen Licht und Elektrizität
bestätigt haben.

Die nachfolgend geschilderten Hertzschen Versuche sind von grund-
legender Bedeutung für die Funkentelegraphie geworden.

Wird ein Hohlspiegel (Fig. 24) der Sonne so gegenüber gestellt, daß
seine Achse den auffallenden Sonnenstrahlen parallel ist, so werden diese

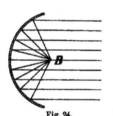
Fig. 24.

derart vom Spiegel zurückgeworfen, daß sie sich in
einem dicht vor ihm liegenden Punkte B, dem Brennpunkte, vereinigen. In dem Brennpunkte wird dadurch eine solche Temperaturerhöhung bewirkt, daß
in ihm angeordnete, leicht entzündliche Körper in
Brand geraten und explosive Stoffe, wie z. B. Schieß-
baumwolle, verpuffen.

Wird andererseits in dem Brennpunkt des Hohl-
spiegels eine Lichtquelle angeordnet, so werden die
Strahlen derselben parallel zur Achse zurückgeworfen, und auf einem dem
Hohlspiegel gegenüber aufgestellten Wandschirm erscheint ein der Größe
des Spiegels entsprechender kreisförmiger Fleck. Es gilt hier das bekannte
Reflexionsgesetz: der Einfallswinkel ist gleich dem Reflexionswinkel,
d. h. der zurückgeworfene Strahl bildet mit dem Einfallslote denselben
Winkel wie der ankommende Strahl.

Treffen die parallel zur Achse zurückgeworfenen Strahlen auf einen
zweiten Hohlspiegel, dessen Achse mit der Achse des ersteren zusammen-
fällt, so werden sie wieder im Brennpunkte des zweiten Spiegels vereinigt.

Diese Spiegelversuche hat Hertz in folgender Weise auf die elektrischen Erscheinungen angewendet. In der Brennlinie eines parabolisch
gebogenen Blechzylinders erregte Hertz elektromagnetische Wellen durch
einen elektrischen Funkenerzeuger oder Oszillator. Als Oszillator kamen
zwei Metallstäbe von 26 cm Länge und 3 cm Durchmesser zur Verwendung, deren halbkugelige Enden so weit einander genähert wurden, bis
die ihnen durch einen Ruhmkorffschen Funkeninduktor erteilten Ladungen
sich in elektrischen Funken ausglichen. Die von diesen elektrischen
Funken ausgehenden elektromagnetischen Wellen breiten sich nach allen
Richtungen aus. Ein Teil trifft auf die spiegelnde Fläche des Blech-

zylinders, wird dort nach dem vorher erwähnten Gesetz über die Reflexion
der Lichtstrahlen reflektiert und tritt, wie Hertz es bezeichnet, als ein
Bündel paralleler elektrischer Strahlen in den Raum. Die elektromagnetische Energie der Welle ist jetzt zum größten Teil in diesem Strahlenbündel konzentriert; trifft dieses in einigem Abstand einen dem ersten
gleichen und parallel aufgestellten Spiegel, so wird durch die Reflexion
die Energie des Strahlenbündels wieder in der Brennlinie des zweiten
Spiegels zusammengedrängt. In dieser Brennlinie ordnete Hertz einen
„Resonator" in Gestalt von zwei Metallstäben, ähnlich denen des Oszillators an, und er konnte durch den zwischen den Stäben überspringenden
kleinen elektrischen Funken die Ankunft der elektrischen Welle nachweisen. Die Elektrizität hat sich also zwischen den beiden Hertzschen
Spiegeln anf dieselbe Weise fortgepflanzt wie die Lichtstrahlen zwischen den
vorher erwähnten Hohlspiegeln.

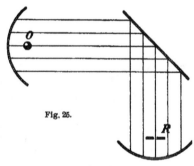

Stellt man zwischen den beiden Hertzschen Spiegeln parallel
zu deren Achse einen Metallschirm,
so hört die Funkenbildung im zweiten Spiegel auf, weil die Metalle
für die elektromagnetischen Wellen
undurchlässig sind. Die Wellen
werden durch den Metallschirm   Fig. 25.
zurückgeworfen. Ersetzt man dann
den Metallschirm durch einen
Schirm aus Holz oder aus einem
anderen Dielektrikum, welches die
elektrischen Wellen hindurchläßt, so tritt die Funkenbildung wieder auf.

Bringt man die Hertzschen Spiegel aus ihrer Lage, so daß ihre
Brennlinien nicht mehr in einer Ebene liegen, so hört die Funkenbildung
am zweiten Spiegel auf; sie tritt wieder ein, wenn man einen Metallschirm in die Durchschnittslinie der Ebene der beiden Brennlinien stellt.
Die Lage des Resonators zum Oszillator und dem Spiegel muß also in
jedem Falle den Reflexionsgesetzen entsprechen. Stellt man z. B. in die
Mitte zwischen zwei Hertzschen Spiegeln einen um 45° geneigten Metallschirm, so muß der zweite, als Empfänger dienende Spiegel in die durch
die Fig. 25 dargestellte Lage gebracht werden, wenn eine Funkenbildung
an seinem Resonator auftreten soll.

Um die Brechung der elektromagnetischen Wellen nachzuweisen,
ordnete Hertz zwischen den beiden parallel aufgestellten Spiegeln ein
großes Prisma aus Asphalt an. Beim Durchgang durch das Prisma wurden
die elektromagnetischen Wellen gebrochen und konnten daher bei paralleler
Aufstellung der Spiegel nicht mehr zum Resonator des Empfängerspiegels
gelangen. Die Funkenbildung hörte also am Resonator auf; sie trat erst

wieder ein, wenn man den Empfangspiegel so neigte, daß er die gebrochenen Strahlen auffangen konnte.

Den experimentellen Nachweis dafür, daß von einer Funkenstrecke elektromagnetische Wellen ausgehen, lieferte Hertz durch folgenden Versuch. Vor dem Oszillator AB (Fig. 26) stellte Hertz eine große Metallwand YY^1 auf. Es werden dann die auf die Metallwand treffenden Wellen von ihr zurückgeworfen und sie kehren zu ihrem Ausgangspunkte zurück. Längs der Geraden XO bewegen sich sonach gleichzeitig zwei Wellensysteme: das von der Funkenstrecke ausgehende und das gegen sie von der Metallwand reflektierte. Es müssen sich also längs dieser Geraden stationäre Wellen ausbilden. Zu deren Nachweis bediente sich Hertz des gewöhnlichen, kreisförmig gebogenen Resonators (vgl. Fig. 20). Wird die Ebene dieses Resonators senkrecht zur Linie OX gestellt und der Resonator so angeordnet, daß seine Unterbrechungsstelle an das Ende

Fig. 26.

eines zur Ebene von OX und AB senkrechten Durchmessers und sein Mittelpunkt auf die Linie OX zu liegen kommt, so wird in dieser Lage die elektrische Kraft der Funkenwelle die stärkste Einwirkung auf den Resonator ausüben, die magnetische Kraft dagegen keine. Bewegt man dann den Resonator von der Metallwand langsam längs der Geraden OX nach AB zu, so treten nach und nach elektrische Funken auf, die am stärksten werden, wenn der Resonator an einer Stelle a angekommen ist. Von da an nimmt die Funkenstärke wieder ab, an einer Stelle b ist der Funke ganz verschwunden, ein zweites Maximum erscheint bei a^1, ein zweites Verlöschen bei b^1 usw. Die vorbezeichneten Punkte sind alle gleich weit voneinander entfernt; a, a^1 usw. sind Schwingungsbäuche, O, b, b^1 usw. Schwingungsknoten.

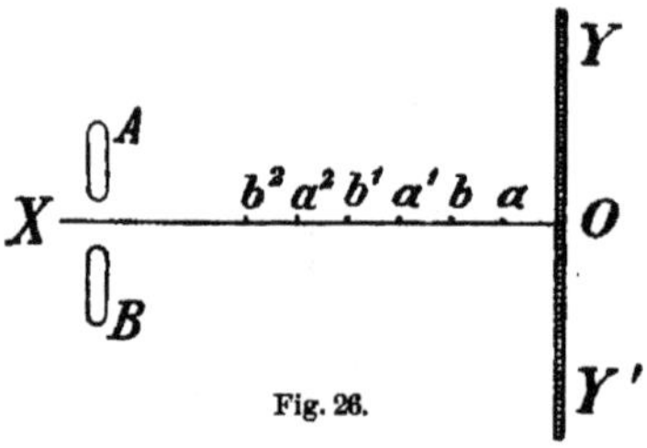

Die magnetische Kraft der Welle läßt sich in gleicher Weise nachweisen. Zu diesem Zwecke muß die Ebene des Resonators in die Ebene der Zeichnung gelegt und der Resonator, um die Wirkung der elektrischen Kraft auszuschließen, so angeordnet werden, daß seine Unterbrechungsstelle an das Ende des zur Funkenstrecke parallelen Durchmessers zu liegen kommt. Bewegt man dann den Resonator auf der Linie OX nach der Funkenstrecke hin, so treten jetzt die längsten Funken in den Punkten O, b, b^1 usw. auf, während sie in den Punkten a, a^1 usw. verschwinden. An Stelle der Knoten und Bäuche der elektrischen Kraft sind Bäuche und Knoten der magnetischen Kraft getreten. Die elektrische Kraft hat einen Schwingungsknoten und die magnetische Kraft einen Schwingungsbauch in unmittelbarer Nähe der reflektierenden Wand, dann folgt ein Bauch der

elektrischen und ein Knoten der magnetischen Kraft usw. Dieser Hertzsche Versuch bietet auch ein geeignetes Mittel zur Bestimmung der
Wellenlänge auf experimentelle Weise.

Bei seinen ersten Versuchen 1887 arbeitete Hertz mit Wellenlängen
von 6 m in der Luft und Schwingungen von 50 Millionen in der Sekunde.
Zu seinen Spiegelversuchen 1888 benutzte er sogar nur 60 cm lange
Wellen mit 500 Millionen Schwingungen in der Sekunde; die Elektroden
der Funkenstrecke bestanden hierbei aus zwei Metallstäben von 26 cm
Länge und 3 cm Durchmesser. Je kleiner man die Dimensionen des
Hertzschen Oszillators nimmt, desto mehr steigt die Schwingungszahl und
desto kleiner wird die Wellenlänge. Lebedew hat 1895 auf diese Weise
mit Funkenelektroden aus Platindrähten von 1,3 mm Länge und 0,5 mm
Stärke elektrische Schwingungen von 6 mm Wellenlänge und einer Periode
von 50 000 Millionen in der Sekunde erzielt. Noch kleinere Wellenlängen
haben die Wärme- und Lichtstrahlen; violettes Licht z. B. hat eine Wellenlänge von 0,00039 mm bei 800 Billionen Schwingungen in der Sekunde.
Im Gegensatz hierzu liefert der gewöhnliche elektrische Wechselstrom bei
50 Schwingungen in der Sekunde eine Wellenlänge von 6000 km.

Die folgende von Professor Braun aufgestellte Tabelle[1]) gibt eine
Übersicht der Hauptgruppen der bis jetzt bekannten „elektrischen Wellen",
Braun bezeichnet sie als Transversalwellen im Dielektrikum.

Anzahl ganzer Schwingungen pro 1 sec	Wellenlänge (in Luft)	Erzeugungsart
50	6000 km	Gebräuchlicher Wechselstrom
25 000	2400 m }	Entladung von 2 bis 16 Leydener Flaschen
500 000	600 „ }	in 5 bis 1300 m Kupferdraht (Feddersen 1858)
10 Millionen	30 „	8 m langer Hertzscher Plattenoszillator (Lodge 1889)
50 „	6 „	Hertz bei seinen ersten Versuchen 1887
500 „	0,6 „	Hertz bei seinen Spiegelversuchen 1888 (2 Metallstäbe von 26 cm Länge, 3 cm Durchmesser)
1500 „	21 cm }	Metallkugeln von 8 bis 0,8 cm Durchmesser (Righi 1893)
10 000 „	3 „ }	
50 000 „	0,6 „	Platindrähte je 1,3 mm lang und 0,5 mm dick (Lebedew 1895)
12 Billionen	0,024 mm	Längste genau bekannte Wärmestrahlen, sogenannte Reststrahlen des Fluorits (Rubens 1897)
450 „	0,00069 mm	Rotes Licht (etwa Linie B)
800 „	0,00039 „	Violettes Licht (etwa Linie H)
—	—	Uranstrahlen
unmeßbar groß	unmeßbar klein	Röntgenstrahlen (?)

Fortpflanzungsgeschwindigkeit in Luft $= 3 \cdot 10^{10}$ [C/S].

[1]) F. Braun: Drahtlose Telegraphie durch Wasser und Luft. Leipzig 1901.

12. Die Mittel zur Wahrnehmung elektrischer Wellen.

Die Benutzung von Metallpulver zum Nachweise elektrischer Wellen
wurde, wie bereits Seite 30 erörtert worden ist, erst infolge der Arbeiten
Branlys möglich, der sich seit 1890 mit Untersuchungen über die Änderung der Leitfähigkeit von metallischen Kontakten unter verschiedenen
elektrischen Einflüssen beschäftigt hatte. Nach seinen ersten Veröffent-
lichungen schreibt Branly die Wirkung der Funkenwellen auf Metallpulver
einer Veränderung des Dielektrikums zu, welches sich zwischen den Oberflächen der Metallteile befindet; es soll dies unter der Einwirkung elektrischer Wellen einen gewissen Grad von Leitfähigkeit erhalten.

Der englische Physiker Lodge, der gleichzeitig mit Branly denselben Gegenstand studierte, beobachtete, daß zwei durch einen kleinen
Zwischenraum voneinander getrennte Leiter nach dem Überschlagen von
elektrischen Funken oft wie aneinander gelötet erschienen. Diese Beobachtung verwertete Lodge zur Konstruktion eines mikrophonischen Wellenempfängers, den er zunächst dazu benutzte, den Stromkreis einer elektrischen Lampe oder einer elektrischen Klingel zu schließen. Der Apparat
bestand aus einer Metallschraube mit abgerundetem und poliertem Ende
und einer in geringem Abstande über ihr angeordneten Metallplatte oder
aus einer stählernen Spiralfeder, deren freies Ende durch Drehung einem
Aluminiumplättchen so genähert wurde, daß der Funke überspringen
konnte. Der Apparat stellte also tatsächlich nur eine Abänderung des
Hertzschen Resonators dar. Als Lodge Kenntnis von den Arbeiten
Branlys erhielt, erkannte er alsbald, daß sein Wellenempfänger mit ein-
fachem Kontakt im Prinzip sich von dem vielkontaktigen Wellenempfänger
Branlys nicht unterschied und weniger empfindlich war als dieser. Bei
seinen weiteren Versuchen verwendete er deshalb auch die Branlysche
Metallfeilichtröhre.

Lodge erklärt die Wirkung der Wellenempfänger aus Metallfeilicht
dadurch, daß infolge der elektrischen Wellen kleine Funken zwischen den
benachbarten Teilen überspringen und hierdurch eine innigere Berührung
zwischen ihnen herbeiführen, indem sie die Oxydschichten, die die metallischen Oberflächen voneinander trennen, durchbrechen u. U. auch einzelne
Metallteile zusammenschmelzen.

Auf Grund dieser Anschauung hat Lodge der Metallfeilichtröhre
Branlys und den auf gleichem Prinzip konstruierten Wellenempfängern
den Namen „Coherer" gegeben, der in dieser oder in der deutschen
Schreibweise „Kohärer" auch allgemein zur Anwendung kommt. Professor
Dr. F. Reuleaux hat diese Benennung durch „Fritter" verdeutscht, da man
in der Technik einen Vorgang, bei dem lose, pulverförmige Massen durch
oberflächliche Schmelzung zum Zusammenhängen gebracht werden, mit
„Fritten" bezeichnet. Professor Slaby hat dann diese Benennung in die
Technik eingeführt. Die Bezeichnung „Fritter" oder „Frittröhre" für die

Branlysche Metallfeilichtröhre hat ebenfalls allgemein Eingang gefunden. Jedenfalls wäre es aber naturgemäßer gewesen, wenn man dem Apparat lediglich den Namen seines Erfinders gegeben und ihn danach als Branly-Röhre bezeichnet hätte. Die von Branly selbst später für seine Feilichtröhren und ähnliche Vorrichtungen vorgeschlagene Bezeichnung „Radiokonduktor" hat sich nicht allgemein einbürgern können. Neuerdings wird für die elektrischen Wellenempfänger jeder Art die Gesamtbezeichnung Detektor, Wellenindikator und Wellenanzeiger zur Anwendung gebracht.

Im weiteren Verlaufe sind noch eine größere Anzahl Wellenempfänger erfunden worden, deren Konstruktion teils auf den Hitzewirkungen, teils auf den elektrolytischen, teils auf den elektromagnetischen Wirkungen der Funkenwellen beruht.

13. Die Popoffsche Antenne oder Luftleitung.

Auf den Anteil, den die Popoffsche Erfindung der Antenne oder Luftleitung an der praktischen Verwirklichung der drahtlosen Telegraphie gehabt hat, ist Seite 30 bereits hingewiesen worden. Hier soll noch eine Beschreibung der Anordnung seiner Apparate bei den Versuchen in Kronstadt folgen:

Popoff schaltete den Kohärer unmittelbar in den Auffangedraht ein und vereinigte ihn mit einem Relais, einer Batterie und einer elektrischen Klingel in der durch Fig. 27 veranschaulichten Weise zu einem Stromkreise. Wird das Metallpulver des Kohärers unter der Einwirkung der elektrischen Wellen leitend, so zieht der Elektromagnet des Relais den Anker an und der Strom geht nunmehr auch durch den Elektromagneten des Klingelwerks,

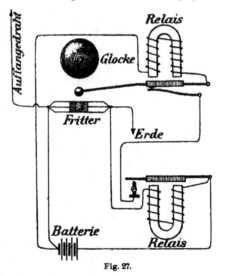

Fig. 27.

dessen Klöppel jetzt angezogen wird und gegen die Glocke schlägt. Gleichzeitig wird aber der Weckerstromkreis wieder unterbrochen und der Klöppel fällt zurück, wobei er die Kohärerröhre so erschüttert, daß das Metallpulver wieder nichtleitend wird und nun auf neue Wellenimpulse ansprechen kann. Zur Verhütung einer Beeinflussung des Kohärers durch die von den

Unterbrechungsfunken des Relais und der Klingel erzeugten Wellen hat
Popoff ihn bereits in ein Metallgehäuse eingeschlossen.

Die Popoffsche Erfindung stellt den Urtyp aller späteren Empfänger-
anordnungen für Funkentelegraphie dar.

14. Die ersten Erfolge Marconis.

Die ersten Versuche Marconis auf dem Gebiete der Funkentelegraphie
lehnten sich naturgemäß eng an die Hertzschen Versuche an. Sie fanden
ohne Anwendung einer Luftleitung statt. Der von Marconi als Wellensender benutzte Righi-Oszillator (Fig. 28) ist ein Funkeninduktor, bei dem
zunächst zwei kleine Hilfskugeln durch die Elektrizitätsquelle geladen
werden; diese entladen sich auf die zwischen ihnen angeordneten großen

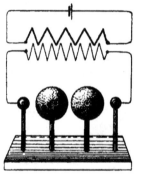

Oszillatorkugeln. Zwischen den großen Kugeln
tritt wiederum Funkenbildung auf und mit der
hierdurch einsetzenden Entladung entstehen die
elektrischen Oszillationen. Mit dieser Anordnung konnte jedoch Marconi keine großen
Entfernungen überbrücken. Bessere Erfolge
erzielte er, als er nach dem Hertzschen Vor-
gange den Wellensender in die Brennlinie
eines großen zylindrischen Metallspiegels setzte
und die Wellen mit einem ebenfalls in der
Brennlinie eines gleichartigen Metallspiegels
angeordneten Kohärer auffing; er erreichte
damit eine Tragweite von etwa 3 km.

Fig. 28.

Bei seinen späteren Versuchen, deren Er-
folg in erster Linie der Verwendung der Popoffschen Antenne bei der
Sender- und Empfängerstation zuzuschreiben ist, benutzte Marconi zunächst
die durch Fig. 29 dargestellte Schaltungsanordnung.

Zur Erzeugung der Wellen diente ein Ruhmkorffscher Induktor J
von 50 cm maximaler Funkenlänge, der durch eine Batterie von 8 Akkumulatoren gespeist wurde. Die großen Messingkugeln des Strahlapparats
hatten 10 cm Durchmesser und waren bis auf 2 mm Entfernung genähert
sowie durch eine Schicht Vaselineöl getrennt. Die kleinen Kugeln hatten
5 cm Durchmesser und befanden sich in 10 mm Entfernung von den
inneren Kugeln. Auf der Senderstation war die eine Oszillatorkugel O
mit dem Luftdraht und die andere O^1 mit der Erde verbunden, und auf
der Empfängerstation in korrespondierender Weise die eine Elektrode des
Kohärers Fr mit dem Luftdraht und die andere Elektrode mit der Erde.
Luftdrähte und Zinkzylinder hatten für die Empfänger- und die Senderstation gleiche Abmessungen.

Die mit dieser Anordnung im Bristolkanal ausgeführten Versuche
(vgl. Seite 31) ergaben eine hinreichende Telegraphierverständigung bei

Anwendung von 20 m und noch längeren Luftdrähten mit oben an ihnen befestigten Zinkzylindern Z von 1,8 m Höhe und 90 cm Durchmesser bis auf 14 km Entfernung.

Die von den italienischen Ministerien des Krieges und der Marine im Juli 1897 unter Leitung Marconis im Golf von Spezia ausgeführten Versuche verliefen ebenfalls befriedigend. Es wurde dort mit Luftdrähten von 34 bzw. 28 m Länge und einem Induktor von 25 cm Schlagweite eine Telegraphierweite bis zu 18 km zwischen einer Station an der Küste und einer Schiffsstation erzielt. Der bei den Versuchen benutzte Oszillator hatte zwei mittlere Kugeln von 10 cm und zwei äußere Kugeln von 5 cm Durchmesser. Der Induktor wurde durch eine Akkumulatorenbatterie gespeist.

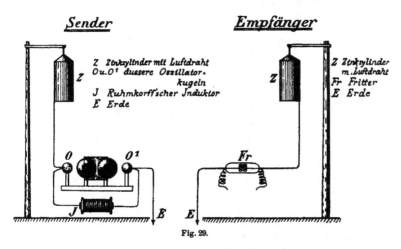

Fig. 29.

Bei seinen weiteren Versuchen fand Marconi, daß er unbeschadet der Übertragungswirkung die an den oberen Enden der Luftleitungen befestigten Metallplatten oder Metallzylinder weglassen konnte, wenn er nur die Auffangedrähte genügend lang machte. Auf Grund seiner Beobachtungen glaubte Marconi das Gesetz aufstellen zu können: „Die Übertragungsweite zwischen zwei Funkentelegraphenstationen wächst mit dem Quadrate der Antennenhöhe."

Es würde also bei zunehmender Entfernung zwischen den Antennen eine Zeichenübermittlung stattfinden können, wenn gleichzeitig die Höhe der Antennen im Verhältnis der Quadratwurzel aus der Entfernung vergrößert würde.

Der Satz hat keine Bedeutung mehr; man ist jetzt in der Lage, bereits mit 60—70 m hohen Antennen Tausende von Kilometern funkentelegraphisch zu überbrücken.

15. Resonanz und Abstimmung.

Mechanische Resonanz. — Es ist eine bekannte Tatsache, daß kleine Impulse einen schwingungsfähigen Körper in mechanische Schwingungen von großer Amplitude versetzen können, wenn diese Impulse in bezug auf die Zeit der natürlichen Schwingungsperiode des Körpers entsprechen. Befestigt man z. B. an der Zinke einer Stimmgabel eine Schnur und bemißt deren Länge und Spannung so, daß ihre natürliche Schwingungsperiode mit der Periode der Impulse, die durch die tönende Stimmgabel auf die Schnur übertragen werden, übereinstimmt, so wird die Schnur Schwingungen von beträchtlicher Amplitude ausführen. Die Schnur schwingt dann in Resonanz mit der Stimmgabel.

Elektrische Resonanz oder Syntonik. — Bei elektrischen Schwingungen spricht man ebenfalls von Resonanz, wenn der Schwingungserreger in derselben Zeitperiode schwingt, die der elektrischen Eigenschwingung des Leiters entspricht (vgl. auch Seite 56). Englische Naturforscher haben neuerdings für die elektrische Resonanz die Bezeichnung Syntonik eingeführt. Wird z. B. eine Wechselstrommaschine mit einem konzentrischen Kabel verbunden, so kann man beobachten, daß bei einer bestimmten Wechselzahl und einer bestimmten Länge des Kabels die Spannung zwischen den beiden Leitern erheblich größer wird, als die Klemmenspannung der Maschine ohne Anlegung des Kabels bei sonst gleicher Geschwindigkeit und gleicher Erregung. Es tritt dies ein, wenn die Wechselzahl der Frequenz der Dynamomaschine mit der elektrischen Eigenschwingung des Kabels übereinstimmt, wenn also die Maschine in elektrischer Resonanz mit dem Kabel arbeitet.

Heinrich Hertz hat bereits bei seinen Versuchen über die elektrischen Oszillationen festgestellt, daß solche elektrische Resonanzerscheinungen auch in sekundären, durch eine Funkenstrecke geschlossenen Stromkreisen auftreten. Er beobachtete, daß der in der Funkenstrecke des Sekundärkreises auftretende elektrische Funke bei einer bestimmten Drahtlänge ein Maximum erreichte, und sofort schwächer wurde, wenn man die Kapazität des Stromkreises durch Verlängerung oder Verkürzung der Leitungsdrähte änderte.

Wie aus der Formel für die Zeitperiode der elektrischen Oszillationen:

$$T = 2\,\pi\,\sqrt{C\,L}$$

zu ersehen ist, ist diese abhängig von dem Produkt aus Selbstinduktion oder Induktanz und Kapazität, man wird also die Resonanz zweier Stromkreise auch durch eine Änderung der Induktanz erzielen können. Zu diesem Zwecke werden die leitenden Drähte eines oder beider Kreise teilweise zu einer Spirale aufgerollt und wird die Induktanz durch Nähern oder Entfernen der einzelnen Spiralwindungen zu- oder voneinander geändert.

Wird auf diese Weise die Resonanz noch nicht erreicht, so müssen unter Umständen einige Spiralwindungen zu- oder abgeschaltet werden.

Abstimmung. — Als Bedingung für die elektrische Resonanz oder Abstimmung zweier Stromkreise aufeinander ergibt sich also nach den vorstehenden Erörterungen, daß das Produkt aus Induktanz und Kapazität beider Stromkreise einander vollständig gleich sein muß.

Durch die elektrische Abstimmung wird die Übertragung der Oszillationen eines Stromkreises auf einen zweiten Stromkreis wesentlich erleichtert. Bringt man z. B. (Fig. 30) den Stromkreis mit dem Glühlämpchen G zunächst ohne eingeschaltete Kapazität C und Selbstinduktion L in die Nähe des Oszillatorstromkreises mit der Funkenstrecke F, so wird das Glühlämpchen aufleuchten, sobald die Funkenstrecke erregt wird. Entfernt man hierauf den Lampenstromkreis vom Oszillator-
stromkreis, so wird in gewisser Entfernung die Glühlampe schließlich zu leuch-
ten aufhören. Schaltet man
nun in den Lampenstrom-
kreis die Kapazität C in Gestalt einer oder mehrerer
Flaschen, sowie die regulierbare Selbstinduktion L ein,
so wird bei richtiger Be-

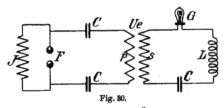

Fig. 30.

J	Induktorium.	p	primäre Übertragerolle.
F	Funkenstrecke.	s	sekundäre Übertragerolle.
C	Kondensator.	L	regulierbare Selbstinduktion.
Ue	Übertrager.	G	Glühlampe.

messung beider Größen derart, daß die Resonanzgleichung erfüllt wird, der Lampenstromkreis in Resonanz mit dem Oszillatorstromkreis schwingen und infolge der nunmehr verstärkten Übertragung die Glühlampe trotz der weiteren Entfernung wieder aufleuchten.

Die Abstimmung der Stromkreise aufeinander hat für die Funkentelegraphie, wie später noch bei den einzelnen Systemen ausführlich erörtert wird, eine große Bedeutung. Durch die Abstimmung ist es erst möglich geworden, mit Sicherheit große Entfernungen zu überwinden und insbesondere auch mehrere Stationen gleichzeitig ungestört nebeneinander arbeiten zu lassen. Die meisten Funkentelegraphensysteme arbeiten heute mit abgestimmten Stromkreisen.

Ausgesprochene Resonanzerscheinungen mechanischer oder elektrischer Natur können nur dann entstehen, wenn die Dauer der in regelmäßigen Zwischenräumen aufeinander folgenden Impulse eine lange ist. Die Impulse selbst können, wenn sie nur zahlreich genug sind, verhältnismäßig schwach sein; sie erregen dann trotzdem in dem sekundären Stromkreise starke Resonanzerscheinungen. Durch elektrische Oszillationen, die aus einigen wenigen starken Impulsen bestehen, sind ausgesprochene Resonanzerscheinungen nicht zu erzielen. Für die drahtlose Telegraphie kommen also langsame, in vielen Schwingungen verklingende, schwach gedämpfte Oszillationen in Betracht, nicht aber solche, die schnell in einigen kräftigen, aber stark gedämpften Schwingungen verlöschen.

Die Wichtigkeit der elektrischen Abstimmung für die drahtlose Telegraphie hat bereits Marconi voll erkannt; die vollständige Lösung der Abstimmungfrage gelang aber erst dem Professor Slaby. Die praktische Durchführung ermöglichte schließlich der von Professor F. Braun erfundene geschlossene Schwingungskreis zur Erzeugung lang anhaltender reiner und schwach gedämpfter Schwingungen.

16. Slabys abgestimmte und mehrfache Funkentelegraphie.

Läßt man den elektrischen Funken zwischen den Polen f und f_1 eines Induktoriums übergehen unter Verbindung derselben mit zwei gleichlangen Drähten l in der Anordnung der Fig. 31, so wird der Gesamtdraht $d\,d_1$ in Eigenschwingung versetzt, und zwar so, als wären die beiden Drahthälften $f\,d$ und $f_1\,d_1$ in der Funkenstrecke leitend überbrückt.

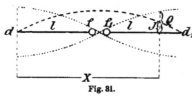

Fig. 31.

.... Spannungskurve.
▬▬▬▬ Stromkurve.
f f₁ Funkenstrecke.
l Länge der Ansatzdrähte f d und f₁ d₁.
J Amplitude der Stromstärke.
Q Amplitude der Spannung.

Sobald die Entladung einsetzt, geben die Ladungen in der Nähe der Funkenstrecke sofort einen Maximalstrom, da die Funkenstrecke als ein selbstinduktionsloser Widerstand angesehen werden kann. Die weiter von der Funkenstrecke entfernten Ströme geben geringere Ströme, da sie die Selbstinduktion und den Widerstand der zwischenliegenden Leitung zu überwinden haben.

Nach Slaby: Die wissenschaftlichen Grundlagen der Funkentelegraphie, Elektrotechnische Zeitschrift, Berlin 1902, Heft 9, führt die Theorie eines solchen Sendersystems auf die Differentialgleichung:

$$W_1 \frac{\partial J}{\partial t} + L_1 \cdot \frac{\partial^2 J}{\partial t^2} = \frac{1}{C_1} \cdot \frac{\partial^2 J}{\partial x^2},$$

worin W_1, L_1 und C_1 den Widerstand, den Selbstinduktionskoeffizienten und die Kapazität für die Längeneinheit des Senderdrahtes und x einen Abstand von dessen Endpunkt zur Zeit t bedeuten.

Die Lösung dieser Gleichung führt zu folgender Schlußgleichung:

$$J = A \cdot \sin\frac{\pi}{2\,l}\,x \cdot e^{-\frac{W\,t}{2\,L}} \cdot \cos\left(\pi\sqrt{\frac{1}{C\,L} \cdot t}\right).$$

Hier bezeichnen A den Maximalstrom und l die Drahtlänge, W, L und C dagegen die Werte von Widerstand, Selbstinduktionskoeffizient und Kapazität der ganzen Schwingungsbahn.

Der Faktor $A \cdot \sin \dfrac{\pi}{2\,l}\,x$ gibt an, daß an jeder Stelle des Drahtes ein Wechselstrom auftritt, dessen Amplituden von der Funkenstrecke nach den Enden hin harmonisch abnehmen. Denn für $x = 0$ und $x = 2\,l$ wird der sinus und damit der Strom J für jedes t, also jederzeit gleich Null. Für $x = l$ dagegen erreicht der sinus seinen größten Wert 1; an der in der Mitte der Funkenstrecke gelegenen Stelle wird also der Strom J seinen Maximalwert erreichen. Es bildet sich demnach für den Strom eine stehende Welle mit dem Schwingungsbauch der Stromstärke in der Mitte und mit Knotenpunkten für die Stromstärke an den Enden der Drähte.

Der Faktor $e^{-\frac{W}{2L}t}$ gibt an, daß der Strom mit wachsendem t, also mit der Zeit, eine allmähliche Abnahme oder Dämpfung (vgl. Seite 61) erfährt.

Sämtliche Wechselströme verlaufen aber auch zeitlich harmonisch; ihre Schwingungszeit T ist überall die gleiche, denn der dritte Faktor $\cos\left(\pi \cdot \sqrt{\dfrac{1}{CL}} \cdot t\right)$ ergibt, wenn man für t die Schwingungsdauer T einsetzt, aus der Gleichung

$$\pi \cdot \sqrt{\frac{1}{CL}} \cdot T = 2\,\pi$$

als Wert der Schwingungsdauer elektrischer Wellen in linearen Leitern:

$$T = 2\,\sqrt{CL}\,.$$

Für jede Wellenbewegung ist aber, wenn λ die Wellenlänge und v die Fortpflanzungsgeschwindigkeit der Welle bezeichnet:

$$\lambda = v\,T$$

also

$$\lambda = 2\,v \cdot \sqrt{CL}$$

und, wenn man die hierbei in elektrostatischen Einheiten ausgedrückte Kapazität auch in elektromagnetischen Einheiten wie die Selbstinduktion ausdrückt,

$$\lambda = 2 \cdot \sqrt{C\,cm\,L\,cm}\,.$$

Für die Schwingungsdauer und Wellenlänge elektrischer Oszillationen in geschlossenen Stromkreisen gelten dagegen (vgl. Seite 54) die Formeln:

$$T = 2\,\pi \cdot \sqrt{CL}$$

und

$$\lambda = 2\,\pi \cdot \sqrt{C\,cm\,L\,cm}\,.$$

L und C lassen sich im vorliegenden Falle durch folgende Gleichungen ausdrücken:

$$L = 4\,l \cdot l\,n\,\frac{2\,l}{r} \quad {}^{1})$$

und

$$C = \frac{2\,l}{2\,l\,n\,\dfrac{2\,l}{r}},$$

worin r den Drahtdurchmesser bedeutet.

Danach ist

$$C \cdot L = 4\,l^2,$$

folglich

$$\lambda = 2\,\sqrt{4\,l^2} = 4\,l\,.$$

Diese Formel besagt:

„Die Gesamtlänge eines schwingenden Drahtes bestimmt die halbe Wellenlänge der erzeugten Schwingungen, jede Drahthälfte l nimmt eine Viertelwellenlänge auf."

Die Rechnung ergibt die volle Bestätigung des von Slaby auch auf experimentellem Wege gewonnenen Resultates.

Für die den Spannungen entsprechenden Ladungen Q besteht die Gleichung:

$$Q = a\,\frac{\pi}{2\,l} \cdot \cos\frac{\pi}{2\,l}\,x \cdot \int_{0}^{\frac{T}{4}} e^{-\frac{W\,t}{2\,L}} \cdot \cos\left(\frac{\pi\,t}{\sqrt{CL}}\right) \partial t\,.$$

Das erste Glied enthält hier den Wert $\cos\dfrac{\pi}{2\,l}\,x$; die Maximalladung verteilt sich mithin räumlich ebenfalls nach einem harmonischen Gesetz. Aber Q wird für $x = 0$ und $x = 2\,l$, da dann $\cos\dfrac{\pi}{2\,l}\,x = 1$ wird, zu einem Maximum und für $x = 0$ zu Null. Die Schwingungen gestalten sich also derart, daß die größten Ausschläge an den Enden h_1 und h_2 erfolgen. An diesen Enden liegen also Spannungsbäuche und in der Mitte der Funkenstrecke $f\,f_1$ ein Spannungsknoten.

Das zweite und dritte Glied der Spannungsgleichung sind den entsprechenden Gliedern in der Stromgleichung gleich. Dämpfung und Schwingungsdauer sind also für die Stromstärke und die Spannung die gleichen; ebenso ist auch die Drahtlänge wieder gleich einer Viertelwellenlänge.

Jeder Draht, der durch eine Funkenstrecke erregt wird, hat also eine ganz bestimmte Eigenschwingung, der auch die von ihm in den Raum ausgestrahlten elektrischen Wellen entsprechen. Treffen diese Wellen auf einen anderen Draht, so werden sie diesen um so leichter und nach-

---

${}^{1})$ Drude, Physik des Äthers, S. 396.

haltiger in Schwingungen versetzen, je mehr dessen Eigenschwingung
der Schwingungsperiode der auf ihn treffenden Wellen entspricht. Es
wird dies erreicht, wenn man der Luftleitung der Empfängerstation eine
Länge von $^1/_4$ der von der Senderstation benutzten Wellenlänge gibt.

Eine vorzügliche bildliche Darstellung des
Wellenverlaufs ermöglicht das nach Angaben von
Dr. Georg Seibt durch die Firma Ferdinand
Ernecke in Berlin hergestellte Instrumentarium für
die Vorführung von Ex-
perimenten über schnelle
elektrische Schwingungen.
Seibt benutzt hierzu eine
2 m lange Spule (Fig. 32
bis 34). Parallel zu der-
selben ist ein feiner Stahldraht gezogen, dessen un-
teres Ende mit der Erde
verbunden ist. Das eine
Spulenende ist an eine
Kondensatorplatte P eines
Braunschen Schwingungs-
kreises angeschlossen. Wird
der letztere auf die Grundschwingung der Spule ab-
gestimmt, so daß diese in
einer Viertelwellenlänge
schwingt, so entsteht an
dem oberen Ende (Fig. 32)
ein starker Spannungs-
bauch und längs der Spule
zieht sich ein bläulich-
weißes Lichtband hin. Wird
auf die Oberschwingungen
abgestimmt, d. h. für den
ersten Oberton auf $^3/_4$, für
den zweiten auf $^5/_4$ usw.
Wellen, so wird die Reso-
nanz bedeutend schwächer.
Die Spannungsbäuche wer-
den infolgedessen eben-
falls schwächer und die
Lichterscheinung der bild-

Fig. 32.

Fig. 33.

lichen Darstellung immer verwaschener (Fig. 33). Verbindet man das
obere Ende der Spule mit der Erde, oder was dasselbe ist, mit dem
parallelen Drahte, so erhält man dort einen Knoten der Spannung. Bei dem
Wellenbild (Fig. 34) schwingt die Spule in einer
halben Welle.

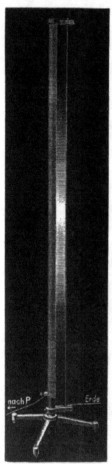

Fig. 84.

Da der Fritter auf Spannungsschwankungen
anspricht, so müßte er naturgemäß im oberen
Drahtende bei D (Fig. 35), wo sich ein Schwingungsbauch, also ein Maximum der Spannung
befindet, eingeschaltet werden. Dies ist aber in
der Praxis kaum angängig; deshalb schließt
Slaby an den Knotenpunkt C des Auffangedrahts einen auf eine große Spule gewickelten
Draht von gleicher Länge an und legt an dessen
freies Ende den Fritter. Die Schwingungen
übertragen sich durch den Knotenpunkt auf den
zweiten Draht CE und erzeugen an dessen Ende
einen Spannungsbauch von gleicher Stärke wie
bei D. Dies gilt aber nur für Wellen, die viermal so lang sind wie CD; alle Wellen von
anderer Länge wandern dagegen am Knotenpunkte C in die Erde. Eine analoge mechanische Erscheinung beobachtet man, wenn man
einen Stahldraht zu einem rechten Winkel mit
gleich langen Schenkeln biegt und den Winkel-
punkt festklemmt. Jede Erschütterung des einen
Drahtendes wird dann auf das andere übertragen. Es geschieht dies durch den festen
Punkt hindurch, den Knotenpunkt der Schwingung: die am stärksten schwingenden freien
Enden bilden die Schwingungsbäuche. Der Knotenpunkt darf allerdings nicht vollständig festgeklemmt werden, sondern er muß geringe Erschütterungen zulassen.

Wenn ein Auffangedraht kleiner als die
Viertellänge der ankommenden Wellen ist, so
können letztere zum Weiterwandern in den Verlängerungsdraht dadurch veranlaßt werden, daß
man die Gesamtlänge beider Drähte gleich der halben Wellenlänge macht.
An einem nur 40 m langen senkrechten Draht würden zum Empfangen
von 200 m langen Wellen noch 60 m Draht im Erdungspunkt anzuschließen
sein. Letzterer ist dann für die 200 m langen Wellen zwar kein reiner

Knotenpunkt, er läßt sie aber fast ungeschwächt in den Verlängerungsdraht übertreten, an dessen Ende sie einen Spannungsbauch bilden; alle anderen Wellen verschluckt der Erdungspunkt.

Um die dem Fritter zuzuführende Spannung noch weiter zu erhöhen, verbindet Slaby mit dem Punkte E des Verlängerungsdrahts noch ein Drahtstück E J von der Länge einer halben Welle in Form einer Drahtspule und legt den Fritter zwischen die Punkte E und J. Da zwischen diesen Punkten eine Phasenverschiebung von 180° entsteht, so wird der Spannungsunterschied zwischen den Fritterenden doppelt so groß als bei Erdung des Fritters. Der Wegfall der Erdverbindung entzieht den Fritter auch zum größten Teil den störenden Einwirkungen der statischen Ladungen der Atmosphäre.

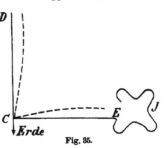

Fig. 35.

Die Drahtspule E J bezeichnet Slaby wegen ihrer die Spannung erhöhenden Eigenschaft als Multiplikator. Dieser verstärkt nicht nur gleich einem Resonanzboden die Schwingungsamplituden, sondern sichtet auch die ankommenden Wellen noch einmal, ehe sie zum Fritter gelangen, indem er Wellen abweichender Länge zurückwirft.

Die Slabysche Erfindung gewährt zugleich die Möglichkeit, mit einem Auffangedrahte gleichzeitig Telegramme von zwei oder mehr Stationen aufzunehmen. Man braucht zu diesem Zwecke nur an dem Erdungspunkt des senkrechten Luftdrahts für jede Station einen besonderen Verlängerungsdraht, welcher der vereinbarten Wellenlänge entspricht, anzuschließen. Dann verteilen sich die ankommenden Wellen verschiedener Länge so auf die einzelnen Verlängerungen, daß jede der letzteren nur diejenigen Wellen aufnimmt, deren halbe Länge gleich der Gesamtlänge des Auffangedrahts plus der betreffenden Verlängerung ist.

17. Der Braunsche Schwingungskreis.

Das Professor Dr. Ferd. Braun für seinen funkentelegraphischen Sender vom 14. Oktober 1898 ab erteilte deutsche Patent lautet:

„Schaltungsweise des mit einer Luftleitung verbundenen Gebers für Funkentelegraphie, gekennzeichnet durch einen eine Leydener Flasche und eine Funkenstrecke enthaltenden Schwingungskreis, an den die die Wellen aussendende Luftleitung entweder unmittelbar oder unter Vermittlung eines Transformators angeschlossen ist, zum Zwecke mittels dieser Anordnung größere Energiemengen in Wirkung zu bringen.“

Bei der direkten oder galvanischen Koppelung (Fig. 36) verbreiten sich die elektrischen Schwingungen von dem Anschlußpunkte aus in den

Senderdraht ähnlich den Schwingungen eines langen elastischen Stabes,
wenn man diesen an einem Ende rasch hin und her bewegt.

Bei der indirekten oder elektromagnetischen Koppelung (Fig. 36) wird
der Senderdraht durch Induktion erregt; zu diesem Zwecke ist in den
Flaschenkreis die primäre und in den Senderdraht die sekundäre Spule
eines Induktionsübertragers besonderer Bauart eingeschaltet.

Braun fand bei seinen Untersuchungen bald, daß in dem auf diese
Weise in elektrische Schwingungen versetzten Senderdrahte zwei Schwingungen entstehen: seine Eigenschwingung und die Schwingung des Flaschenstromkreises. Die Eigenschwingung erlischt aber infolge der starken Ausstrahlung bald; es bleibt dann nur noch die Flaschenkreisschwingung. Die
Maximalintensität wird erreicht, wenn die Dimensionen des Senderdrahts

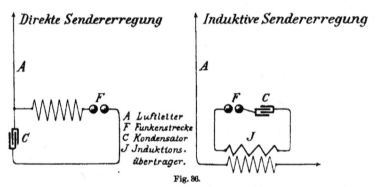

Fig. 36.

bestimmte Beziehung zu denen des erregenden Flaschenstromkreises haben,
d. h. wenn die sogenannte Resonanzbedingung erfüllt ist. Dies ist der Fall,
wenn die Eigenschwingung des Senderdrahts gleich einem Viertel der
Wellenlänge des Erregerkreises bzw. einem ungeraden Vielfachen davon
ist. Eine starke Eigenschwingung des Senderdrahts ist für die Übertragungsweite der maßgebendste Faktor. Die in dem Senderdrahte durch
den Leydener Flaschenstromkreis erregten elektrischen Schwingungen
wachsen erst allmählich zu ihrem Höchstwerte an; dieser ist dann erreicht,
wenn der Senderdraht ebensoviel elektrische Energie in den Luftraum ausstrahlt, als ihm vom Flaschenstromkreise nachgeliefert wird. Die auf diese
Weise erzeugten lang anhaltenden Schwingungen sind auch das unerläß-
liche Hilfsmittel, zwei Funkentelegraphenstationen derart aufeinander abzustimmen, daß sie durch eine dritte, mit anderer Schwingungsperiode
arbeitende Station nicht gestört werden. Eine solche Abstimmung ist nur
dann wirksam, wenn schwach gedämpfte Schwingungen zur Verwendung
kommen, stark gedämpfte regen dagegen durch ihren kurzen Impuls jede
Strombahn zu ihrer Eigenschwingung an.

Die Originalität der Braunschen Erfindung ist vielfach in Zweifel gezogen und die Priorität von anderer Seite in Anspruch genommen worden. Auf der 74. Versammlung Deutscher Naturforscher zu Karlsbad 1902 ist in der wissenschaftlichen Welt der Streit um die Priorität unzweifelhaft zugunsten des Professors Braun entschieden worden. In der betreffenden Diskussion betonte vornehmlich Professor Simon (Göttingen):

„Daß die theoretischen Grundlagen für die Braunsche Erfindung weitgehend vorhanden waren, ehe jemand an drahtlose Telegraphie dachte, bestreitet niemand. Sie aber mit vollem wissenschaftlichem Bewußtsein auf das praktische Problem angewendet zu haben, das Verdienst wird Braun niemand streitig machen können. Er hat der unsicher tastenden Experimentiermethode das zielbewußte Vorgehen echter Wissenschaftlichkeit entgegengestellt. Der so gewonnene prinzipiell neue Fortschritt ist sein Geber, die elektrische Analogie zu der auf einem Resonanzkasten befestigten Stimmgabel. Man kann das anerkennen, ohne deshalb die unvergänglichen Verdienste Marconis in der ganzen Frage, und ohne die wertvolle Pionierarbeit Slabys herabzusetzen."

Professor M. Wien (Aachen) würdigt an gleicher Stelle gelegentlich der Vorführung eines mechanischen Modells zu der Braunschen Methode der Funkentelegraphie dessen Erfindung in durchaus zutreffender Weise, wie folgt:

Das Marconische und früher von Slaby und Arco angewandte Sendersystem bestand in einem einfachen, vertikalen, durch eine Funkenstrecke mit der Erde verbundenen Drahte (Mast). Die Energie des Systems ist vollständig durch die Kapazität des Mastes und das Entladungspotential der Funkenstrecke gegeben. Über ca. 1 cm lang darf man die Funkenstrecke nicht machen, da dann die Funken nicht mehr „wirksam" sind. Wegen der starken Ausstrahlung sind die Schwingungen stark gedämpft.

Braun hat nun dieses System mit einem primären gekoppelt. Dasselbe besteht aus einer Batterie Leydener Flaschen und einer Induktionsrolle von wenig Windungen. Die Schwingungszahl des Systems ist mit der des Mastes in Übereinstimmung.

Das primäre System ist „geschlossen" und daher wenig gedämpft; es besitzt, da seine Kapazität bei gleichem Funkenpotential viel größer ist, eine große Energie.

Diese Energie kann nun — bei enger Koppelung — plötzlich auf das sekundäre System, den Mast, übertragen werden, so daß derselbe sehr kräftige, aber stark gedämpfte Schwingungen aussendet, oder — bei loser Koppelung — allmählich, gewissermaßen löffelweise, auf den Mast übergehen, so daß die von diesem ausgesandten Wellen zwar schwächer sind, aber dafür, wenig gedämpft, längere Zeit andauern.

An zwei „sympathischen", an einem horizontalen Draht aufgehängten kurzen Pendeln kann man das Prinzip leicht demonstrieren. (Fig. 37.) Das eine Pendel *I* besitzt eine große Masse und schwingt in Luft, ist also wenig gedämpft. Das andere Pendel *II* besitzt eine kleinere Masse und ist, da es in Wasser oder Öl schwingt, stark gedämpft: es entspricht dem sekundären System, dem Mast, der Braunschen Anordnung.

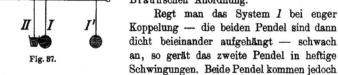

Regt man das System *I* bei enger Koppelung — die beiden Pendel sind dann dicht beieinander aufgehängt — schwach an, so gerät das zweite Pendel in heftige Schwingungen. Beide Pendel kommen jedoch bald zur Ruhe, da die Energie schnell durch die Reibung in der Flüssigkeit aufgehoben wird.

Fig. 37.

Bringt man das Pendel *I* in die Stellung *I'*, so hat man lose Koppelung: das Pendel *II* macht geringere, aber länger andauernde Schwingungen.

Besonders hervorzuheben sind hier noch die Untersuchungen des Professors M. Wien[1]) über den Wirkungsgrad der Koppelung des Braunschen Schwingungskreises mit dem Luftleiter. Auf Grund eingehender Untersuchungen kommt Wien zu folgendem Schlusse: Je nachdem man die Koppelung inniger oder weniger innig gestaltet, d. h. eine enge oder lose Koppelung nimmt, erhält man ein System, das vom Strahlungsdrahte im ersteren Falle Wellen von sehr hoher, durch Resonanz gestauter Potentialamplitude, aber von starker Dämpfung, im letzteren Falle dagegen Wellen kleinerer aber schwach abklingender Amplitude aussendet. Die bei enger Koppelung entstehenden stark gedämpften Wellen tragen explosionsartig wie die Schallwelle eines Kanonenschusses große Energie in den Raum und sind daher zur Überbrückung weiter Entfernungen geeignet, sofern es nicht auf Abstimmung oder Syntonismus ankommt. Bei der losen Koppelung dagegen besitzen die ausgestrahlten Wellen analog den Stimmgabeltönen eine gesteigerte Resonanzfähigkeit bei allerdings geringerer Tragweite.

Für die Riesenstationen der Funkentelegraphie wird man also die enge Koppelung wählen und auf Abstimmung verzichten müssen, für die Stationen mittlerer Reichweite empfiehlt sich dagegen die lose Koppelung, bei der auch eine abgestimmte und mehrfache Funkentelegraphie möglich ist.

18. Die Braunschen Energieschaltungen für funkentelegraphische Sender.

Die Schwingungsperiode eines funkentelegraphischen Erregersystems, also auch dessen Wellenlänge, muß zur Erzielung der besten Fernwirkung, wie mehrfach erwähnt, so bemessen sein, daß sie der des Luftleiters möglichst gleich oder aber ein höheres, ungerades Vielfaches davon ist.

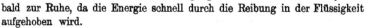

---

[1]) M. Wien, Annalen der Physik 1902, Seite 686.

In der Praxis wird zur Erzielung einer möglichst großen Entladungs-
energie die Kapazität des Erregerkreises stets größer gewählt als die des
Luftdrahtes.   Das Verhältnis der Kapazität des Erregerkreises zu der des
Luftleiters bezeichnet man als Kapazitätsübersetzung; es schwankt in der
Praxis zwischen 4 und 100.

   Die Wirkung eines solchen Erregersystems hat man bisher entweder
      a) durch Vergrößerung der Erregerkapazität C, oder
      b) durch Erhöhung der Entladespannung infolge Vergrößerung
         der Funkenstrecke F
zu steigern gesucht.   Der Erfolg war in beiden Fällen bisher nicht erheblich.

a) Die Steigerung der Entladungsenergie durch Vergrößerung der Erregerkapazität.

   Vergrößert man die Erregerkapazität C, so muß gleichzeitig die Selbstinduktion L verringert werden, da die Wellenlänge von dem Produkt CL
abhängt.   Die Wellenlänge muß aber, da sie von dem
Luftleiter abhängig ist, konstant bleiben.   Die Selbstinduktion des Erregerkreises setzt sich z. B. bei der Anordnung nach Fig. 38 aus der in der Spule L, dem
Kondensator C und den Zuleitungen enthaltenen Teil-
werten zusammen.   Den Hauptteil bildet die Selbstinduktion der Spule L, gegen diese kann die übrige
Selbstinduktion des Kreises vernachlässigt werden, solange L die gegenwärtig übliche Größe hat.   Würde
man aber bei Vermehrung von C notwendigerweise L
so verringern, daß L nur so groß oder noch kleiner
als die sonst im Schwingungskreise zerstreute Selbst-

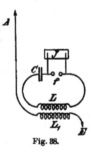

Fig. 38.

induktion wird, so würde darunter die Festigkeit der elektrischen Koppelung
zwischen dem Erregerkreise und dem Luftleiter in unzulässiger Weise beeinträchtigt werden.

   Die Festigkeit der elektrischen Koppelung hängt
      1. von dem Größenverhältnis der Erregerselbstinduktion zur Luft-
         leiterselbstinduktion und
      2. von der Größe des Teiles der gesamten Selbstinduktion des
         Erregerkreises ab, die zur Koppelung mit dem Luftleiter be-
         nutzt wird.

   Je größer man die Erregerkapazität und die Kapazitätsübersetzung
wählt, desto loser wird die elektrische Koppelung zwischen Erregerkreis
und Luftleitersystem.   Denn die gesamte Erregerselbstinduktion wird in
diesem Falle immer kleiner im Verhältnis zu der des Luftdrahtes und
ferner wird ein immer kleinerer Betrag zur Koppelung herangezogen.
Die im Erregerkreis schwingende Energie wird also bei steter Ver-

größerung der Kapazität infolge der loser werdenden Koppelung immer langsamer auf den Luftleiter übertragen und von diesem in Form von immer weniger gedämpften Wellen ausgestrahlt. Die größte Schwingungsamplitude des Luftleiters wird also bei wesentlich vergrößerter Kapazität C kleiner sein als bei relativ kleinerer Kapazität C und ihr entsprechender größerer Selbstinduktion L und dadurch bedingter festerer Koppelung.

Durch folgende Energieschaltung[1]) des Professors Braun wird die Möglichkeit gegeben, die Kapazität des Erregerkreises zu vermehren, ohne daß dadurch die elektrische Koppelung beeinträchtigt wird. Braun nimmt mehrere, z. B. n Schwingungskreise für einen Sender, von denen jeder auf die gleiche Schwingungszahl wie der bisher benutzte einzelne Kreis abgestimmt ist. Jeder dieser Schwingungskreise wird von der Hochspannungsquelle mit der gleichen Energie versorgt, wie der bisherige Einzelkreis. Man hat also hier eine ähnliche Anordnung, wie die Zusammenschaltung einer Anzahl galvanischer Elemente zu einer gemeinsamen Batterie.

Wenn die n Schwingungskreise tatsächlich die n fache Energie auf den Senderdraht übertragen sollen und von diesem die n fache Energie ausgestrahlt werden soll, so müssen folgende Bedingungen erfüllt werden:

1. Die Einzelkreise müssen genau gleiche Schwingungen haben.
2. Die Schwingung muß in jedem der n Kreise gleichzeitig und ohne Phasendifferenz einsetzen und von ihnen auf den Senderdraht übertragen werden. Hierzu ist eine feste Koppelung der Einzelkreise unter sich und mit dem Luftleiter erforderlich.

Jeder Schwingungskreis stellt gewissermaßen eine Wechselstrommaschine von hoher Periodenzahl vor.

Die Bedingungen unter 1 und 2 werden durch die nachfolgenden Schaltungen Fig. 39 und 40 erfüllt.

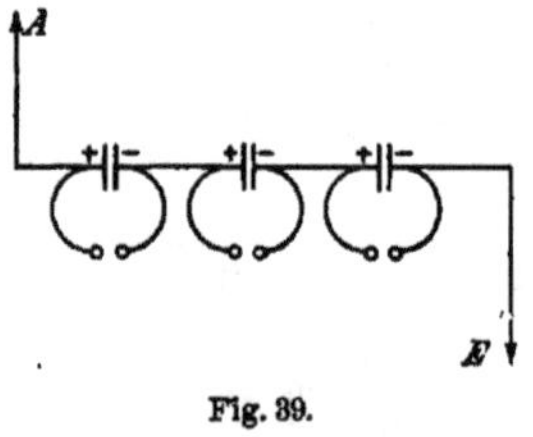

Fig. 39. 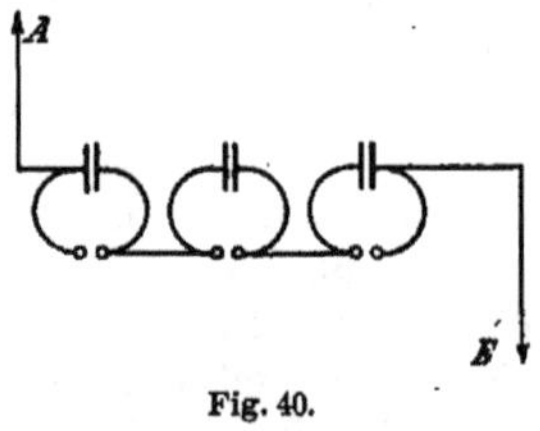   Fig. 40.

Bei der Schaltung nach Fig. 39 und 40 wird die feste Koppelung dadurch erzielt, daß der Anschluß zwischen dem Luftleitersystem und jedem Einzelkreise, sowie der Einzelkreise unter sich durch Drahtverbindungen erfolgt, die möglichst direkt an die Belegungen der Konden-

---

[1]) Methoden zur Vergrößerung der Senderenergie für drahtlose Telegraphie (sog. Energieschaltung). Von Ferd. Braun. Physikalische Zeitschrift 1904, 5. Jahrgang, Nr. 8.

satoren führen, d. h. an Punkte, zwischen denen während der Entladungsschwingungen eine maximale Spannungsdifferenz vorhanden ist. Bei dieser
Anwendung wird auch die gesamte Selbstinduktion der Einzelkreise zur
Erzielung einer festen Koppelung mit dem Luftleiter herangezogen. Bei
der elektrisch gleichwertigen Anordung nach Fig. 41 wird die Phasen-
gleichheit und die syn-
chrone Schwingung der Einzelkreise durch induktive
feste Koppelung mit dem
Luftleitersystem erzielt.

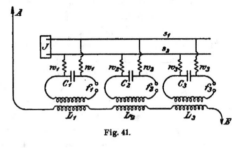

Fig. 41.

Zur Erzielung einer
genügend festen Koppelung
darf die Kapazitätsüber-
setzung bei Anwendung
von umfangreichen Luft-
leitergebilden höchstens 20,
bei Verwendung einfacher Luftdrähte höchstens 15 betragen. Ferner muß
von der gesamten Erregerselbstinduktion sowohl bei direktem Anschluß
wie bei induktiver Erregung mindestens die Hälfte zur Koppelung herangezogen werden.

Ein zweites Merkmal für eine genügend feste Koppelung bilden die
Partialwellen, die bei jeder Koppelung zweier auf gleiche Schwingungen,
also gleiche Wellenlängen λ_0 gestimmten Einzelkreise entstehen. Die eine Partialwelle λ_1 ist kürzer, die andere λ_2 länger als λ_0. Die Differenz der
Längen beider Partialwellen muß für eine genügend
starke Koppelung mindestens 25% betragen.

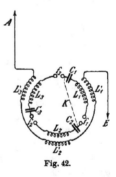

Fig. 42.

Die Ladung der Einzelschwingungskreise erfolgt bei den Anordnungen nach Fig. 39 und 40
in Serienschaltung und bei der Anordnung Fig. 41,
indem die Pole der gemeinsamen Stromquelle unter
Zwischenschaltung von hohen Ohmschen Wider-
ständen oder von Selbstinduktionen $w_1 w_2 w_3$ über
die gut isolierten Sammelschienen s_1 und s_2 mit
den entsprechenden Belegungen der Kondensatoren
verbunden werden. Beim Einsetzen der Entladungsschwingungen in den
Einzelkreisen werden diese durch die hohen Ohmschen Widerstände oder
Selbstinduktionen vollständig von den Sammelschienen abgetrennt.

Gleiche Wirkungen erzielt Braun durch eine Anordnung nach Fig. 42,
bei welcher die n Einzelsysteme zu einem einzigen Schwingungskreise in
Reihe geschaltet werden. Die Einzelsysteme sind so bemessen, daß jeder
Kreis, z. B. $C_1 L_1 F_1$ bei Entladung durch den Kurzschlußbügel K die gewünschte Wellenlänge ergibt. Bei der Reihenschaltung der Einzelkreise

6*

unter Weglassung der Kurzschlußbügel bleibt die Wellenlänge infolge der Verringerung der Kapazitäten durch die Reihenschaltung und die gleichzeitige Vermehrung der Selbstinduktion unverändert. Die Entladeschwingung setzt durch den ganzen Kreis ohne Phasenverschiebung ein. Erfolgt die Ladung der einzelnen Kondensatoren C_1 C_2 C_3 von der Hochspannungsquelle wiederum über zwei Sammelschienen unter Anwendung hoher Ohmscher Widerstände oder Selbstinduktionsspulen, so wird die Schwingungsenergie ebenso wie bei den Schaltungen nach Fig. 39 bis 41 n mal größer, während die Wellenlänge unverändert bleibt. Die Koppelung mit dem Luftleiter muß bei dieser Anordung induktiv erfolgen; sie kann so fest gewählt werden wie bei einem Einzelsystem oder aber auch unter Benutzung sämtlicher Induktionsspulen n mal fester.

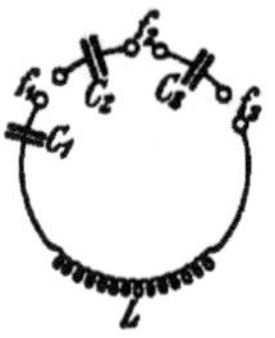

Fig. 43.

Für die Praxis empfiehlt sich die sonst elektrisch gleichwertige Schaltung nach Fig. 43, bei welcher die vorher verteilten Selbstinduktionen L_1 L_2 L_3 in eine resultierende Spule L zusammengefaßt werden. In diesem Falle sind dann wieder beide Koppelungsmethoden, die induktive und die galvanische möglich. Die Ladung der Kondensatoren erfolgt in Parallelschaltung unter Benutzung von Selbstinduktionsspulen nach der Anordnung der Fig. 41.

b) Die Steigerung der Entladungsenergie durch Erhöhung der Entladespannung.

Praktische Versuche haben ergeben, daß von einer gewissen Funkenlänge ab (länger als 4 mm) die Spannung nicht mehr proportional mit der Vergrößerung der Funkenstrecke wächst, sondern langsamer zunimmt. Der Widerstand der Funkenstrecke dagegen wächst proportional mit deren Vergrößerung. Bei Überschreitung einer bestimmten — kritischen — Funkenlänge nimmt also die Dämpfung der Schwingungen durch den Ohmschen Widerstand der Funkenstrecke in größerem Maße zu, als die Entladungsenergie durch Erhöhung der Spannung. Die Entladungsenergie läßt sich also durch Vergrößerung der Funkenstrecke allein nicht in unbegrenztem Maße steigern. Ferner darf man zur Erzielung der besten Wirkung nur mit denjenigen Funkenlängen arbeiten, die unterhalb oder wenig oberhalb der kritischen Funkenlänge liegen.

Professor Braun beseitigt die durch die kritische Funkenlänge gegebene Grenze für die Erhöhung der Entladespannung in genialer Weise durch eine Unterteilung der Funkenstrecke, d. h. die Auflösung derselben in eine Anzahl von hintereinander geschalteten Einzelfunkenstrecken. Die Braunsche Anordnung ermöglicht es, fast jede beliebige Spannung durch eine Reihenfunkenstrecke zu erzielen, bei welcher stets die Bedingung erfüllt bleibt, daß die Summe der Einzelfunkenstrecken gleich einer resultierenden

Funkenstrecke ist, bei welcher der kritische Punkt der Spannung nicht über-
schritten ist. Es wird dies durch Parallelschaltung kleiner Kondensatoren
von etwa 100 cm zu jeder einzelnen Funkenstrecke erreicht; diese Hilfs-
kondensatoren sind unter sich hintereinander geschaltet. Die Größe der Kondensatoren ist so bemessen, daß die an ihnen auftretenden Spannungen proportional der Funkenlänge sind, zu der jede Einzelfunkenstrecke geladen
werden soll. Bei gleich langen Funkenstrecken müssen also auch die
Kondensatoren einander gleich sein. Mit Hilfe dieser Funkenunterteilung
ist es möglich, in jedem beliebigen offenen oder geschlossenen Schwingungssystem ohne Verringerung des Wirkungsgrades eine außerordentlich hohe
Entladungsspannung und damit eine wesentlich vergrößerte Entladungsenergie zu erzielen.

Bei der nach dem Prinzip der Funkenunterteilung getroffenen, durch
Fig. 44 veranschaulichten Anordnung von Rendahl sind die Funkenstrecken
an einer Stelle des Schwingungskreises unmittelbar
hintereinander eingefügt. Wird die Gesamtspannung
auf diese drei Funkenstrecken mit Hilfe der als
Spannungsteiler dienenden kleinen Kondensatoren
c_1 c_2 c_3 in richtiger Weise verteilt, so läßt sich mit
dieser Schaltung dasselbe erreichen, wie mit der
ursprünglichen Anordnung, bei welcher die Funkenstrecken zwischen den Kondensatoren liegen. Die
aus der Hochspannungsquelle den äußersten beiden
Funkenkugeln zugeführte Spannung wird, wenn
$c_1 = c_2 = c_3$ ist, auf die drei Funkenstrecken
gleichmäßig verteilt. Man erreicht so, daß die

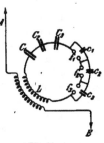

Fig. 44.

praktische Begrenzung der Entladespannung nicht wie bisher für das ganze
System, sondern nur noch für jede der drei Einzelfunkenstrecken gilt. Die
Entladespannung und damit die Entladungsenergie kann demnach durch
Vermehrung der Zahl der Funkenstrecken unter Anwendung von Spannungsteilern fast unbegrenzt gesteigert werden. Während die Kondensatoren
C_1 C_2 C_3 die doppelte Aufgabe haben, einerseits jeder Teilfunkenstrecke
eine gleiche Spannungsdifferenz zuzuführen und andererseits in Verbindung
mit der Selbstinduktion L die Resonanz mit der Schwingung des Luftleiters
herzustellen, haben die kleinen Kondensatoren c_1 c_2 c_3 nur den Zweck, die
Gesamtspannung in der gewünschten Weise zu verteilen. Die Energie,
welche in den kleinen Kondensatoren aufgehäuft wird, ist so gering, daß
sie gegenüber der in den großen Kondensatoren aufgehäuften vernachlässigt
werden kann. Die Eigenschwingung der aus den kleinen Kondensatoren
und den Funkenstrecken gebildeten Schwingungskreise ist infolge der Klein-
heit der Spannungsteiler so sehr von der Größenordnung der Grundschwingung des Erregerkreises verschieden, daß sie die Eigenschwingung
des Hauptkreises nicht beeinflußt. Zur größeren Sicherheit können in die

Zuleitungen von den Funkenstrecken zu den Spannungsteilern noch hohe Ohmsche Widerstände oder Spulen hoher Selbstinduktion eingeschaltet werden, welche für die langsame Ladeschwingung der Hochspannungsquelle durchlässig sind, nicht aber für die schnellen Entladeschwingungen.

Zur Spannungsteilung lassen sich an Stelle der kleinen Kondensatoren auch Selbstinduktionsspulen benutzen, die parallel zu den Einzelfunkenstrecken und unter sich in Reihe geschaltet sind. Dies Mittel ist jedoch weniger praktisch, weil seine Anwendung noch die Erfüllung mehrerer Bedingungen verlangt, um die Resonanz zwischen dem primären Ladestromkreise und dem Erregerkreise aufrecht zu erhalten.

19. Die Untersuchungen von H. Th. Simon und M. Reich über die Erzeugung und Verwendung hochfrequenter Wechselströme für die drahtlose Telegraphie.

Da die heutigen funkentelegraphischen Sender sämtlich nur stets von relativ langen Pausen unterbrochene Züge gedämpfter Wellen ausstrahlen, so können sie eine vollkommen scharfe resonanzfähige Strahlung nicht liefern. Nach den von Professor H. Th. Simon in Göttingen in Verbindung mit M. Reich angestellten Untersuchungen[1]) wird sich dieser Mangel durch Verwendung hochfrequenter Wechselströme, d. h. dauernder und ungedämpfter elektrischer Schwingungen, beseitigen lassen. Die Untersuchungen dürften für die weitere Entwicklung der drahtlosen Telegraphie von großer Tragweite sein und ihr neue Aussichten eröffnen.

Unter Verwendung einer Arons-Hewittschen Quecksilberdampflampe als Funkenstrecke gelang eine Steigerung des Entladungspotentials bis über 50 000 Volt, ohne gleichzeitige Steigerung der Dämpfung der Schwingungen. Die Quecksilberlampe stellt gewissermaßen eine Vakuumfunkenstrecke dar, und es sind die mit ihrer Hilfe erregten Wellen ihrem Charakter nach vollständig identisch mit den von den bisher gebräuchlichen Funkenstrecken ausgehenden. Man kann also bei Verwendung einer solchen Vakuumstrecke wesentlich größere Energiemengen in die Schwingungen hineingeben, ohne gleichzeitig die Dämpfung zu steigern und damit die Resonanz zu beeinträchtigen. Andere metallische Funkenstrecken im Vakuum, z. B. RöntgenRöhren, zeigen zwar dieselben gesteigerten Wirkungen, indes ist bei ihnen die Metallzerstäubung so lebhaft, daß die Röhren bald unbrauchbar werden. Außer einer Steigerung des Entladungspotentials gestattet die Vakuumfunkenstrecke, im Gegensatze zu der Luftfunkenstrecke, die Pausen zwischen den Entladungen sehr klein zu machen. Bei den Versuchen wurde unter Anwendung einer Schaltungsanordnung nach Fig. 45 eine Gleichstromquelle A von 5000 Volt und 3 Ampere, sowie eine Quecksilberlampe B von der durch Fig. 46 veranschaulichten Form benutzt. Der Funkenstrecke B ist ein aus

---

[1]) Physikalische Zeitschrift 1903, Nr. 13 und 26b.

der Selbstinduktion L und der Kapazität C bestehendes System parallel geschaltet. Legt man die Spannung A vor B, so wird sich zunächst C zum Potential A laden, dann wird der Flammenbogen bei B einsetzen und nunmehr die Kapazität C sich durch $L\,B$ oszillatorisch entladen. In der ersten Entladungsperiode unterstützt also die Spannung von C die von A, in der nächsten, beim Zurückströmen, wirkt sie ihr entgegen und kompensiert sie am Ende dieser Periode für einen Moment überhaupt. Dieser Moment genügt unter Umständen, die Leitfähigkeit der Funkenstrecke zum Verschwinden kommen zu lassen; das Spiel wiederholt sich darauf von neuem. Das System CL wird auf diese Weise von einem entsprechenden Hochfrequenzstrome der Grundperiode $T = 2\,\pi\,\sqrt{CL}$ dauernd durchflossen.

Es wurde eine Schwingungszahl von 10^5 bis 10^6 in der Sekunde erreicht. Solche Schwingungen klingen schnell ab; nimmt man zehn ganze Schwingungen als obere Grenze bis zum Abklingen auf ein Potential, bei dem die Leitfähigkeit des Flammen-

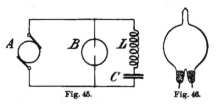

Fig. 45.   Fig. 46.

bogens nicht mehr bestehen kann, so spielt sich der Entladungsvorgang längstens innerhalb 10^{-4} bis 10^{-5} Sekunden ab. Die Zahl der Aufeinanderfolge der einzelnen Entladungskomplexe kann bei den Vakuumfunkenstrecken außerordentlich und vielmal höher als bei Luftfunkenstrecken gesteigert werden, bei denen die Pausen von der Größenordnung der hundertstel Sekunde sein müssen, um noch wirksame Entladungen zu ergeben.

Aus ihren Untersuchungen ziehen Simon und Reich folgende praktische Konsequenzen:

1. Die bisherige Erregungsweise von elektrischen Schwingungen mit Hilfe von Luftfunkenstrecken und Induktionsapparaten ist unrationell und liefert Hochfrequenzströme relativ unregelmäßiger Art. Zur dauernden Erregung sehr wirksamer Wellen dieses Typus sind hochgespannte Gleichstromquellen, z. B. Hochspannungsmaschinen oder Hochspannungsakkumulatoren von genügender Stromkapazität sowie Vakuumfunkenstrecken weit geeigneter.

Es läßt sich alles, was man bisher mit Induktionsapparaten geleistet hat, weit rationeller und wirksamer mittels Hochspannungsmaschinen erreichen. Die Technik wird daher der Praxis der Hochfrequenzströme einen großen Dienst leisten, wenn sie sich zum Bau widerstandsfähiger Hochspannungsdynamos von 10 000 bis 20 000 Volt entschließt.

2. Die Betriebsbedingungen eines bestimmten Hochfrequenzsystemes sind in jedem Falle der verwendeten Funkenstrecke genau anzupassen, wenn man möglichst kräftige Wellen erregen will, in einer Weise, die sich durch die Theorie des Ladungsvorganges und die Charakteristik der Funkenstrecke quantitativ voraussagen läßt.

Dem Funkentelegraphen-Techniker bietet sich hier noch ein reiches Arbeitsfeld.

Der von Valbrenze inzwischen vorgeschlagene Geber für drahtlose Telegraphie ist lediglich eine Modifikation der Simon-Reichschen Versuchsanordnungen.

B) Die Funkentelegraphensysteme.

Die ausgedehnteste Verwendung für den Nachrichtendienst haben bisher die Funkentelegraphensysteme von Marconi, Slaby-Arco und Braun-Siemens gefunden; letztere beiden Systeme sind jetzt zu dem System „Telefunken" vereinigt worden. Jedes der genannten Systeme arbeitet mit Schwingungskreisen, die auf eine bestimmte Wellenlänge abgestimmt sind; jeder Schwingungskreis eines Systems ist mit sämtlichen anderen Schwingungskreisen des gleichen Systems in Resonanz. Es herrscht vollständige Resonanz in allen Schwingungskreisen der Geber- und Senderstation einer Funkentelegraphenanlage, mögen diese Schwingungskreise offene oder geschlossene Strombahnen sein. Die Resonanzbedingung wird dadurch erfüllt, daß die Produkte aus Kapazität und Selbstinduktion der einzelnen Schwingungskreise einander gleich gemacht werden. Die Faktoren des Produktes selbst, also die Kapazität und Selbstinduktion jede für sich genommen, brauchen aber in den einzelnen Stromkreisen nicht die gleiche Größe zu haben. So kann in dem einen Stromkreis z. B. die Kapazität viel geringer sein als in dem anderen, wenn nur dafür dieser eine größere Anzahl Drahtwindungen, also eine größere Selbstinduktion enthält.

Das Marconi-System und das System Slaby-Arco benutzen im Gegensatze zu dem System Braun-Siemens geerdete Luftleiter. Bei dem System Braun-Siemens ist die Erdleitung durch ein elektrisches Gegengewicht in Gestalt eines gut isoliert aufgehängten Zinkzylinders ersetzt. Die übrigen Unterschiede sind, wie aus der Beschreibung der Systeme hervorgeht, nur unwesentlich. Gemeinsam ist ihnen der Braunsche geschlossene Leydener Flaschenstromkreis zur Erzeugung der elektromagnetischen Wellen.

1. Das Marconi-System.

a) Ältere Schaltungen.

Einrichtung der ersten Marconi-Stationen. — Die ersten Marconi-Stationen haben im wesentlichen die bei den Versuchen von 1897 erprobte, mit geringen Abänderungen versehene Schaltungsanordnuug, wie sie Fig. 47 darstellt, erhalten, bei welcher der eine Pol der Funkenstrecke mit dem vertikal aufgehängten Senderdraht und der andere Pol mit der Erde verbunden ist. Der Senderdraht wird also von der Funkenstrecke unmittelbar in elektrische Schwingungen versetzt; es findet eine direkte Sender-erregung statt. Den Oszillator mit vier Kugeln und den in Öl überspringenden Funken, den Marconi bei seinen ersten Versuchen benützt hatte, ersetzte

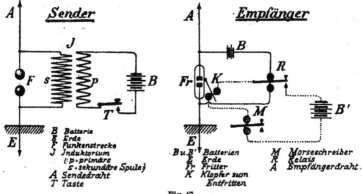

Fig. 47.

er, ohne dadurch die Wirkung zu beeinträchtigen, durch die bei jedem der gewöhnlichen Induktionsapparate vorhandene einfache Anordnung des Funkenziehers. Es besteht dieser aus zwei in Fassungen verschiebbaren Metallstangen, die die En-den der Sekundärspule des Funkeninduktors bil-den und die einerseits isolierte Handgriffe und andererseits Metallkugeln tragen, zwischen denen die Entladungen vor sich gehen.

Jede Station ist mit einem Satz Sender- und einem Satz Empfänger-apparate ausgerüstet; die Luftleitung ist für beide Apparatsätze gemeinsam. Die Einrichtung ist so ge-troffen, daß in der Ruhe-lage die ankommenden

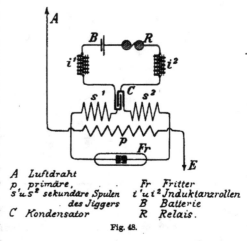

Fig. 48.

elektrischen Wellen über den Fritter zur Erde gehen und daß diese Ver-bindung unterbrochen wird, wenn die Taste des Induktoriums zur Abgabe von Zeichen niedergedrückt wird. Die Luftleitung ist dann nur noch mit dem Apparatsatz des Senders verbunden.

Mit diesem System hat Marconi eine im allgemeinen sichere Verständigung bis zu 100 km über Wasser erreicht. Der Betrieb der damit eingerichteten Stationen hatte aber vielfach durch atmosphärische Störungen zu leiden. Vor allem aber war mit diesem System ein gleichzeitiger Betrieb mehrerer benachbarter Stationen nicht möglich, weil von dem Senderdrahte sämtliche Wellen der Funkenstrecke, also Wellen von den verschiedensten Längen zur Ausstrahlung kamen und demgemäß alle funkentelegraphischen Empfänger ansprachen, die von diesen Wellen in genügender Stärke getroffen wurden.

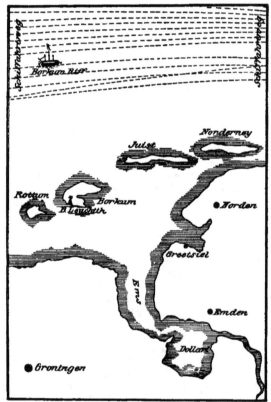

Fig. 49.

Marconis weitere Arbeiten waren in erster Linie darauf gerichtet, den Sender und den Empfänger so zu gestalten, daß jener nur elektrische Wellen bestimmter Länge aussendet und dieser nur auf Wellen bestimmter Länge ansprechen kann.

Bereits im Jahre 1898 wurden Versuche angestellt, bei welchen der Luftdraht des Empfängers nicht mehr mit dem Kohärer, sondern unter Einschaltung der primären Wicklung eines Transformators besonderer Bauart, den Marconi Jigger nennt, mit der Erde verbunden war (Fig. 48). Die sekundäre Wicklung des Transformators besteht aus zwei Rollen, deren äußere Enden mit den Elektroden des Kohärers in Verbindung stehen, während die inneren Enden an die Platten eines Kondensators führen, der mit zwei Induktionsspulen, einer Batterie und einem Relais in gewöhnlicher

Weise zu einem Stromkreis zusammengeschaltet ist. Diese Empfänger-
schaltung ist auch bei der am 15. Mai 1900 eröffneten ersten deutschen
Funkentelegraphenanlage für den allgemeinen Verkehr zwischen Borkum
Leuchtturm und dem Feuerschiff Borkum Riff zur Anwendung gekommen.

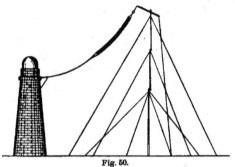

Fig. 50.

**Die Funkentelegraphenanlage Borkum Leuchtturm und
Feuerschiff Borkum Riff.** — Ihr Zweck ist der Austausch von Tele-
grammen mit den in der Nähe des Leuchtschiffs vorbeifahrenden Schiffen;
die Station Borkum Leuchtturm steht durch eine Kabelleitung mit dem
festländischen Kabelnetz in Verbindung (vgl. Lageplan, Fig. 49).

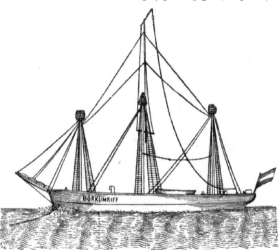

Fig. 51.

Neben dem Leuchtturm ist ein Mast von 38 m Höhe errichtet, an
dessen Raa, wie Fig. 50 zeigt, die Luftleitung hängt. Das untere Ende
der Luftleitung führt zur Galerie des Leuchtturms. Die Luftleitung

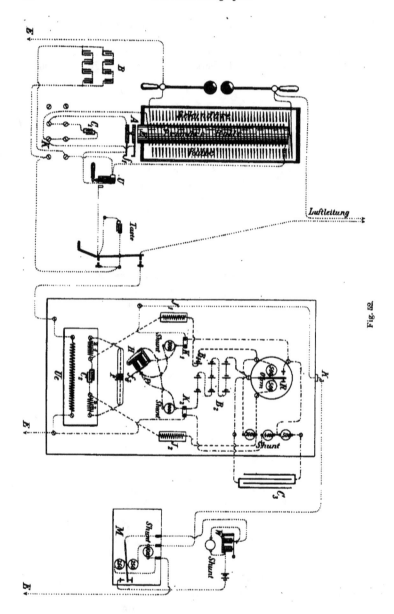

Fig. 52.

besteht aus zwei stark isolierten Leitungen von verzinnten Kupferdrähten, die durch zwei 1,5 m lange Stangen auseinander gespreizt sind und zwischen denen ein 20 m langes Eisendrahtnetz, wie solches zur Herstellung von Drahtzäunen benutzt wird, ausgespannt ist. Das Netz ist an mehreren Stellen mit den Litzen metallisch verbunden. Auf dem Feuerschiff (Fig. 51) ist die Luftleitung an einem 40 m hohen Maste befestigt.

Fig. 53 gibt eine Ansicht der Funkentelegraphenstation im Leuchtturm. Die Schaltung der beiden Stationen veranschaulicht Fig. 52. Ein großer Ruhmkorffscher Induktor, dessen Umwindungen nach außen durch

Fig. 53.

einen Ebonitmantel geschützt sind, dient als Funkenerzeuger. Die Enden der sekundären Induktorspule stehen mit zwei Metallstangen in Verbindung, die an ihrem anderen Ende je einen beweglichen Messinghebel von etwa 2,5 cm Durchmesser tragen. Der eine Messinghebel steht mit der Luftleitung, der andere mit Erde in Verbindung. Der Anker A des Induktors, die Feder f_1 und die primäre Induktorspule mit dem Eisenkern E bilden die Unterbrechungsvorrichtung. Als Zeichengeber dient eine auf einem hölzernen Untersatzkasten angebrachte Taste (Fig. 54) von etwa 30 cm Länge; der Tastenhebel steht einerseits mit der Luftleitung, anderseits mit dem Umschalter U in Verbindung. Der Ruhekontakt der Taste ist mit dem Übertrager Ue und der Arbeitskontakt mit dem einen Pole der Batterie B verbunden.

Die Batterie B ist aus acht Sammlerzellen gebildet, welche durch 98 in sieben Reihen zu je 14 nebeneinander geschaltete Trockenelemente dauernd unter Ladung gehalten werden.

Der Empfänger besteht aus dem Übertrager Ue, dem Fritter F, den beiden Induktanzrollen J_1 und J_2, dem polarisierten Relais R, dem Hammer H, dem Morsefarbschreiber M, dem Wecker W, sowie mehreren Zweigwiderständen und den Kondensatoren C_2 und C_3.

Fig. 54.

Der Übertrager Ue hat eine primäre und zwei sekundäre Rollen. Die primäre Wicklung ist einerseits über den Ruhekontakt der Taste mit der Luftleitung und andererseits mit der Erde verbunden. Die sekundären Wicklungen sind an einem Ende mit dem kleinen Kondensator C_2 und gleichzeitig mit den Induktanzrollen J_1 bzw. J_2 verbunden; zwischen die anderen Enden ist der Kohärer eingeschaltet.

Der Kohärer (Fig. 55) besteht aus einer etwa 10 cm langen, fast luftleeren Glasröhre, welche mit einer Mischung aus Nickel- und Silberfeile gefüllt ist. Diese Mischung der Kohärermasse wird durch zwei Silberkolben abgeschlossen, die mit Platindrähten in Verbindung stehen, welche in das Glas eingeschmolzen sind. Der Kohärer wird in eine besondere Einstellvorrichtung eingesetzt, in welcher die Platindrähte mit den sekundären Wicklungen des Induktionsübertragers verbunden werden. Die nach dem Aufhören der jeweiligen elektrischen Bestrahlung der Frittröhre erforderliche Dekohärierung der die leitende Brücke bildenden Masse wird durch den Klöppel des Hammers H bewirkt, welcher bei Stromschluß gegen die Frittröhre schlägt. Die Einrichtung des Hammers entspricht im allgemeinen der eines gewöhnlichen Weckers; er arbeitet, indem er selbsttätig den Strom abwechselnd schwächt und verstärkt.

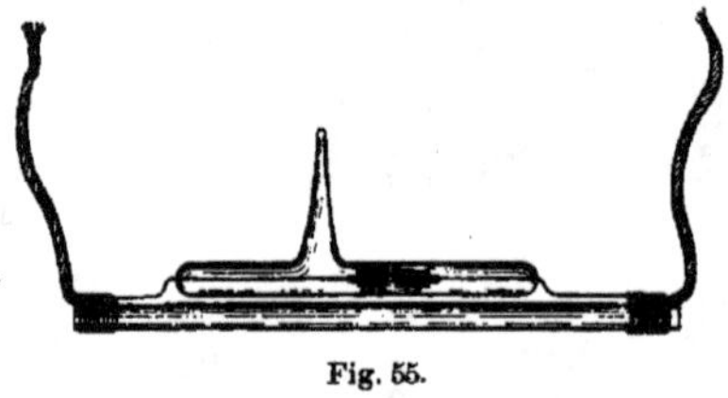

Fig. 55.

Der Morseschreiber M ist parallel zum Hammer eingeschaltet; er schließt beim Arbeiten einen Ortsstromkreis, wodurch der Wecker W in

Tätigkeit gesetzt wird. Durch die Klingelzeichen des Weckers, der unter Umständen in einem anderen Raume aufgestellt wird, kann ein Beamter auch zu solchen Zeiten an den Apparat gerufen werden, in welchen eine ständige Beobachtung des letzteren nicht stattfindet.

Wirkungsweise des Senders. — Bei Tastendruck fließt ein Strom aus den Sammlerzellen der Batterie B über den Arbeitskontakt zum Umschalter U, von diesem über die Feder f_1 zum Anker A, weiter zur Klemme K, durch die primäre Wicklung des Induktors zum Umschalter U und zur Batterie zurück.

Der durch den Stromschluß magnetisierte Eisenkern des Induktors zieht den Anker A an, hierdurch wird der Stromkreis unterbrochen, und das Spiel beginnt in der bekannten Weise von neuem. Der zwischen den Anker A und die Feder f_1 eingeschaltete Kondensator C_1 wird bei jeder Stromunterbrechung geladen; hierdurch wird der Öffnungsfunke zwischen A und f_1 erheblich geschwächt und bewirkt, daß die Stromunterbrechung schnell von statten geht.

Die durch den Tastendruck und das Spiel des Selbstunterbrechers in der aus wenig dicken Drahtwindungen bestehenden primären Rolle erzeugten, sehr schnell aufeinanderfolgenden kurzen Stromstöße rufen in der sekundären Rolle, welche aus sehr vielen Windungen besteht (30 km Drahtlänge), durch Induktion so hohe elektrische Spannungen hervor, daß bei gehöriger Einstellung der Messingkugeln des Induktoriums zwischen diesen zahlreiche Funken überspringen. Die bei diesen Entladungen entstehenden elektrischen Schwingungen strahlen aus der Luftleitung in den Luftraum aus. Bei der Zeichengebung mit der Taste ist darauf zu achten, daß der Ruhekontakt der Taste nicht geschlossen wird, weil sonst leicht ein Stromteil zu dem Übertrager Ue abfließt und den Kohärer des eigenen Empfängers beeinflußt. Die Hubhöhe des Tastenhebels ist so bemessen, daß sich ein Schluß des Ruhekontakts der Taste beim Telegraphieren leicht vermeiden läßt.

Wirkungsweise des Empfängers. — Die durch die Luftleitung der Empfangsstation aus dem Äther aufgefangenen oder gleichsam aufgesaugten elektrischen Wellen fließen über den Tastenhebel zum Übertrager Ue und durch dessen primäre Wicklung zur Erde. Die hierdurch in den beiden sekundären Rollen z_1 und z_2 erzeugten Induktionsströme gehen durch den Kohärer F. Die Induktanzrollen J_1 und J_2 mit hoher Selbstinduktion verhindern, daß die Induktionsströme des Kohärers in den Relaisstromkreis eintreten. Unter dem Einflusse der elektrischen Wellen wird die Kohärermasse elektrisch leitend. Hierdurch wird das Relais R in Tätigkeit gesetzt, indem der Strom eines Trockenelements B_1 von dem einen Batteriepole über die Induktionsrolle J_1, die sekundäre Wicklung z_1 des Übertragers Ue, die Frittröhre F, die sekundäre Wicklung z_2 des Übertragers Ue, die Induktionsrolle J_2 und durch die Umwindungen des polarisierten Relais R zum anderen

Pole zurückfließt. Das Relais schließt beim Ansprechen die aus acht Trockenelementen bestehende Batterie B_2, ihr Strom geht über die Relaiszunge und
den Arbeitskontakt des Relais zur Klemme K_1, hier teilt er sich in zwei
Zweigströme auf folgenden Wegen:

1. Klemme K_1 — Elektromagnetumwindungen des Hammers H —
Körper des Hammers — Feder f_2 — Kontakt P — Klemme K_2 —
Batterie zurück.

2. Klemme K_1 — Klemme K_3 — Elektromagnetumwindungen des
Farbschreibers M — Erde. Der andere Pol der Batterie liegt über die
Klemme K_2 an Erde.

Sobald ein Strom die Umwindungen des Hammers durchfließt, schnellt
der Klöppel auf und nieder und berührt hierbei die Glasröhre des Kohärers.
Dadurch wird bewirkt, daß die durch die elektrische Bestrahlung gerichteten und gewissermaßen zu einer Brücke zusammengeschweißten Metall-
feilen nach Aufhören der Bestrahlung wieder auseinander fallen und der
Relaisstromkreis unterbrochen wird.

Um zu prüfen, ob der Kohärer in Ordnung ist und noch empfindlich
genug arbeitet, läßt man in seiner Nähe einen kleinen Rasselwecker arbeiten.
Der Kohärer muß schon durch die von dem Rasselwecker erzeugten elektrischen Wellen leitend werden und den Relaisstromkreis schließen.

Die in der Schaltungsskizze angegebenen Kondensatoren und Zweig-
widerstände haben den Zweck, die Funkenbildung zwischen den Kontakten
zu verhüten und Induktionswirkungen, welche den Kohärer nachteilig beeinflussen könnten, abzuschwächen. Um ferner zu verhindern, daß der Kohärer des eigenen Empfängers durch die beim Zeichengeben erzeugten elektrischen Wellen beeinflußt wird, sind die Empfangsapparate mit Ausnahme des
Farbschreibers und Weckers in einem Kasten aus Eisenblech untergebracht.
Dieser dient als elektrischer Schirm, indem er störende elektrische Wellen
absorbiert. Dem Kohärer werden die elektrischen Wellen nur durch die
isolierte Luftleitung zugeführt. Die Regulierung des Relais geschieht durch
eine in dem Eisenblechkasten befindliche seitliche Öffnung, die für gewöhnlich durch eine Klappe geschlossen ist.

Mit der soeben erörterten Schaltungsanordnung hat Marconi zwar,
indem er die Spannungsenergie der Wellen auf Kosten der Stromenergie
durch die Transformierung steigerte, eine stärkere Wirkung auf den Empfänger erzielt, da ja die Wirkung der Wellenströme auf den Kohärer
mehr von deren Spannung als von ihrer Intensität abhängig ist; die übrigen
erhofften Wirkungen blieben aber aus. Wie der Betrieb der Borkumer
Anlage erwiesen hat, leidet er unter den elektrischen Entladungen der
Atmosphäre und es sprechen die Apparate auf alle Wellenlängen und
Systeme an.

Abstimmungsversuche. — Marconi erkannte auch bald, daß es
zur Erzielung der Abstimmung in der Hauptsache auf einen geeignet

konstruierten Sender ankam. Der von ihm anfänglich benutzte, unmittelbar durch die Funkenstrecke in Schwingungen versetzte vertikale Senderdraht eignet sich wohl sehr gut zur Ausstrahlung der Wellen; aber er gibt die ganze ihm zugeführte elektrische Energie in einigen wenigen kräftigen Schwingungen an den ihn umgebenden Äther ab. Die Schwingungen werden jedoch durch diese schnelle Energieabgabe und ferner auch infolge des Widerstandes der Funkenstrecke und des Drahtwiderstandes selbst „stark gedämpft", sie klingen schnell ab und verschwinden bald ganz. Solche schnell verklingenden Schwingungen können, wenn sie in noch genügender Stärke auf einen Resonator treffen, diesen zum Ansprechen bringen, selbst wenn dessen natürliche Schwingungsperiode von derjenigen

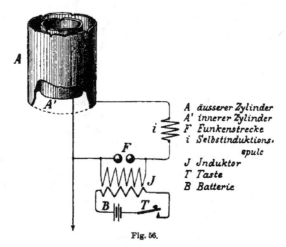

A äusserer Zylinder
A' innerer Zylinder
F Funkenstrecke
i Selbstinduktions-
    spule
J Induktor
T Taste
B Batterie

Fig. 56.

des Wellenerregers wesentlich verschieden ist. Treffen diese Wellen aber in nicht mehr genügender Stärke auf den Resonator, so werden sie ihn selbst dann nicht mehr betätigen, wenn er auf ihre Wellenlänge abgestimmt ist; dazu reichen die wenigen schwachen Impulse nicht aus. Man kann hieraus folgern, daß nicht nur für die Zwecke der Abstimmung, sondern für eine betriebssichere Funkentelegraphie überhaupt nicht stark gedämpfte, schnell abklingende Senderschwingungen, sondern schwach gedämpfte nachhaltige Schwingungen erforderlich sind.

Von den Versuchen Marconis zur Konstruktion eines weniger stark gedämpften Radiators als des einfachen vertikalen Luftdrahtes sind die zu Beginn des Jahres 1900 ausgeführten bemerkenswert. Bei diesen Versuchen gab Marconi den zur Ausstrahlung und Resonanz bestimmten Leitern der Sender- und Empfängerstation die Form eines Zylinders; in diesem Zylinder steckte ein zweiter mit der Erde verbundener Zylinder

der eine geringere Selbstinduktion als der äußere Zylinder besitzt (Fig. 56). Marconi nimmt an, daß zur Ausstrahlung des entsprechenden Energiebetrags eine Differenz in der Phase der beiden Schwingungen, die in den Zylindern auftreten, notwendig ist, da anderenfalls ihre Wirkung sich gegenseitig aufheben würde. Um die Phasendifferenz zu erzeugen, wurde einfach der geerdete Zylinder um ein Stück kürzer gemacht als der zur Ausstrahlung oder Resonanz bestimmte Zylinder.

Die Kapazität des Senders ist bei dieser Zylinderanordnung so groß, daß die den Zylindern durch die Funkenentladung mitgeteilte Energie nicht in einem oder in zwei kräftigen Wellenstößen zur Ausstrahlung gelangt, sondern daß die Ausstrahlung erheblich langsamer in Gestalt eines elektrischen Wellenzuges vor sich geht. Der äußere Metallzylinder verhindert die schnelle Ausstrahlung. Der Empfänger wird bei dieser Anordnung der Luftleitung nach Marconi zu einem Resonator mit sehr ausgeprägter Eigenschwingung, d. h. er soll nicht auf Schwingungen ansprechen, die sich von seiner eigenen Periode unterscheiden. Infolgedessen soll er auch nicht durch die Ätherwellen beeinflußt werden, die ihren Ursprung in der Elektrizität der Atmosphäre haben.

Die von Marconi zwischen St. Catherines Point auf der Insel Wight und Poole auf eine Entfernung von 49 km angestellten Versuche ergaben eine funkentelegraphische Verständigung, ohne daß die Zeichen durch andere in unmittelbarer Nähe arbeitende Stationen gestört wurden.

Benutzung des Braunschen Schwingungskreises. — Erheblich größere Übertragungsweiten als bisher konnte Marconi auch mit dieser Anordnung nicht erzielen; es wurde ihm erst möglich durch die Benutzung des Braunschen geschlossenen Schwingungskreises, der bis heute ein integrierender Bestandteil des Marconi-Systems geblieben ist.

b) Das gegenwärtige System Marconi.

Schaltung. — Als Luftleitung A (Fig. 57) kommt ein einfacher, vertikal in der Luft aufgehängter Draht oder ein Drahtnetz, dessen Eigenschwingung $1/4$ der benutzten Wellenlänge beträgt, zur Verwendung; sie ist über eine regulierbare Selbstinduktionsrolle SJ und die Sekundärspule einer Übertragungsrolle U mit der Erde verbunden. Der geschlossene Schwingungskreis für die Wellenerzeugung enthält die durch ein Induktorium J gespeiste Funkenstrecke F, einen Kondensator C, bestehend aus einer Anzahl Leydener Flaschen, und die primäre Wicklung der Übertragungsrolle U. Die Abstimmung des geschlossenen Schwingungskreises auf die bestimmte Wellenlänge erfolgt durch Vermehrung oder Verminderung der Leydener Flaschen. Zur Abstimmung der offenen Strombahn des Luftleiters genügt eine Veränderung der Lage des Schiebers S der regulierbaren Selbstinduktionsrolle, durch den mehr oder weniger Windungen in die Strombahn eingeschaltet werden.

Die Schwingungsperiode der offenen Strombahn wird durch Hinzu-
schaltung von Windungen der Selbstinduktionsrolle vergrößert und durch
Ausschaltung von Windungen verringert.

Der Geberdraht dient nach entsprechender Umschaltung als Empfangsdraht; er enthält die gleiche regulierbare Selbstinduktionsrolle, dagegen
für die Übertragung der aufgesaugten elektrischen Wellen in den Fritterstromkreis einen Übertrager Ue besonderer Bauart, den bereits früher
erwähnten Jigger. Parallel zur primären Spule des Jiggers ist noch ein
kleiner Kondensator C geschaltet. Der Fritterstromkreis enthält den Fritter,
zwei symmetrisch zum Fritter angeordnete regulierbare Selbstinduktionsspulen SJ_1 und SJ_2 und die beiden Sekundärspulen des Jiggers, zwischen

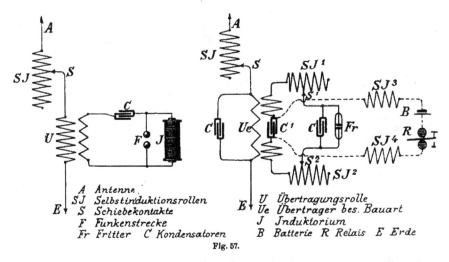

A Antenne
SJ Selbstinduktionsrollen
S Schiebekontakte
F Funkenstrecke
Fr Fritter C Kondensatoren

U Übertragungsrolle
Ue Übertrager bes. Bauart
J Induktorium
B Batterie R Relais E Erde

Fig. 57.

die ein kleiner Plattenkondensator C_1 geschaltet ist. Parallel zum Fritterstromkreis liegt der Stromkreis für die Zeichenaufnahme, der aus einem
Relais R zur Betätigung eines Morseschreibers, einer Batterie B und zwei
Rollen mit hoher Selbstinduktion SJ_3 und SJ_4 besteht, welche verhindern,
daß die Wellenströme des Fritterstromkreises in den Relaisstromkreis
übertréten.

Wenn die Verwendung langer Luftdrähte nicht angängig ist, werden
sie durch eine aus zwei Metallzylindern bestehende Antenne ersetzt.

Als Wellenanzeiger verwendet Marconi jetzt zumeist noch seinen
früheren Nickel- und Silberfeilefritter. Mit den Quecksilberkohärern von
Solari und Castelli, die nach dem Aufhören der Wellenbestrahlung selbsttätig in ihre Ruhelage zurückkehren, und die bei den Versuchen zwischen
Poldhu und dem Carlo Alberto sich gut bewährt haben sollten, scheint

7*

Marconi doch nicht solche Erfahrungen gemacht zu haben, daß er sie in den regelmäßigen Verkehr einstellen konnte.

Magnetischer Wellenanzeiger. — Gleiches scheint der Fall zu sein bezüglich des von Marconi erfundenen magnetischen Wellenempfängers (Fig. 58). Dieser Wellendetektor besteht aus einem Transformator besonderer Bauart, dessen Kern aus einem Bündel hartgezogener Stahldrähte geformt ist. Vor ihm dreht sich ein durch ein Uhrwerk getriebener Hufeisenmagnet. Der Drehung des Hufeisenmagnets entspricht eine Änderung des in dem Stahldrahtbündel erzeugten Magnetismus; jedoch bleibt die Magnetisierung des Kernes infolge seiner Hysteresis oder magnetischen Trägheit hinter der magnetisierenden Kraft des rotierenden magnetischen Feldes zurück. Die Hysteresis wird aber sofort aufgehoben, wenn eine elektrische Bestrahlung eintritt. Der Magnetismus des Kernes steigt alsdann plötzlich an und der hierdurch in der sekundären Transformatorspule hervorgerufene Stromstoß wird je nach der Dauer der Bestrahlung in einem Fernhörer als Punkt oder Strich wahrnehmbar. Der Detektor wird mit seiner primären Wicklung unmittelbar in den geerdeten Empfängerluftdraht eingeschaltet; eine Abstimmung auf eine bestimmte Wellenlänge findet hierbei nicht statt. Marconi bezeichnet den Detektor auf Grund der ebenfalls bei den Carlo Alberto-Versuchen gemachten Erfahrungen allen übrigen Kohärern und sonstigen Wellenanzeigern überlegen, weil er keine Regulierung braucht und dabei doch außerordentlich empfindlich und stets zuverlässig sei. Trotzdem ist von einer ausgedehnteren Verwendung dieses magnetischen Wellenanzeigers in der Praxis bis jetzt nichts bekannt geworden. Jedenfalls haften dem magnetischen Wellendetektor zwei Mängel an: infolge der durch die Hysteresis geleisteten elektrischen Arbeit ist eine scharfe Resonanz im Empfangsstromkreise nicht möglich, ferner können die Telegramme mit ihm nur nach dem Gehör aufgenommen werden.

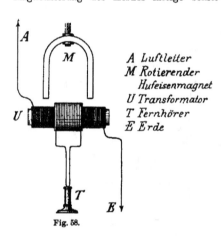

A Luftleiter
M Rotierender Hufeisenmagnet
U Transformator
T Fernhörer
E Erde

Fig. 58.

Jigger. — Da die Wirkung der Wellenströme auf den Kohärer, der einen Kondensator von sehr kleiner Kapazität darstellt und daher nur auf Spannungen reagiert, nicht von ihrer Intensität, sondern von ihrem Potential abhängt, so wird allgemein in den Empfängerstationen für Funkentelegraphie unter Verwendung geeigneter Transformatoren das Potential auf Kosten der

Stromintensität erhöht, d. h. die elektrische Kraft der Welle wird auf Kosten der magnetischen gesteigert. Die hohe Bedeutung der Transformierung zur Erzielung größerer Reichweiten hat Marconi von vornherein erkannt; sie hat ihn zur Konstruktion zahlreicher Typen von Transformatoren (Jiggers) veranlaßt. Die praktische Er-probung hat als beste Typen des Jiggers folgende beiden er-geben. Die Primärspule des einen besteht aus 100 Win-dungen eines 0,37 mm starken, mit Seide isolierten Kupfer-drahtes, der auf ein Glasrohr von 6 mm Durchmesser ge-wickelt ,ist; der Sekundärkreis enthält einen in gleicher Weise isolierten Kupferdraht von 0,19

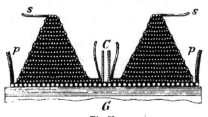

Fig. 59.
p primäre Wicklung.   s sekundäre Wicklung.
G Glasstab.   C Kondensator.

mm Stärke und ist in zwei Spulen geteilt. Die Windungen des Sekundär-kreises beginnen in der Mitte und sind in derselben Richtung wie die Primärwindungen geführt; jede Hälfte umfaßt 500 Windungen, die sich in abnehmender Zahl von 77 bis 3 Windungen auf 17 Lagen verteilen, wie Fig. 59 schematisch darstellt.

Bei der zweiten Ausführung (Fig. 60), die jetzt in den Marconi-Stationen fast ausschließlich zur Anwendung kommt, be-steht der Primärkreis aus 50 Windungen eines 0,7 mm starken Drahtes, und der Sekundärkreis enthält in jeder Spulenhälfte 160 Windungen eines 0,05 mm starken Drahtes, die aber

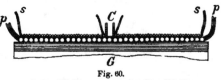

Fig. 60.
p primäre Wicklung.   s sekundäre Wicklung.
G Glasstab.   C Kondensator.

nur eine Lage bilden. Der Kern besteht aus einer Glasröhre von 25 mm Durchmesser. Dieser Transformator soll am besten wirken, wenn die Sekundärwindungen ungefähr die gleiche Länge haben wie die Antennen und die Windungslage etwa 2 mm von den Windungen der Primärspule entfernt angeordnet ist. Die Sekundärwicklung hat dann annähernd die gleiche Selbstinduktion wie der Luftleiter. Zwischen die sekundären Spulen beider Transformatortypen ist der Kondensator C des Fritter- und Relais-stromkreises der Empfängerstation eingeschaltet. Das Konstruktionsprinzip der beiden Transformatoren beruht lediglich auf empirischen Erfahrungen; eine theoretische Begründung hat Marconi bisher nicht gegeben.

Die transatlantischen Marconi-Stationen. — Über die Einrich-tung der transatlantischen Marconi-Stationen sind zuverlässige Angaben von

der Marconi-Gesellschaft bisher nicht zu erhalten gewesen. Die Station Poldhu
soll anfänglich mit einer Wechselstromdynamo W (Fig. 61) von 50 Kilowatt
Leistung (rund 70 mechanische Pferdekräfte) gearbeitet haben, deren Strom
durch einen Transformator auf 20 000, nach anderen Angaben auf 60 000
bis 100 000 Volt Spannung gebracht wurde. Diese Spannung wurde weiterhin noch wesentlich durch Übertragung in zwei aus je einer Funkenstrecke
und einem Kondensator C bestehende, durch einen Tesla-Transformator $T\,T^1$
gekoppelte Schwingungskreise erhöht. Aus dem zweiten dieser Schwingungskreise wurden die elektrischen Schwingungen dann induktiv durch einen

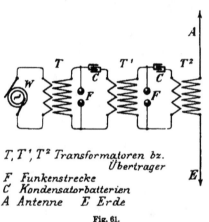

T, T¹, T² *Transformatoren bz.*
Übertrager
F *Funkenstrecke*
C *Kondensatorbatterien*
A *Antenne*   E *Erde*

Fig. 61.

Transformator gewöhnlicher
Bauart auf die offene Strombahn des geerdeten Luft-
leiters übertragen. Die Kondensatoren C haben jeder
die bedeutende Kapazität von
etwa 1 Mikrofarad; sie bestehen aus 18 bis 20 par-
allel geschalteten Kondensa-
torelementen in Trogform.
Jedes Kondensatorelement
enthält 20 Glasscheiben, mit
je einer Zinnfolie von 30 qcm
Fläche zu beiden Seiten belegt, in einem mit gekoch-
tem Leinöl gefüllten Trog
angeordnet.

Neuerdings soll bei der
Station Poldhu nur ein einziger Transformator zur Anwendung kommen,
der die Kondensatoren des Erregerkreises von insgesamt 1,5 Mikrofarad
Kapazität mit 50 000 Volt ladet.

Das Luftleitergebilde der Station Poldhu ist an vier 64 m hohen
Holztürmen aufgehängt, die in den Ecken eines Quadrats von 60 m Seiten-
länge aufgestellt sind. Zwischen den Spitzen der Türme sind an den
Seiten des Quadrats Kabel gut isoliert aufgehängt. An jeder Seite sind
100 blanke Kupferdrähte in Abständen von etwa 50 cm voneinander an
den Kabeln befestigt und unter einem Winkel von 45° nach unten geführt.
Die 400 Drähte bilden so einen pyramidenförmigen Luftleiter, die Pyra-
midenspitze nach unten gerichtet; diese steht durch einen gut isolierten
Leitungsdraht, der durch das Dach des unter ihr liegenden Apparatraums
führt, mit den Stationsapparaten in Verbindung.

2. Das System Slaby-Arco.

a) Ältere Schaltungen.

Angeregt durch die erfolgreichen funkentelegraphischen Versuche zwischen Lavernock Point und Flattholm (siehe S. 31) nahm Professor Slaby sofort nach seiner Rückkehr nach Deutschland seine früheren Versuche mit den Hertzschen Funkenwellen wieder auf, und zwar nunmehr unter Verwendung der von Marconi benutzten Luftdrähte. Während Slaby vordem selbst bei Zuhilfenahme von parabolischen Spiegeln mit der Übertragung der Funkenwellen nicht weiter als von einem zum anderen Ende der langen Gänge der technischen Hochschule kam, ergaben schon seine ersten Versuche in Charlottenburg im Juni 1897 bei Verwendung von Luftdrähten eine funkentelegraphische Verständigung auf etwa $1/_4$ km und kurze Zeit darauf auf etwa 3 km zwischen der Matrosenstation an der Glienicker Brücke über die Havel bei Potsdam und der Pfaueninsel. Die Luftdrähte waren bei den Versuchen auf der Havel 26 m lang, und der Strahlapparat hatte nur eine Schlagweite von 25 cm; er wurde durch acht Sammlerzellen gespeist. Der Abstand der großen Kugeln des Strahlapparats betrug dauernd 2 mm in Öl, die kleinen äußeren Kugeln befanden sich in wechselnder Entfernung von 3 bis 15 mm von den inneren Kugeln.

Aus den bei diesen Versuchen gesammelten Erfahrungen zog Professor Slaby den Schluß, daß durch Anwendung möglichst hoher und langer Sende- bzw. Empfängerdrähte eine Funkentelegraphie auch auf größere Entfernungen möglich sein müsse und daß es dazu der großen Kapazitäten in Gestalt der von Marconi an den oberen Enden der Luftleitung befestigten Metallscheiben oder Metallzylinder nicht bedürfe. Die darauf hin zielenden Versuche wurden von Slaby im Oktober 1897 zwischen Schöneberg bei Berlin und Rangsdorf bei Zossen auf eine Entfernung von 21 km in der Luftlinie ausgeführt.

Sender- und Empfängerluftdraht waren bei diesen Versuchen durch Drachenluftschiffe mit Wasserstofffüllung (System v. Sigsfeld) auf 200 bis 300 m in die Höhe geführt. Trotz der Störungen durch luftelektrische Entladungen wurde eine genügende Telegraphierverständigung erzielt. Bis hierher hat Professor Slaby mit den von Marconi angegebenen Mitteln gearbeitet und er hat auch keineswegs verschwiegen oder in Abrede gestellt, daß er bei diesen Versuchen das gelegentlich seiner Teilnahme an den Versuchen Marconis auf Lavernock Point Gesehene verwertet habe.

Erdung der Luftleitung. — Die weiteren Arbeiten Slabys haben aber mit der auf Lavernock Point zur Anwendung gekommenen primitiven Schaltung Marconis nichts mehr zu tun, und es muß daher die Behauptung der Marconi-Gesellschaft, daß das aus diesen Arbeiten hervorgegangene Slaby-Arco-System auf den Erfahrungen beruhe, die Slaby bei den Versuchen auf Lavernock Point gemacht habe, entschieden zurückgewiesen werden.

Im Sommer und Herbst 1899 wurden bereits an Bord deutscher Kriegsschiffe auf der Ostsee von Professor Slaby mit einem Funkentelegraphensystem Versuche angestellt, das sich wesentlich von der ursprünglichen
Marconi-Anordnung unterschied. Dieses System ist im Anschluß an die
Versuche auf der Havel bei Potsdam im Jahre 1898 aus gemeinsamer
Arbeit des Professors Slaby mit seinem damaligen Assistenten Grafen Arco
hervorgegangen.

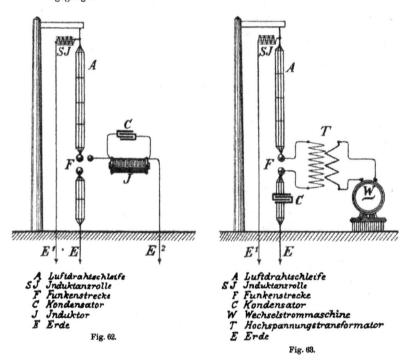

A Luftdrahtschleife
SJ Induktanzrolle
F Funkenstrecke
C Kondensator
J Induktor
E Erde

Fig. 62.

A Luftdrahtschleife
SJ Induktanzrolle
F Funkenstrecke
C Kondensator
W Wechselstrommaschine
T Hochspannungstransformator
E Erde

Fig. 63.

Die Fig. 62 enthält das Schaltungsschema für die Senderstation dieses
Systems. Zunächst fällt auf, daß das obere Ende des Luftdrahts nicht
isoliert, sondern mit Erde verbunden ist. Diese Erdverbindung besitzt indes,
da eine Induktanzrolle SJ an ihrem oberen Ende eingeschaltet ist, ziemlich
hohe Selbstinduktion, wogegen der eigentliche Senderdraht und ebenso die
Erdleitung der Funkenstrecke zur Verminderung der Selbstinduktion als
Drahtnetz ausgebildet sind. Nur in dem Drahtnetz des Senderdrahtes
pulsieren die schnellen Entladungsschwingungen, von der oberen Erdverbindung werden sie durch deren Selbstinduktion abgehalten. Zwischen
die Enden der sekundären Wicklung des Induktors J ist der Kondensator C

geschaltet; dieser wird durch den Induktor mit hochgespannter Elektrizität geladen und entladet sich einerseits durch die Funkenstrecke F in den Senderdraht, andererseits durch die Erdleitung E_2 in die Erde. Bei dieser Anordnung haben nur die eine Kondensatorbelegung und die mit ihr verbundene Kugel der Funkenstrecke Hochspannung gegen Erde. Diese Teile lassen sich leicht isolieren und gegen gefahrbringende Berührung sicher abschließen. Die übrigen Teile haben infolge ihrer Verbindung mit Erde nur geringe Spannung. Man braucht daher auf ihre Isolation keine besondere Sorgfalt zu verwenden und kann den Senderdraht berühren, ohne stärkere Schläge zu erhalten. Die Zwischenschaltung des Kondensators hat zur Folge, daß erheblich größere Elektrizitätsmengen bei der Entladung zum Ausgleiche kommen und daher bei gleicher Spannung größere Energiemengen ausgestrahlt werden, als bei der ursprünglichen Marconi-Anordnung.

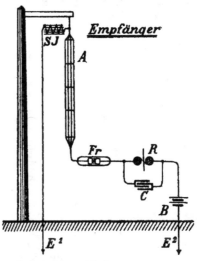

Zur Speisung der für diese Senderstationen zur Verwendung gekommenen Induktoren von 40 bis 50 cm Schlagweite dienen Sammlerzellen oder auch etwa vorhandene elektrische Licht- oder Kraftleitungen, an die der Induktor mittels eines Quecksilber-Turbinenunterbrechers angeschaltet wird.

Bei der Erprobung des Slaby-Arco-Systems auf den deutschen Kriegsschiffen wurde zur Speisung

A Luftdrahtschleife
SJ Induktanzrolle
Fr Fritter
C Kondensator
R Relais
B Batterie
E Erde

Fig. 64.

des Oszillators eine Wechselstromdynamomaschine benutzt und die einfachere Schaltung der Fig. 63 verwendet. Die Wechselstrommaschine W speist die Primärwindungen des Hochspannungstransformators T, sobald eine in der Figur weggelassene Taste niedergedrückt wird. Dabei wird durch Vermittlung der Sekundärspule, die mit den Kugeln der Funkenstrecke F verbunden ist, der Kondensator C geladen. Für den Ladestrom ist die Sekundärspule durch den Senderdraht A, die Induktanzrolle SJ, die Erden E_1 und E_2 sowie den Kondensator geschlossen. Die Selbstinduktion der oberen Erdverbindung hat bei der Ladung wegen der geringen Periodenzahl des Wechselstroms keinen erheblichen Einfluß. Sobald aber durch die Funkenbildung der Entladungs-

strom mit seiner Frequenz von etwa 5 bis 10 Millionen einsetzt, wirkt die
hohe Selbstinduktion SJ wie eine Absperrung, und es bilden sich die den
Äther erschütternden schnellen Oszillationen fast nur in dem eigentlichen
Senderdraht A aus. Diese Einrichtung gestattet, viel größere Energiewerte in
Strahlung umzusetzen, als bei Benutzung eines Ruhmkorffschen Induktors.

Auf der Empfängerstation (Fig. 64) ist das Relais R im Gegensatze zu
dem ursprünglichen Marconi-System mit seiner Batterie B dem Fritter F
nicht parallel, sondern mit ihm in Reihe geschaltet. Dadurch werden die
von der Luftdrahtschleife A aufgefangenen Wellen genötigt, unverzweigt

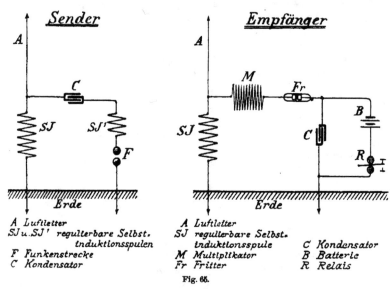

Sender   Empfänger

A Luftleiter   A Luftleiter
SJ u. SJ' regulierbare Selbst. SJ regulierbare Selbst.
        induktionsspulen   induktionsspule   C Kondensator
F Funkenstrecke   M Multiplikator   B Batterie
C Kondensator   Fr Fritter   R Relais

Fig. 65.

durch den Fritter zu gehen; ihren weiteren Weg zur Erde finden sie
durch einen dem Relais parallel geschalteten Kondensator. Der Stromkreis
der Batterie B schließt sich durch das Relais, den Fritter, die Drahtschleife A und die Erdleitungen E_1 und E_2.

Abgestimmtes System. — Eine praktische Erprobung der Slabyschen
Abstimmungstheorie geschah Anfang Oktober 1900 durch die Einrichtung
einer Funkentelegraphenstation in der elektrischen Zentrale Schiffbauerdamm
der Allgemeinen Elektrizitätsgesellschaft in Berlin zum gleichzeitigen Telegraphieren mit den Stationen in der Technischen Hochschule zu Charlottenburg (4 km) und dem Kabelwerk Oberspree in Schöneweide (14 km). Die
Anlage, die auch Seiner Majestät dem deutschen Kaiser vorgeführt worden
ist, arbeitete mit Wellen von 600 und 140 m Länge vollständig sicher und
fehlerfrei.

Das auf Grund dieser Versuchsergebnisse in die Praxis eingeführte System für abgestimmte Funkentelegraphie wird durch das Schaltungsschema der Fig. 65 veranschaulicht. Der Senderdraht ist über eine regulierbare Selbstinduktionsspule SJ an Erde gelegt; diese dient dazu, die Grundschwingung des Gebers auf eine bestimmte Wellenlänge zu regulieren. Die Anschaltung des Oszillators erfolgt über eine zweite regulierbare Selbstinduktionsspule SJ^1 und einen ebenfalls regulierbaren Kondensator C unmittelbar an den Luftleiter. Der zweite Pol der Funkenstrecke liegt an Erde.

Zur Erzielung der besten Fernwirkung wird die Periode der Schwingungen, die in dem an den Luftleiter angeschalteten Erregerkreise herrscht, auf die Schwingungsperiode des Luftleiters abgestimmt. Dazu dient entweder die regulierbare Selbstinduktionsspule SJ^1 oder der Kondensator C.

Der Kondensator besteht aus einer Anzahl Leydener Flaschen; durch Zufügung oder Wegnahme einiger Flaschen kann die Kapazität leicht innerhalb beliebiger Grenzen reguliert werden.

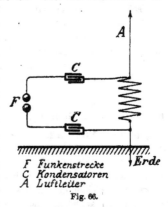

F Funkenstrecke
C Kondensatoren
A Luftleiter
Fig. 66.

Soll der Geberdraht als Empfangsluftleitung benutzt werden, so wird mittels eines einfachen Umschalters der Oszillatorstromkreis abgeschaltet und dafür der Fritterstromkreis angeschaltet. Die Anschaltung erfolgt dicht über dem Erdungspunkte mittels eines Multiplikators M, dessen Wicklung dem Luftleiter elektrisch gleichwertig ist. Hierdurch wird am Fritter Fr ein Spannungsbauch erzeugt, dessen Amplitude noch größer ist als die des Spannungsbauches am freien Ende des Luftdrahts. Die Empfängerstromkreise werden genau auf die Schwingungen der Senderstromkreise abgestimmt: hierzu dient für den Luftleiter, wie bereits erwähnt, die regulierbare Selbstinduktionsspule SJ und für den Fritterstromkreis der regulierbare Kondensator C, dessen Kapazität ungefähr 100 mal größer ist als die des Fritters.

Benutzung des Braunschen Schwingungskreises. — Das Slaby-Arco-System scheint in dieser Ausführung immerhin noch nicht allen Anforderungen entsprochen zu haben, denn die Allgemeine Elektrizitätsgesellschaft, in deren Händen die technische Verwertung des Systems lag, ging bald zu einer Anordnung über, bei welcher der Sender durch einen geschlossenen Kondensatorstromkreis, der einerseits mit der Erde und andererseits mit dem Luftleiter verbunden ist, dargestellt wird. Wie der jetzige Marconi-Sender dem Braunschen System der induktiven Sendererregung entspricht, so gleicht diese durch Fig. 66 veranschaulichte Senderanordnung des Slaby-Arco-Systems dem Braunschen System der direkten Sender-

erregung. Der infolgedessen zwischen der Gesellschaft für drahtlose Telegraphie, System Professor Braun-Siemens & Halske, und der Allgemeinen Elektrizitätsgesellschaft entbrannte Patentstreit hat schließlich durch
die Vereinigung der beiden Systeme zu dem System „Telefunken" eine
friedliche Beilegung gefunden.

Es ist lebhaft zu bedauern, daß diese Einigung erst so spät erfolgte,
denn die beiden Streitjahre haben die deutsche Funkentelegraphie in ihrer Entwicklung und Ausbreitung wesentlich gehemmt und ihr materielle Schäden
zugefügt, die sobald nicht verwunden werden dürften. Eine der verhängnis-
vollsten Folgen dieser Patentstreitigkeiten war die sich immer mehr aus-
breitende Vorherrschaft des Marconi-Systems, die schließlich zu einer internationalen Regelung der Funkentelegraphie drängte.

Praktische Verwendung hat das Slaby-Arco-System in ausgedehntem
Maßstabe bei der deutschen Kriegsmarine gefunden. Auch im Auslande
hat es Boden gefaßt; so sind zahlreiche Stationen in Dänemark, Schweden,
Rußland, Österreich, Portugal, Frankreich und den Vereinigten Staaten usw.
zur Einrichtung gekommen. Eine große Versuchsanlage mit einer Reichweite von 800 km wurde in Oberschöneweide bei Berlin erbaut.

b) Die neueren Schaltungen des Systems Slaby-Arco.

Allgemeine Schaltung. — Der unten geerdete Senderdraht (Fig. 67)
wird durch einen auf dessen Eigenschwingungen abgestimmten geschlossenen
Schwingungskreis mit großer Kapazität in Gestalt von Leydener Flaschen
und kleiner Selbstinduktion unmittelbar erregt. Die Abstimmung des Erregerkreises auf die Schwingungen des Senderdrahts erfolgt durch die regulierbare Selbstinduktionsspule SJ; es wird die Anzahl der in den Erregerkreis
eingeschalteten Windungen so lange geändert, bis ein dicht über dem Erdungspunkte des Luftdrahts eingeschaltetes Amperemeter ein Maximum anzeigt.
Am freien Ende des Luftleiters ist dann ein Spannungsbauch vorhanden.
Die gleiche Spule dient auch zur Regulierung des Luftdrahts auf verschiedene Wellenlängen.

Zur Erzeugung des Speisestroms für den Funkeninduktor dient ein
zusammen mit einem Turbinenunterbrecher und einem Taster in die primäre
Wicklung des Induktors eingeschalteter Motor. Der Erregerkreis steht
über eine Abschalte- oder Hilfsfunkenstrecke mit dem Senderdraht in Verbindung. Wenn der Senderdraht durch Umlegen eines einfachen Kurbel-
umschalters als Empfangsdraht auf die Empfangsapparate geschaltet wird,
so wird den von dem Drahte aus dem Äther aufgesaugten elektrischen
Wellen der Weg zu den Geberapparaten durch die Abschaltefunkenstrecke
gesperrt. Sie treten dann durch die für die Abstimmung des Empfängerstromkreises benutzte regulierbare Selbstinduktionsspule in den Fritter, der
mit ihr und einem Kondensator, dessen Kapazität ungefähr 100 mal größer

als die des Fritters ist, zu einem geschlossenen Schwingungskreise vereinigt ist. Parallel zum Fritter ist über dem Anker eines Klopfers ein Relais und eine kleine Batterie eingeschaltet. Das Relais betätigt einen Morseschreiber und den Klopfer, dessen zu einem Klöppel ausgebildeter Anker auf mechanischem Wege, d. h. durch einfache Erschütterung, die durch die elektrische Bestrahlung im Fritter geschaffene leitende Verbindung wieder zerreißt.

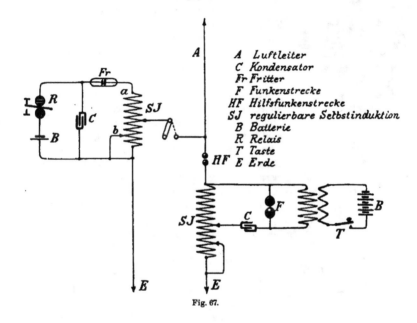

A   Luftleiter
C   Kondensator
Fr Fritter
F   Funkenstrecke
HF Hilfsfunkenstrecke
SJ regulierbare Selbstinduktion
B   Batterie
R   Relais
T   Taste
E   Erde

Fig. 67.

Funkeninduktoren. — Für kleine Entfernungen bis 40 km kommen Funkeninduktoren von 15 cm Schlagweite zur Anwendung, die mit gewöhnlichem Hammerunterbrecher versehen sind. Zur Speisung des Induktors dient eine Batterie von 20 bis 40 kleinen Trockenelementen; deren Energieverbrauch beträgt nur 50 bis 100 Watt. Für mittlere Entfernungen von 40 bis 80 km werden Induktoren von 30 cm Schlagweite benutzt, die durch Gleichstrom unter Anwendung eines Turbinenunterbrechers oder direkt durch eine Wechselstrom-Dynamomaschine gespeist werden. Der Energieverbrauch beträgt hier etwa 1 Kilowatt. Für größere Entfernungen von 80 bis 300 km genügen im allgemeinen 3 Kilowatt. Die Induktoren werden dann ohne Turbinenunterbrecher entweder direkt mit Wechselstrom oder aus einer Gleichstromquelle unter Anwendung eines Gleichstromwechselstrom-Umformers gespeist.

Turbinenunterbrecher. — Der Turbinenunterbrecher der Allgemeinen Elektrizitätsgesellschaft (Fig. 68 und 69) besteht aus einer durch
einen Elektromotor angetriebenen Quecksilberturbine, deren vertikal angeordnete hohle Achse mit dem unteren Ende in einen gußeisernen Topf
eintaucht, dessen unterer Teil mit etwa 3 kg Quecksilber gefüllt ist. Das

Quecksilber wird von der Turbinenwelle, einem
rechtwinklig gebogenen Metallrohr *r*, bei
schneller Rotation durch die in dem unteren
Teile ihres vertikalen Schenkels untergebrach-
ten Flügel aufgesaugt und dann unter Wirkung
der Zentrifugalkraft durch eine 2 qmm große
Öffnung in Gestalt eines feinen Strahles auf
einen Metallring *s* ausgespritzt.

Der Metallring *s*, der außerhalb des Queck-
silbervorrats, aber in der Höhe der Ausspritz-
öffnung des Turbinenrohres angeordnet ist, besitzt eine oder in regelmäßiger Folge zwei
oder mehrere Aussparungen. Der Quecksilber-

Fig. 68.

strahl wird also, je nachdem er auf den Metall-
ring trifft oder durch die Aussparungen spritzt, den Strom schließen oder
öffnen. Das Quecksilber ist zu diesem Zwecke mit dem einen Pole und
der Metallring mit dem anderen Pole der Stromquelle verbunden; es werden
also bei einer Rotation von 200 bis 1000 Umdrehungen in der Minute
entsprechend viele Stromschlüsse und Öffnungen hervorgerufen. Zur Ver-

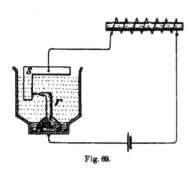

hütung bzw. schnellen Löschung der
Funkenbildung wird das Turbinen-
gefäß bis über die Ausspritzstelle mit
Alkohol angefüllt. Das Quecksilber
sammelt sich auf dem Boden des Gefäßes und vereinigt sich wieder zu
einer zusammenhängenden Masse. Das
Turbinenrohr und der Metallring sind
an dem Gefäßdeckel befestigt. Ein
kleiner, an dem Gehäuse des Unterbrechers befestigter Elektromotor treibt

Fig. 69.

die Turbine mittels Schnurübertragung
an. Für Schiffsstationen erhält der

Turbinenunterbrecher eine Cardanische Aufhängung (Fig. 70). Ein wesent-
licher Vorteil des Turbinenunterbrechers besteht darin, daß niemals ein
dauernder Stromschluß eintreten kann, denn der Strom wird sofort unterbrochen, wenn die Turbine aus irgend einer Ursache stehen bleibt. Als
Zeichengeber dient eine einfache Taste, die jedoch zur Verhütung des Ver-
brennens der Platinkontakte durch die zu unterbrechenden großen Strom-

stärken mit einer besonderen magnetischen oder elektromagnetischen Funken-
löschvorrichtung versehen ist.

Oszillator und Leydener Flaschen. — Die Apparate des Erregerkreises für die elektrischen Wellen sind zu dem durch die Abbildung
(Fig. 71) veranschaulichten Apparatsatz vereinigt worden. In dem unteren
größeren zylindrischen Behälter, dem Flaschengehäuse, sind 3, 7 oder
14 Leydener Doppelflaschen zwischen dessen oberer und unterer Grund-
platte durch Zwischenlegen von Filzringen festgeklemmt. Die Doppelflaschen sind ineinander gestellte einfache Leydener Flaschen mit einer

Fig. 70.

Kapazität von je 0,001 Mikrofarad. Ihre Außenbelegungen sind durch eine
auf der unteren Holzplatte des Gehäuses aufgelegte Stanniolbekleidung miteinander verbunden, ihre inneren Belegungen dagegen einzeln an eine gut
isolierte Sammelplatte geführt. Für Geber mit Luftleitungen von 20 m
Länge genügen im allgemeinen 3 Doppelflaschen; für Senderdrähte von
40 m Länge kommen 7 Doppelflaschen und darüber hinaus 14 Doppelflaschen zur Anwendung. Auf die Sammelplatte der so gebildeten Konden-
satorbatterie ist die Funkenstrecke vertikal aufgesetzt; die Oszillatorkugeln
sind also übereinander angeordnet. Um das Geräusch der Funken abzuschwächen, ist die Funkenstrecke mit einem Papp- oder Mikanitzylinder
umgeben. Der obere verstellbare Pol der Funkenstrecke ist geerdet und

dadurch ungefährlich gemacht, während der untere, dessen Berührung starke physiologische Wirkungen zur Folge haben würde, durch seine versteckte Lage schwer zugängig ist. Er ist außerdem durch roten Farbenanstrich kenntlich gemacht.

Fig. 71.

Die zwischen Luftdraht und Erregerkreis eingeschaltete Hilfsfunkenstrecke ist unten am Flaschengehäuse angebracht; auf dessen zylindrische Hülle ist noch die Abstimmspule gewickelt, die gleichzeitig als Erregerspule dient. Für kleinere Anlagen besteht bei den neuesten Apparaten die Erregerspule aus Draht, der in die Nuten eines Hartgummiringstücks eingelegt ist. Für größere Leistungen sind die Windungen aus Metallrohr hergestellt.

Von den Apparaten der Empfängereinrichtung (Fig. 72) verdienen der Fritter mit dem Unterbrechungsklopfer sowie das Relais und der Kondensator besondere Beachtung.

Fritter. — Um das Fritterpulver gegen Oxydation durch die atmosphärische Luft zu schützen und um es vollständig trocken sowie

Fig. 72.

leicht beweglich zu erhalten, kommen nur Vakuumfritter (Fig. 73 u. 74) zur Verwendung. Die Kolben der Fritter bestehen aus Silber und sind in die Glasröhren sehr genau eingepaßt. Trotz des luftdichten Abschlusses gestattet die Konstruktion der Fritter eine Regulierung der Empfindlichkeit. Zu

Fig. 73.

diesem Zwecke sind die Stirnwände der Silberkolben nicht parallel gestellt, sondern abgeschrägt (Fig. 73), so daß zwischen ihnen ein keilförmiger Spalt entsteht. Wird der Fritter so eingestellt, daß der schmälere Teil des Spaltes nach unten steht, so füllt das Pulver der Höhe nach einen größeren Teil desselben aus und der Pulverdruck vermehrt sich. Die Empfindlichkeit des Fritters ist dann am größten. Steht dagegen der breitere Teil des Spaltes nach unten, so vermindert sich der Druck infolge der Verteilung des Pulvers auf eine größere Fläche, und die Empfindlichkeit des Fritters ist dann am geringsten. Durch Drehung des Fritters um seine Längsachse mittels eines

Fig. 74.

Stellrads kann ihm hiernach innerhalb gewisser Grenzen jede beliebige
Empfindlichkeit gegeben werden.

Der zur Entfrittung dienende Unterbrechungsklopfer ist so geschaltet,
daß durch die Bewegung des Klopferhebels der Fritterstromkreis geöffnet
und dadurch die Spannung des Fritterelements vom Fritter abgenommen
wird, kurz ehe der Klöppel gegen die Fritterröhre schlägt. Hierdurch
wird der sonst im Fritterpulver selbst beim Schlagen des Klöppels auftretende Zerreißungsfunke nach außen an die Unterbrechungsfeder des
Klopfers verlegt. Diese Schaltung bedingt ein leichtes und genaues Auslösen sowie eine größere Lebensdauer des Fritters.

Fig. 75.

Relais und Kondensator. — Das von dem Fritter betätigte Relais
ist ein polarisiertes von etwa 4000 Ohm Widerstand; um die gleiche Größe
vermindert sich der Widerstand des Fritters bei normaler Empfindlichkeit
und Intensität des Wellenstroms durch die elektrische Bestrahlung. Der
parallel zum Fritterelement und zum Relais angeordnete Kondensator hat
eine Kapazität von 0,01 Mikrofarad, im Vergleich zu der des Fritters also
eine ganz bedeutende. Er besteht aus Stanniolblättern, welche durch Glimmerscheiben gegeneinander isoliert sind. Die durch die Selbstinduktion der Relais-
wicklung auf den Fritter wirkenden Spannungsstöße nimmt der Kondensator in sich auf und erleichtert dadurch das Auslösen des Fritters. Die

Öffnungsfunken des Relais werden durch Polarisationszellen beseitigt, die parallel zum Relaishebel und zum Arbeitskontakt des Relais geschaltet sind.

Fig. 75 veranschaulicht eine vollständige Telegraphenstation des Systems Slaby-Arco.

Schaltung für Kriegsschiffe. — Für Funkentelegraphenstationen auf Kriegsschiffen ist eine besondere Schaltungsanordnung (Fig. 76) vorgesehen, da es hier schwer fällt, von dem unter Deck an geschützter Stelle befindlichen Apparatraum bis zur Luftleitung einen Draht zu führen, dessen Isolierung für derartig hochgespannte Ströme genügen würde. Im Apparatraum wird der bei E geerdete Erregerkreis, bestehend aus dem Kondensator C, der regulierbaren Selbstinduktionsspule SJ und der Funkenstrecke F_1, eingerichtet. Dieser Oszillator erzeugt kein sehr hohes Potential, und es kann daher zur Verbindung desselben

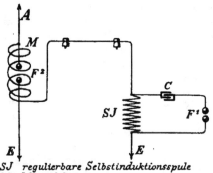

SJ regulierbare Selbstinduktionsspule
M Multiplikatorspule
F' u.² Funkenstrecke
C Kondensator A Luftleitung E Erde
Fig. 76.

mit der auf Deck in einem wasserdichten Gehäuse aufgestellten, an die Luftleitung angeschalteten Multiplikatorspule M ein gewöhnlicher, mit 3 mm starker Gummiisolation versehener Draht benutzt werden. Innerhalb der Multiplikatorspule ist eine zweite Funkenstrecke F_2 angeordnet, deren eine Polkugel mit der Erde und deren andere Polkugel mit der Luftleitung verbunden ist. Der Multiplikator steigert die Spannung derart, daß die Funkenstrecke F_2 Funken von 15 bis 20 cm liefert, wenn die Schlagweite des Oszillators F_1 15 bis 20 mm beträgt.

3. Das System Braun-Siemens.

Praktische Versuche. — Die ersten praktischen Versuche mit der Funkentelegraphie stellte Professor Braun im Frühjahr 1898 in den alten Straßburger Festungsgräben sowie am Rhein- und Kinzigufer an. Bei diesen Versuchen wurde zwar schon der Leydener Flaschenstromkreis benutzt, als Wellenträger jedoch nicht die Luft, sondern das Wasser und die Erde. Diese und spätere Versuche ergaben für die elektrischen Wellen eine Übertragungsweite im Wasser bis zu 3 km, in Erde bis zu 1,5 km bei Verwendung einer schwachen Energiequelle von acht Bunsenelementen und einem Induktor von 10 cm Schlagweite.

8*

Noch im Sommer 1898 erprobte Professor Braun sein System des geschlossenen Erregerkreises in Straßburg zur Herstellung einer Funkentelegraphie durch den Luftraum. Die Versuchsergebnisse bestätigten nach jeder Richtung hin die Richtigkeit des seinem Systeme zugrunde gelegten Prinzips. So primitiv die Versuche auch waren, bewiesen sie doch schon die große Überlegenheit der neuen Schaltung gegenüber der damals bekannten ersten Marconi-Anordnung.

Größere Versuche fanden dann im Sommer 1899 und 1900 auf der Elbe bei Cuxhaven statt; ihr erfolgreicher Abschluß war die Einrichtung der großen Versuchsanlage Cuxhaven — Feuerschiff Elbe I — Helgoland, die sich als vollkommen betriebssicher erwiesen hat. Durch die Funkentelegraphenstation auf dem Feuerschiff konnte während der Versuchszeit der gesamte Lotsenverkehr geregelt werden. Dabei wurde die Station in den letzten Monaten lediglich von einem Arbeiter bedient. Über die Sicherheit der alten Siemens-Braun-Apparate auf dem Elbleuchtschiff „Elbe I" bescheinigt bereits im Jahre 1900 der Hamburgische Kommandeur und Lotseninspektor in Cuxhaven folgendes:

„ . . . bescheinige wahrheitsgemäß, daß diese Apparate seit ca. 6 Monaten unter allen Witterungsverhältnissen sicher funktioniert haben.

Die seit langer Zeit eingestellte Verbindung mit einem Leuchtschiff der Unterelbe ist durch die Gesellschaft für drahtlose Telegraphie Braun-Siemens & Halske in denkbar bester Weise hergestellt."

Für die funkentelegraphische Überbrückung der 63 km betragenden Entfernung zwischen Cuxhaven und Helgoland waren nur 30 m hohe Masten zur Befestigung der Luftleitung erforderlich. Der Betrieb dieser Versuchsanlage hat insbesondere volle Klärung über die für eine gute Abstimmung der Schwingungskreise aufeinander zu beobachtenden Umstände geschaffen. Die Versuche fanden in Verbindung mit der A.-G. Siemens & Halske statt, die sehr bald die Überlegenheit des Braunschen Systems gegenüber allen anderen Funkentelegraphensystemen erkannt hatte. Die Verwertung des aus ·den Versuchen hervorgegangenen Systems wurde von der Gesellschaft für drahtlose Telegraphie System Professor Braun und Siemens & Halske in die Hand genommen.

Zur Anstellung von Versuchen auf größere Entfernungen hat die genannte Gesellschaft im Jahre 1902 eine Funkentelegraphenanlage zwischen Saßnitz auf Rügen und Groß-Mölln bei Cöslin in Betrieb genommen. Die Entfernung der beiden Stationen voneinander beträgt 165 km; die mit dem Morseschreiber erzielte Verständigung ist eine vollkommen zuverlässige. Als Luftleiter dient bei beiden Stationen ein 75 m langer isolierter Kupferdraht von 10 qmm Querschnitt, der in seinem oberen Drittel in ein Netz von 12 Drähten von je 1 mm Durchmesser ausläuft. Das System ist also auf eine Wellenlänge von 300 m bemessen.

Ganz hervorragende Erfolge hat das Braun-Siemens-System in der für Militärzwecke besonders ausgeführten Einrichtung zu verzeichnen gehabt. Näheres hierüber enthält ein später folgender Abschnitt.

Schaltung. — Auf Grund der teils auf theoretischem Wege, teils durch Versuche gewonnenen Ergebnisse hat Professor B r a u n sein System der Funkentelegraphie in Verbindung mit der auf diesem Gebiete von der Firma S i e m e n s & H a l s k e namentlich in bezug auf die technische Ausführung bereits erzielten Erfolge folgendermaßen gestaltet:

Ein aus einer Kapazität und einer Selbstinduktion sowie einer Funkenstrecke bestehender geschlossener Schwingungskreis (Fig. 77) wird durch einen Funkeninduktor zu elektrischen Schwingungen erregt. Der elektrische

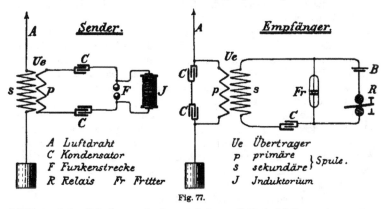

A *Luftdraht*
C *Kondensator*
F *Funkenstrecke*
R *Relais*   Fr *Fritter*

Ue *Übertrager*
p *primäre* ⎫
s *sekundäre* ⎬ *Spule.*
J *Jnduktorium*

Fig. 77.

Widerstand des Schwingungskreises und dessen Selbstinduktion müssen möglichst klein, die Kapazität desselben aber möglichst groß sein, um lang andauernde Schwingungen zu erhalten. Die Kapazität wird gebildet durch Kondensatoren C in Form von Leydener Flaschen, die symmetrisch zu beiden Polen der Funkenstrecke F angeordnet sind. Die Selbstinduktion bildet gleichzeitig die primäre Spule p des Übertragers Ue für die elektromagnetische (induktive) Koppelung. Durch induktive Übertragung werden die Schwingungen des Leydener Flaschenstromkreises der in die offene Strombahn, den Senderdraht, eingeschalteten Sekundärspule s aufgezwungen. Um hierbei in der Sekundärspule ein Maximum der Intensität zu erhalten, wird sie mit Ansätzen versehen, die eine regelmäßige Reflexion der in ihnen erzeugten Wellen bewirken. Die Ansätze müssen nahezu einer Viertelwellenlänge oder einem ungeraden Vielfachen derselben elektrisch gleichwertig sein; ebenso müssen die Produkte aus Kapazität und Selbstinduktion zu beiden Seiten der Sekundärspule einander gleich sein. An ihrem Verbindungspunkte mit dem System befindet sich dann ein Spannungsknoten und ein Strombauch, während an den freien Enden ein Stromknoten und ein Spannungsbauch liegt, die günstigste Bedingung für die Ausstrahlung der Wellen also damit erfüllt ist. Der eine Ansatz wird als Vertikaldraht in die Höhe geführt, um die Wellen in den Luftraum auszustrahlen; der andere Ansatz aber wird aufgewickelt und isoliert aufgehängt oder auch durch eine isoliert aufgehängte Metallplatte von zylindrischer Form und entsprechender Größe ersetzt.

Bei dem Empfänger werden die ankommenden Wellen von dem Luftdrahte zunächst einem Resonanzkreise, dem Kondensatorkreise, zugeführt, der genau auf die Wellenlänge des Gebers abgestimmt ist und die eintreffende Energie ansammelt. Der Kondensatorkreis enthält wie derjenige der Sendereinrichtung zwei Kondensatoren C in Hintereinanderschaltung, die durch die primäre Spule p eines Übertragers Ue verbunden sind. Das zur Erzielung richtiger Resonanz und kräftiger Schwingung der Übertragerspule erforderliche elektrische Gleichgewicht wird wiederum durch Anhängung eines einer Viertelwellenlänge elektrisch gleichwertigen Metalleiters an den Kondensatorkreis hergestellt. Die sekundäre Übertragerspule s ist in gewöhnlicher Weise mit dem Fritter und einem Kondensator zu einem geschlossenen Stromkreis zusammengeschaltet. Parallel zum Fritter liegt das Fritterelement und das Relais.

Ebenso wie bei der bisher am meisten in der Praxis verwendeten induktiven Sendererregung ist auch bei der von Professor Braun angegebenen direkten Erregung, d. h. elektrischen oder galvanischen Koppelung des Senderdrahts, dessen genaues Abgleichen auf die Schwingungen des geschlossenen Erregerkreises unbedingtes Erfordernis zur Erzielung der Höchstwirkung. Die Fig. 78 gibt eine vollständige zum Geben und Aufnehmen von Funkentelegrammen eingerichtete Station wieder.

Die Konstruktion sämtlicher beim Braun-Siemens-System zur Verwendung kommenden Apparate ist darauf berechnet, schwach gedämpfte Wellen und größte Resonanzen zu erzielen.

Funkeninduktor. — Der Funkeninduktor ist abweichend von der Konstruktion der Ruhmkorff-Induktoren weniger zur Erzielung hoher Spannungen gewickelt, sondern vielmehr so gebaut, daß er möglichst große Elektrizitätsmengen den Kondensatoren zuführen kann. Zu diesem Zwecke erhält der Funkeninduktor einen sehr langen primären Erreger und eine verhältnismäßig kurze sekundäre Wicklung mit geringem Widerstande. Der Primärkreis kann ausgewechselt werden, der Induktor läßt sich daher innerhalb weiter Grenzen auf eine bestimmte Leistung und auf einen beliebigen Unterbrecher einstellen.

Elektrolytischer Unterbrecher. — Zur selbsttätigen Unterbrechung des induzierenden Stromkreises des Induktoriums benutzt das Braun-Siemens-System für große Anlagen den elektrolytischen Unterbrecher von Wehnelt oder von Simon. Das Konstruktionsprinzip dieser Art Unterbrecher ist folgendes. Ordnet man zwei Platinelektroden in einem Gefäß

Fig. 78.

Die Funkentelegraphie.

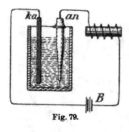

Fig. 79.

mit verdünnter Schwefelsäure derart an, daß sie
der Flüssigkeit nur eine kleine Berührungsfläche
darbieten, und schaltet diese in den Stromkreis
einer hinreichend starken galvanischen Batterie
ein, so treten in schneller Folge Stromunterbrechungen auf. Man beobachtet hierbei an den
Elektroden und insbesondere an der Anode eine
Lichterscheinung, die von einem Tone begleitet
ist, dessen Schwingungszahl die Anzahl der Stromunterbrechungen in der gleichen Zeit angibt. Diese Wirkung ist eine Folge
der die Elektrolyse begleitenden Wärme-
erscheinung. Infolge der starken Ströme
erhitzt sich der Platindraht der Elektroden und verdampft die Flüssigkeit. Die
Elektroden werden nunmehr von einer
Dampfhülle umgeben, welche den Strom
unterbricht. Der die Stromunterbrechung
begleitende Funke wird durch den Öffnungsextrastrom verstärkt und leuchten-
der; er ist die Ursache der angeführten
Lichterscheinung. Sobald der Stromunter-
brochen ist, verdichtet sich der Wasser-
dampf wieder oder er steigt ebenso wie
der durch die Elektrolyse an der Anode
entwickelte Sauerstoff aus der Flüssigkeit empor. Die
Flüssigkeit tritt
aufs neue mit den
Elektroden in Be-
rührung und der
geschilderte Vor-
gang wiederholt
sich in gleicher

Fig. 80.

Fig. 81.

Weise fortwährend. Die zum Verdampfen des
Elektrolyten erforderliche Wärme bildet sich jedoch
nur teilweise durch die Erwärmung der stromführen-
den Teile gemäß des Jouleschen Gesetzes, zum
größten Teil aber wohl nach dem Peltierschen
Phänomen, nach welchem eine Entwicklung oder
Vernichtung von Wärme an den Übergangsstellen
eines elektrischen Stromes von einem Leiter in
einen anderen von ihm verschiedenartigen Leiter
stattfindet. Die Temperatur an der Grenzfläche

zweier Leiter kann also bei Eintritt des Peltierschen Effekts steigen oder fallen. Die elektrolytischen Vorgänge im Wehnelt- oder Simon-Unterbrecher bedingen eine lebhafte Wärmeentwicklung an der Anode *an*, der eine Abkühlung an der Kathode *ka* entspricht (Fig. 79). Für die Wirkung solcher Unterbrecher kommt also hauptsächlich die Anode in Betracht, sie wird deshalb auch aus Platin, und zwar bei dem Wehnelt-Unterbrecher (Fig. 80 und 81) in der Weise hergestellt, daß man einen Metalldraht durch ein kegelförmiges Glas- oder Porzellanrohr führt und in einer etwas aus dem Rohre hervorragenden Platinspitze enden läßt. Das Rohr wird in den Deckel des äußeren Gefäßes eingehängt. Die Anode kühlt sich bei dieser Konstruktion leicht wieder ab und kommt mit den Säuredämpfen kaum in Berührung. Als Kathode kommt eine Bleiplatte zur Verwendung. Die Anzahl der Unterbrechungen ist abhängig von der Größe der Selbstinduktion des primären Stromkreises des Induktionsapparats. Man kann mit dem elektrolytischen Unterbrecher mehrere hundert Unterbrechungen in der Sekunde erzielen; sein Betrieb erfordert allerdings auch erheblich starke Ströme, z. B. durchschnittlich 30 Sammlerzellen. Wo nur eine geringe

Fig. 82.

primäre Energie erforderlich ist oder zur Verfügung steht, wird daher auch bei dem Braun-Siemens-System der Quecksilberstrahlenunterbrecher verwendet.

Morsetaste. — Die zur Abgabe der Telegraphierzeichen benutzte Morsetaste (Fig. 82) ist so eingerichtet, daß sie selbst Stromstärken bis zu 50 Ampere ohne schädliche Wirkung für den elektrolytischen Unterbrecher unterbrechen kann. Es ist zu diesem Zwecke die eigentliche Stromschlußstelle der Taste von der Unterbrechungsstelle getrennt; nur an letzterer findet eine Funkenbildung statt, da sie sich bei Stromschluß zuerst schließt und danach die eigentliche Stromschlußstelle, der Hauptkontakt, Schluß erhält. Bei der Stromöffnung dagegen öffnet sich zuerst der Hauptkontakt und erst dann der Unterbrechungskontakt, der mit Kohlenkontakten und magnetischer Funkenlöschung versehen ist. Die Kohlenkontakte sind verstellbar und lassen sich leicht auswechseln.

Oszillator und Leydener Flaschen. — Die Leydener Flaschenkondensatoren des geschlossenen Erregerkreises bestehen aus einem System

widerstandsfähiger Glasröhren von 25 mm Durchmesser und 2,5—3 mm
Wandstärke. Jede Flasche hat eine genau bestimmte Kapazität von 0,0002
bis 0,0005 Mikrofarad und kann leicht ausgewechselt werden, wenn sie
mechanisch oder elektrisch durchschlagen wird (zu vgl. Abbildung 83).
Man kann bei dieser Anordnung ohne Schwierigkeit innerhalb der Grenzen
von 0,0002—0,0048 Mikrofarad von einer Kapazität auf die andere übergehen. Die zu verwendende Wellenlänge ist also in den weitesten Grenzen
veränderlich. Unten am Kondensatorsystem ist die Funkenstrecke angebracht,
die zur Schalldämpfung mit einem Glaszylinder umgeben ist.

Fig. 88.

Transformatoren. — Die Dimensionen des für die elektromagnetische Koppelung verwendeten Übertragers sind so bemessen, daß seine
Primärwicklung mit der Kapazität der Leydener Flaschen eine Wellenlänge
liefert, die ungefähr das Vierfache der Länge des Luftleiters beträgt. Die
Sekundärwicklung des Übertragers muß in Verbindung mit dem zu verwendenden Luftdraht oder einem anderen gleicher Länge auf das Maximum
der Resonanz einreguliert werden.

Da bei diesem Übertrager gewaltige, indes vollständig ungefährliche
Spannungen auftreten, so sind seine Wicklungen in ein mit Öl gefülltes

Gefäß gehängt (Fig. 84).
Das höchstens einen Durch-
messer von 20 cm besitzende
Gefäß ist gut abgedichtet,
so daß ein Herauslaufen des
Öls ausgeschlossen erscheint.

Im Empfänger treten
wesentlich niedrigere Spannungen auf als in den Sen-
derstromkreisen, es bedarf
daher der Transformator des
Empfängers keiner Ölisolierung, und der Kondensator
des Empfangsschwingungs-
kreises (Fig. 85) kann erheb-

Fig. 84.

lich kleinere Dimensionen erhalten als der des Gebers. Für diese Kondensatoren, deren Kapazität indes nicht sehr von derjenigen der Sender-
kondensatoren abweicht, kommt nicht die Flaschenform, sondern die Buch-
form zur Anwendung. Sie bestehen aus einer Anzahl durch dünne isolie-
rende Scheiben voneinander getrennter Stanniolplatten. Die Abbildung
stellt einen Empfangsschwingungskreis für Wellenlängen von 200 m dar.

Fig. 85.

Stahlpulverfritter. — Als Wellenanzeiger benutzt das Braun-Siemens-
System in der Hauptsache einen Stahlpulverfritter, daneben auch einen sehr
empfindlichen Mikrophonfritter.

Die Elektroden des Stahlpulverfritters (Fig. 86) bestehen ebenfalls aus
Stahl; ihre Endflächen müssen stets Hochglanz besitzen. Die Hochglanz-
politur läßt sich, wenn sie beschädigt wird, mit einer einfachen Polier-
maschine in einigen Minuten wieder herstellen. Von einer Evakuierung
des Fritters ist Abstand genommen. Die Fritterfüllung besteht aus ge-

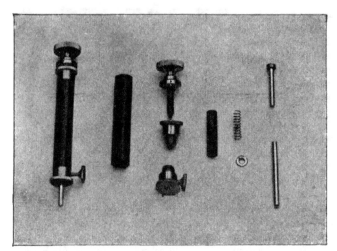

Fig. 86.

Fig. 87.

härtetem und gesiebtem Stahlpulver; je nach Verwendung feineren oder gröberen Stahlpulvers läßt sich die Empfindlichkeit des Fritters vermindern oder steigern. Der Fritter ist fast unbegrenzt haltbar; seine Empfindlichkeit kommt derjenigen der besten luftleeren Nickelfritter gleich und übertrifft diese noch an Sicherheit der Wirkung. Die Regulierung der Empfindlichkeit des Fritters während des Betriebes erfolgt durch einen kleinen permanenten Ringmagneten, zwischen dessen nahe einander gegenüberliegenden Polen die eine verlängerte Elektrode des Fritters angeordnet ist.

Durch Drehung des Magnetrings kann man beliebig den Nord- oder Südpol dem Elektrodenende nähern und hierdurch deren wirksame Endfläche süd- oder nordpolar in jeder gewünschten Stärke magnetisieren oder auch vollständig entmagnetisieren. Die Anordnung des Fritters im Zusammenhang mit Relais und Morseschreiber wird durch Abbildung 87 dargestellt.

Mikrophonfritter. — Der von Dr. Köpsel konstruierte Mikrophonfritter des Braun-Siemens-Systems ist dreimal so empfindlich als der Stahlfritter; er gestattet aber die Aufnahme der Telegramme nur mit dem Telephon. Der Apparat (Fig. 88) enthält zunächst ein Mikrophon einfachster Bauart, das lediglich aus einem an einer Blatt-

Fig. 88.

feder befestigten harten Stahlplättchen besteht, gegen das eine meist zu einer Spitze ausgebildete Kohlen- oder Stahlelektrode durch eine Mikrometerschraube gepreßt werden kann. Das Mikrophon wird mit einem Trockenelement und einem Telephon in Reihe geschaltet. Wenn die elektromotorische Kraft des Trockenelements nicht zu hoch ist, so kann der Druck der Stahlfeder auf die Kontaktstelle des Mikrophonfritters ziemlich groß sein, ohne daß der Fritter an Empfindlichkeit gegen die elektrische Bestrahlung einbüßt. Andererseits wird der Fritter hierdurch gegen mechanische Erschütterungen weniger empfindlich.

Der Mikrophonfritter kann in jedes beliebige abgestimmte oder nicht abgestimmte Empfangssystem eingeschaltet werden; er spricht auf jede elektrische Welle an. Alle Versuche der Abstimmung, soweit sie die Wahrung des Telegraphengeheimnisses bezwecken, werden also durch diesen Apparat hinfällig.

4. Das System Telefunken.

Das aus der Verschmelzung der Systeme Braun-Siemens und Slaby-Arco im Sommer 1903 hervorgegangene neue Funkentelegraphensystem wird von der Gesellschaft für drahtlose Telegraphie m. b. H. in Berlin betrieben und hat von dieser die zwar neutrale, sonst aber recht wenig geschmackvolle Bezeichnung „Telefunken" erhalten. Meines Erachtens wäre die einfache Bezeichnung: „Deutsches Funkentelegraphensystem" eher am Platze gewesen.

Die Sichtung und Vergleichung des von den beiden früheren deutschen Gesellschaften für drahtlose Telegraphie in die Vereinigung eingebrachten, sehr umfangreichen, durch wissenschaftliche Arbeiten und durch praktische Beobachtung gewonnenen Materials hat in Verbindung mit den Braunschen Energieschaltungen und der Braun-Rendahlschen unterteilten Funkenstrecke zu neuen Schaltungen geführt, die eine bessere Energieausstrahlung ermöglichen als bisher, die Reichweiten der Stationen erheblich vergrößern und die Störungsfreiheit gegenüber fremden Stationen oder atmosphärischen Einflüssen wesentlich erhöhen.

Merkwürdigerweise haben die neueren Untersuchungen auch zu einer Reaktivierung des alten Marconi-Senders, d. h. des einfachen Hertzschen Erregers, geführt, den man seit Bekanntwerden des Braunschen geschlossenen Schwingungskreises kaum noch für die kleinsten Anlagen verwendete. Die Anwendung von Resonanzinduktorien und unterteilten Funkenstrecken ermöglicht jetzt die Verwendung des einfachen Hertzschen Erregers selbst für mittlere Reichweiten bis zu 200 km und darüber. Daneben haben aber die Braunschen gekoppelten Senderanordnungen insbesondere für Stationen größerer Reichweiten und für solche Anlagen, bei denen es auf genaue Resonanz ankommt, an Bedeutung nicht eingebüßt; sie sind für solche Stationen unerläßlich.

a) Senderschaltungen.

Einfache Sender. — Bei dem Urtypus dieser Sender, dem Hertzschen Erreger, sind die beiden Pole der Funkenstrecke mit je einem Leiter verbunden, von denen der eine als Senderdraht aufwärts geführt wird, während der zweite als isoliertes elektrisches Gegengewicht in Form einer horizontal ausgespannten Drahtgaze den Luftleiter ausbalanziert. Die elektrische Energie, welche beim Einsetzen des Entladefunkens als Schwingung die Fernwirkungen ergibt, ist vor Eintritt der Funkenentladung in dem Luftleiter bzw. dem Gegengewicht aufgespeichert. Bei dem sogenannten alten Marconi-Geber ist das Gegengewicht durch direkte Erdung ersetzt. Es war mit einer solchen Anordnung bisher unmöglich, größere Energiemengen zum Senden zu benutzen, weil wegen der relativ kleinen Kapazität der Drahtgebilde eine Energievermehrung nur durch Vergrößerung der Ladespannung erzielt werden konnte und zur Erreichung dieser eine erhebliche Länge des Entladefunkens notwendig war. Sobald die Funkenlänge beispielsweise bei einem einfachen 60 m langen Luftdraht über 5 cm gesteigert wurde, trat statt der oszillatorischen Funkenentladung eine Lichtbogenbildung ein. Dieser Übelstand ist bei dem System Telefunken jetzt dadurch gänzlich beseitigt, daß die zur Erzeugung der Ladungen benutzten Induktionsapparate auf Resonanz gestimmt werden, d. h. mit einem auf die sekundäre Eigenschwingung des mit der Luftdrahtkapazität belasteten Induktors abgestimmten primären Wechselstrom gespeist werden. Es können jetzt auf diese Weise z. B. bei einem 60 m langen Luftdraht oszillatorische Entladungsfunken von 30 cm verwendet werden. Die benutzbare maximale Funkenlänge ist jetzt nur durch die Schwierigkeit begrenzt, den Luftdraht für so hohe Spannungen genügend zu isolieren.

Die Aufgabe, einem einfachen Sender große Energiemengen zuzuführen, war damit gelöst. Indes zeigte sich nun, daß die Fernwirkung nicht annähernd mit der Vergrößerung dieser Ladeenergie stieg. Die Ursache hierfür bildeten die großen Verluste in der Funkenstrecke großer Schlagweite. Was an Anfangsspannung beim Einsetzen der Entladung gewonnen war, das oder noch mehr wurde durch vermehrte Funkendämpfung wieder verloren. Die Beseitigung dieses Mangels erfolgte mit der Ersetzung der gewöhnlichen Funkenstrecke durch die Braun-Rendahlsche unterteilte Funkenstrecke. Statt einer einfachen Funkenstrecke von großer Länge wird also jetzt eine aus mehreren kleinen in Serie geschalteten Teilfunken zusammengesetzte Entladungsfunkenstrecke benutzt. Damit der erwünschte Effekt der verringerten Wärmeverluste zustande kommt, werden in dieser Serienfunkenstrecke Spannungsteiler in Form von Kondensatoren sehr kleiner Kapazität (ca. 0,0001 Mi. pro Funkenstrecke) oder als Induktionsspulen parallel geschaltet. Die Spannungsteilung erfolgt proportional der Länge der Teilfunkenstrecken. Mittels dieser neuen Funkenstrecke ist es gelungen, einfache Geber herzustellen, bei denen die Fernwirkung stets proportional mit der Funkenlänge bzw. Funkenzahl ansteigt. Der neue einfache Sender arbeitet mit so hohem Wirkungsgrade, daß schon mit 90 Watt primärer Induktorenergie und einem Luftdraht von 32 m Höhe eine Entfernung von 250 km gut überbrückt werden konnte.

Gekoppelte Sender. — Die Anordnung der gekoppelten Sender entspricht im allgemeinen den Schaltungen des früheren Braun-Siemens-Systems. Eine Ergänzung und damit auch eine wesentliche Verbesserung haben sie durch Hinzunahme der Braunschen Energieschaltung und der Serienfunkenstrecken erfahren. Auch gegenüber dem neuen einfachen Sender des Systems Telefunken zeigt der gekoppelte Sender noch den Vorzug, daß man bei gegebenem Luftdrahte die ausgesandte Wellenlänge ohne Intensitätsschwächung in ziemlich weiten Grenzen verändern kann. Diese Möglichkeit ist von sehr hohem Werte für militärische Stationen, welche dadurch ein Mittel haben, bei Störungen des Feindes rasch eine neue veränderte Wellenlänge benutzen zu können und dadurch von den Störungen frei zu kommen. Die gekoppelten Sender des Systems Telefunken gestatten eine Veränderung der Wellenlänge von mehreren 100 %!

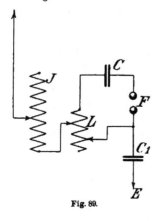

Fig. 89.

Die am häufigsten zur Anwendung kommende gekoppelte Geberschaltung wird durch Fig. 89 veranschaulicht; sie zeichnet sich durch große Einfachheit und leichte Variabilität der Wellenlänge, sowie durch eine sehr geringe Spannungsamplitude des Luftleiters aus. Der die konstante Erregerkapazität C enthaltende geschlossene Schwingungskreis besitzt eine unterteilte Funkenstrecke F und eine variable Selbstinduktion L. An dem einen Ende der Induktionsspule liegt dauernd die Erdverbindung über den Kondensator C_1 während an dem anderen Ende mit jedem gewünschten Koppelungsgrad der Luftleiter angelegt werden kann, dessen Wellenlänge durch die variable Selbstinduktion J und den Kondensator C_1 verändert wird.

b) Empfängerschaltungen.

Einfache Empfangsschaltungen analog dem einfachen Sender können nur für diejenigen Empfangsindikatoren in Betracht kommen, welche in elektrischer Beziehung entweder einen Kondensator beträchtlicher Kapazität oder einen Ohmschen Widerstand darstellen.

Für den gewöhnlichen, am meisten gebräuchlichen Körnerfritter dagegen, welcher einen Kapazitätswert von nur ca. 20 cm zeigt, sind lediglich gekoppelte Empfangsschaltungen anwendbar, die nachfolgend besprochen werden sollen.

Alle gekoppelten Schaltungsweisen sind so gewählt, daß mit jeder annähernd eine und dieselbe maximale Empfangsintensität erzielbar ist. Die Verschiedenartigkeit der einzelnen Schaltungen ist allein dadurch bedingt, daß der Empfänger entweder abstimmungsscharf oder -unscharf arbeitet. Die Schaltungsweisen für unscharfe Abstimmung sind für solche Stationen geeignet, welche mit anderen auf nicht gleiche Wellenlängen gestimmten Stationen ohne jedesmalige veränderte Einregulierung zusammen arbeiten sollen, also beispielsweise für Installationen von transatlantischen Schnelldampfern. Abstimmscharfe Schaltungsweisen sind dagegen besonders für militärische Stationen wichtig, um feindliche Störungen selbst bei kleiner Wellendifferenz oder stark überwiegender feindlicher Intensität auszuschließen. Die Abstimmschärfe einer Empfangsschaltung ist in der Hauptsache durch den Koppelungsgrad des den Fritter enthaltenden Schwingungs-

kreises mit dem Empfangsluftleiter gegeben. Um unscharfe Empfangsschaltungen zu erzielen, werden beide Schwingungskreise möglichst fest
miteinander gekoppelt.

Unscharfe Abstimmung. — Diese
Empfängeranordnung wird durch Abb. 90
veranschaulicht. Der in dem Fritterstromkreis eingeschaltete konstante Kondensator
K hat eine Kapazität, die im Verhältnis
zu der Kapazität des Fritters unendlich
groß ist. Die Induktionsspule J besitzt
drei variable Kontakte, a, b und c. Die
Abstimmung des Fritterkreises erfolgt
durch Veränderung des Schiebers b. Mittels
des Schiebers c werden die übrig bleiben-
den Windungen kurz geschlossen und am
Mitschwingen verhindert. Die Leitung cb
wird durch einen variablen Kondensator C
geerdet und der Luftdraht mit dem Schieber a verbunden. Die Abstimmung des Luft-

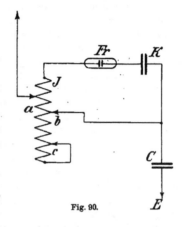

Fig. 90.

drahtes kann sowohl durch die Veränderung der Windungszahl zwischen ab
wie durch den Kondensator C erfolgen. Je größer — bei gegebener Wellenlänge — die Windungszahl ab und je kleiner dementsprechend C ist, um
so fester wird die Koppe-
lung und um so weniger
scharf die Abstimmung.

**Scharfe Abstim-
mung.** — Der Empfangs-
luftleiter A (Fig. 91) wird
hauptsächlich durch den
veränderlichen Kondensa-
tor C auf die Senderstation
abgestimmt. Der geschlos-
sene primäre Empfangs-
kreis wird in passender
Stärke durch richtige
Wahl der Größen der
Kondensatoren C_1 und C_2
mit dem Luftleiter ge-
koppelt, wobei die resul-
tierende Kapazität von C_1
und C_2 bei verschiedenen

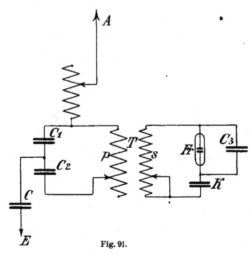

Fig. 91.

Koppelungsgraden konstant bleibt. Der sekundäre Empfangskreis ist rein
induktiv durch großen Luftabstand mit dem primären so lose gekoppelt, daß

eine Deformation der primären Welle hierdurch nicht mehr zustande kommt. Die sekundäre Transformatorwicklung Ts ist bezüglich ihrer Windungszahl durch einen Schleifenkontakt veränderlich und mit ihren beiden Enden einerseits mit dem Fritter Fr, andererseits mit dem einen Pol des im Empfangsapparat liegenden und im Verhältnis zur Fritterkapazität unendlich großen konstanten Empfangskondensators K verbunden. Die sekundäre Spule des Empfängers hat einen sehr geringen Ohmschen Widerstand und ist außerdem infolge Benutzung eines Litzendrahtes frei von Wirbelstromverlusten. Parallel zu der Kombination $Fr K$ liegt ein variabler Kondensator C_8, dessen Kapazität etwa 3—5 mal so groß genommen werden kann, als diejenige des Kohärers. Statt der Erde kann natürlich auch ein isoliert begrenztes elektrisches Gegengewicht in Anwendung kommen. Die Einwirkung atmosphärischer Störungen ist hier gegenüber den festen Empfangskoppelungen erheblich verringert.

Bei Benutzung zweier getrennter Empfangsleiter ist gleichzeitiger Empfang zweier Telegramme ohne Schwierigkeit bei 30 °/$_0$ Geberwellendifferenz möglich. Schwieriger ist die Aufgabe bei nur einem für beide Empfänger gemeinschaftlichen Luftdraht. Hier müssen die beiden primären Empfangskreise mit verschieden starker Koppelung mit dem Luftleiter verbunden werden. Eine solche Doppeltelegraphie ist also mit einem gewissen Intensitäts- und Entfernungsverlust verknüpft.

Mit der vorbeschriebenen Schaltungsweise läßt sich in Verbindung mit einem Braunschen Energiesender und einer Serienfunkenstrecke bei ungeschwächter Empfangsempfindlichkeit eine bis etwa 1 °/$_0$ variable Empfangsabstimmungsschärfe erzielen, und diese Schärfe reicht aus, um die Störungen eines anderen Gebers, gleiche Geberintensität vorausgesetzt, bei 4 °/$_0$ Wellenunterschied gänzlich auszuschließen.

c) Luftleitergebilde.

Als Luftleiter für feste Stationen wird aus Rücksichten der mechanischen Festigkeit Phosphorbronzedraht verwendet. Die Isolation der Drähte am oberen Ende wird durch besonders konstruierte Porzellanisolatoren herbeigeführt. Die Benutzung von einfachen Hartgummistangen hat sich der großen Oberflächenleitung wegen bei Luftfeuchtigkeit nicht bewährt. Die Durchführungen des Luftleiters zum Apparatraum werden je nach der im Luftdrahtgebilde zur Anwendung kommenden Hochspannung verschieden stark isoliert.

Jeder Luftleiter wird während des Gewitters durch einen Gewitterumschalter direkt geerdet und dient so als Blitzableiter für den Mast. Für Stationen mit großer Reichweite werden Trichtergebilde benutzt, die von 60 m hohen und noch höheren Türmen getragen werden.

Das Luftleitergebilde ist für Sender und Empfänger gemeinschaftlich; es wird je nach Bedarf durch einen Hebelumschalter mit dem einen oder anderen Apparatsystem verbunden.

Eine Erdung des Luftleiters findet im allgemeinen nur bei Schiffs-
stationen statt, wo der Anschluß an den metallischen Schiffskörper ohne
Schwierigkeiten eine Erde mit geringem Ohmschen Widerstande erzielen
läßt. Bei Landstationen dagegen ist eine solche „gute" Erde nur selten
zu finden. Als Ersatz für Erde wird hier eine von der Erde isolierte
größere leitende Fläche: ein sogenanntes elektrisches Gegengewicht, bestehend aus einer horizontalen ausgespannten Drahtgaze von passender
Flächengröße benutzt.

Fig. 92.

d) Apparate.

Funkeninduktoren. — Für Stationen mit einer Reichweite bis zu
150 km werden ausschließlich Induktoren mit Hammerunterbrecher verwendet
(vgl. Fig. 92). Die übrigen Induktoren werden sämtlich bei 50 Perioden
primären Wechselstroms oder pulsierenden Gleichstroms auf eine bestimmte
normale sekundäre Kapazität in Resonanz gestimmt. Sämtliche Induktoren
sind so dimensioniert, daß die Abkühlungsfläche wie bei den gewöhnlichen
Transformatoren genügend groß ist, um die im Kupfer und Eisen auftretende Erwärmung abzuführen. Die für sekundäre Kapazitätsbelastungen
von 6000 und 14 000 cm konstruierten Induktoren sind in ein Brettgestell

9*

(Fig. 93) eingebaut. Für größere Kapazitätsbelastungen werden mehrere
solcher Induktoren parallel geschaltet und für Erregerkapazitäten von mehr
als 30 000 cm erst wieder besondere Apparate gebaut. Für die Resonanzinduktoren kommen Turbinenunterbrecher von der Seite 110 beschriebenen
Bauart oder Gleichstromwechselstromumformer zur Verwendung, und zwar
entweder als direkte Umformer in einer Maschine oder als ein Aggregat
aus zwei Maschinen, bestehend aus einem Gleichstrommotor und einem
Wechselstromgenerator.

Fig. 93.

Morsetasten. — Sie werden mit elektromagnetischer Funkenlöschung
ausgeführt oder als automatische Nullausschalter nach Fig. 94 gebaut. Bei
großen Stationen mit Stromstärken über 40 Ampere werden mehrere Platinkontakte parallel geschaltet.

Bei der ersteren Konstruktion werden die beim Öffnen des Stromes
an den Platinkontakten entstehenden Lichtbogen durch das von einem

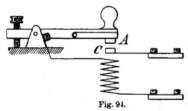

Fig. 94.

kleinen Elektromagneten erzeugte
magnetische Feld ausgelöscht. Bei
der zweiten Konstruktion sitzt ein
Platinkontakt A an einem kleinen
am Tastenhebel befestigten Hebel
und wird durch eine Feder an diesen angedrückt. Dieser Hebel trägt
einen Anker, der einem Elektro-
magneten C gegenübersteht. Wird der Taster niedergedrückt, so wird der
Hauptstrom geschlossen. Dieser fließt durch die Windungen des Elektromagnets. Wird dann der Taster zu einer Zeit geöffnet, wo der unterbrochene Gleichstrom oder Wechselstrom noch einen gewissen Wert hat,

so bleibt der Anker so lange angezogen, bis der Strom 0 wird. Dann erst werden beide Platinkontakte voneinander getrennt.

Funkenstrecke. — Sämtliche Funkenstrecken werden als unterteilte Funkenstrecken mit Spannungsleitern gebaut. Fig. 95 stellt eine Funkenstrecke für fahrbare Stationen dar.

Funkenstrecken für feste Stationen werden zur Schalldämpfung in ein mit Filz umkleidetes Gehäuse eingeschlossen.

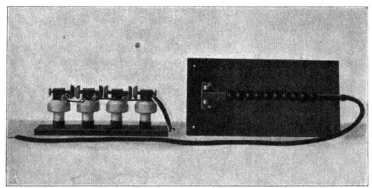

Fig. 95.

Erregerkreis. — Er besteht für die gekoppelte Senderschaltung aus einer meist dreiteiligen Funkenstrecke, der Leydener Flaschenbatterie und einer veränderlichen Selbstinduktion. Bei der normalen Ausführung für Schiffszwecke und stabile Landstationen von der Form der Fig. 71 kann die Erregerwelle von 120 m bis etwa 1000 m verändert werden.

Der Erregerkreis für fahrbare Stationen kann durch Umstöpseln zur Herstellung von zwei Wellen benutzt werden. Sämtliche Erregerkreise sind mit einer Umschalte- oder Hilfsfunkenstrecke versehen (vgl. Fig. 67), durch die der Erregerkreis während des Empfangs vom Luftleiter abgetrennt ist.

Fritter. — Es werden nur Vakuumfritter mit Keilspalt und regulierbarer Empfindlichkeit verwendet (vgl. Fig. 73). Dieselben werden in zwei Empfindlichkeitsgraden hergestellt; einerseits für nahe Entfernungen, andererseits für große Entfernungen. Es hat sich herausgestellt, daß die Vakuumfritter allein eine für den praktischen Betrieb ausreichende Konstanz und Lebensdauer besitzen. Die Konstruktion der Fritter ist derart, daß ein Auswechseln eines Fritters in wenigen Sekunden vor sich gehen kann. Irgendwelche Umstellungen des Empfangsapparates sind beim Auswechseln nicht erforderlich.

Empfangstransformatoren. — Für feste Koppelung werden Empfangstransformatoren mit durch Kontaktschiebern veränderlichen Windungszahlen benutzt. Sie werden in drei Größen angefertigt. Die kleinste Type umfaßt einen Wellenbereich von ca. 50—200 m, die mittlere (Normaltype für Kriegsschiffe) einen solchen von 200—600 m und die größte einen solchen von 600—3000 m.

Für lose Empfangskoppelung dient die Konstruktion Fig. 96, bei welcher durch die Verschiebung der Primärspule aus der sekundären heraus jede beliebige Empfangsschwächung vorgenommen wird. Irgendeine Veränderung in der Einstellung des Empfangsapparates selber wird hierdurch überflüssig.

Fig. 96.

Der Wellenindikator von Schlömilch. — Einen hervorragenden Erfolg hat die neue Gesellschaft durch die Fertigstellung und Einführung des von dem Ingenieur Schlömilch erfundenen elektrolytischen Wellenanzeigers in die Praxis aufzuweisen. Der Schlömilchsche Apparat ist der empfindlichste, auf die kleinsten Wechselstromenergien ansprechende, aller bisher erfundenen Wellenanzeiger. Seine Konstruktion beruht auf der stärkeren Aktivität von Polarisationszellen bei der Bestrahlung durch elektrische Wellen. Wenn man nämlich eine gewöhnliche Polarisationszelle mit Platin- oder Goldelektroden in verdünnter Schwefelsäure in eine Stromquelle einschaltet, deren elektromotorische Kraft etwas höher ist als die gegenelektromotorische Kraft der Zelle, so bedingt der durch die Zelle fließende schwache Zersetzungsstrom eine geringe Gasbildung an den Elektroden. Sobald jedoch elektrische Wellen auf die Zelle treffen, wird die Gasbildung lebhafter und ein in den Stromkreis eingeschaltetes Galvanometer zeigt eine Verstärkung des Stromes an. Eine vollständige Klärung des physikalischen Vorganges in der Zelle bei der Bestrahlung ist bis jetzt noch nicht gelungen; auch steht noch nicht fest, ob der neue Wellenanzeiger als Kapazität oder als Ohmscher Widerstand anzusehen ist.

Äußerlich wahrnehmbar ist jedoch, daß bei der Bestrahlung der Zelle durch elektrische Wellen eine leichtere Ablösung der Gasblasen von den Elektroden erfolgt; man kann auf diese Weise die Wellenimpulse bzw. die Morsezeichen unmittelbar an der Zelle ablesen. Die von der Gesellschaft

für drahtlose Telegraphie gebauten elektrolytischen Wellenanzeiger sind mit
Elektroden versehen, die einen Durchmesser von 0,001 mm und eine Länge
von nur etwa 0,01 mm besitzen. Die negative Elektrode spielt keine wesentliche Rolle, man kann derselben eine beliebige Form und Größe geben.

Bei der Einregulierung dieses Wellenempfängers ist es von Wichtigkeit, die jeder Zelle eigentümliche kritische Spannung herzustellen, da
sowohl bei zu geringer als auch zu reichlicher Gasentwicklung die Wellen-
empfindlichkeit erheblich nachläßt. Die leichte Regulierbarkeit der Empfindlichkeit der Zelle durch Veränderung des Zersetzungsstromes, ihre Konstanz
und ihre Unempfindlich-
keit gegen Erschütterun-
gen, sowie ihre Eigen-
schaft, bei allmählich abnehmender Wellenintensi-
tät proportional schwä-
cher zu reagieren, nie
aber ganz zu versagen,
machen sie in Verbin-
dung mit einem Tele-
phon oder Galvanometer
als Meßinstrument für
elektrische Wellen ge-
eignet (vgl. S. 185).

Für Funkentelegra-
phenstationen mit Schlö-
milchschen Wellenanzei-
gern ist zunächst die
durch Fig. 97 veranschau-
lichte Schaltung vorge-
sehen. Die Batterie B be-

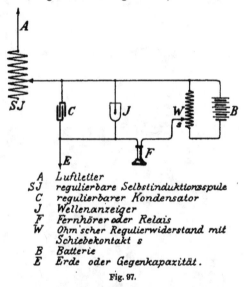

A   Luftleiter
SJ regulierbare Selbstinduktionsspule
C   regulierbarer Kondensator
J   Wellenanzeiger
F   Fernhörer oder Relais
W   Ohm'scher Regulierwiderstand mit
    Schiebekontakt s
B   Batterie
E   Erde oder Gegenkapazität.

Fig. 97.

steht aus vier Trockenelementen oder Sammlerzellen, deren Stromkreis durch
einen regulierbaren Ohmschen Widerstand dauernd geschlossen ist. Durch
entsprechende Einstellung des Schiebekontaktes S kann man dem Wellenanzeiger J jede erforderliche Spannung zuführen.

Die Glaszelle des Wellenempfängers ist in ein kleines Schutzgehäuse
aus Hartgummi eingesetzt und wird nach Füllung mit verdünnter Säure
oben mittels eines Hartgummigewindestöpsels säuredicht abgeschlossen. Um
das Entweichen der Zersetzungsgase zu gestatten, ist der Gummistöpsel in
seiner Längsachse durchbohrt und die Bohrlochmündung mittels eines
Gummischlauches abgedichtet. Durch diesen können die Gase aus der Zelle
entweichen, Flüssigkeit kann aber nicht herauslaufen. Die Pole der Zelle
sind an zwei auf dem Hartgummigehäuse befestigte Metallscheiben geführt,
welche die Verbindung mit zwei auf dem Empfangsapparatsystem befind-

lichen Federn vermitteln und ein bajonettartiges Einsetzen der Zelle in das
System ermöglichen.

Figur 98 stellt den Apparatsatz für Morsezeichenaufnahme unter Verwendung eines polarisierten Relais bzw. eines Relais nach dem System
Deprez-d'Arsonval dar. Zwischen dem links oben stehenden Relais
und dem rechts oben angeordneten Hartgummihebelschalter befindet sich

Fig. 98.

der Wellenanzeiger, dessen Stromzuführungen und Anschlußdrähte durch
Kontakte an dem Hebelschalter während der Sendung geöffnet und beim
Empfange geschlossen werden. Eine Zeichensendung ist nur dann möglich,
wenn der Stromkreis des Wellenanzeigers geöffnet, der Wellenanzeiger also
ausgeschaltet ist. Gegenbatterie und Regulierwiderstand, sowie die sonstigen
Nebenapparate sind in dem Fundamentkasten untergebracht, aus dessen
rechter Seitenwand die Kurbel für die Einstellung des Schiebekontaktes

des Regulierwiderstandes heraussteht. Das durch Fig. 99 dargestellte Empfangssystem dient lediglich zur Zeichenaufnahme mittels des Telephons. Es enthält in einem festen Holzkasten eingebaut alle erforderlichen Apparate und Batterien in einer Anordnung, die die sofortige Anschaltung an einen Luftleiter und die Aufnahme funkentelegraphischer Zeichen gestattet. Das Apparatsystem trägt. in seiner Ausführung namentlich auch den besonderen Ansprüchen einer militärischen Verwendung Rechnung.

Nach neueren Untersuchungen von M. Reich (Physik. Zeitschrift Nr. 12, 1904) beruht die Wirkung des Schlömilch-Detektors auf der Depolarisation der Anode durch die Wellen, und es stehen die Vorgänge wahrscheinlich mit der von Ruer (Zeitschrift für physik. Chemie 49, 81, 1903) untersuchten Erscheinung in Verbindung, daß bei gleichzeitigem Durchgang von schwachem Gleichstrom und Wechselstrom durch eine Schwefelsäurezelle mit Platinelektroden etwas Platin der Anode als Platinoxydsalz in Lösung geht, wodurch also der Sauerstoff an der Anode verschwindet. Die Polarisation wäre also nach dem Auftreten der elektrischen Welle an der Anode entsprechend schwächer, bis der dadurch stärker wer-

Fig. 99.

dende polarisierende Strom den ursprünglichen Zustand wieder hergestellt hat. Ebenso wie Ruer feststellte, daß bei einer bestimmten Wechselstromstärke die aufgelöste Platinmenge für einen bestimmten Gleichstrom den größten Betrag erreicht, ebenso fand auch M. Reich, daß die Detektorenempfindlichkeit für einen bestimmten Gleichstrom bei bestimmter Wellenlänge ein Maximum besitzt.

e) Schwächung der Empfängerwirkung.

Bei zu kleinen Entfernungen von den Sendern können die Wellenanzeiger durch die zu starke Intensität der auf sie treffenden Wellenimpulse in ihrer Wirkung beeinträchtigt und geschädigt werden. Man hat deshalb durch Einschaltung Ohmscher Widerstände in den Empfängerluftleiter dessen Schwingungen gedämpft und ihre Amplitude verringert, oder aber, man hat die Empfangsleiter durch Veränderung ihrer elektrischen Dimensionen gegen den Geber verstimmt. Auch die Einschaltung eines Kondensators parallel zum Wellenanzeiger ist zur Schwächung der Empfängerwirkung benutzt worden. In der Praxis haben sich diese Schwächungsmethoden nicht bewährt; es haftet ihnen namentlich der Übelstand an, daß die Empfängerschwingungskreise nicht mehr die Resonanzbedingung erfüllen und daher empfindlicher gegen Störungen durch Wellen anderer Geber werden.

Die Schwächungsmethode des Systems Telefunken ermöglicht, daß der Empfänger auf die ursprüngliche Wellenlänge abgestimmt bleibt und die Schärfe seiner Abstimmung auf diese Wellenlänge proportional mit der Schwächung zunimmt. Das Verfahren besteht darin, daß parallel zum Wellenanzeiger eine geeignet bemessene Kapazität geschaltet wird und gleichzeitig die Selbstinduktion des den Wellenanzeiger enthaltenden Schwingungskreises um einen solchen Betrag geändert wird, daß die Abstimmung genau dieselbe bleibt.

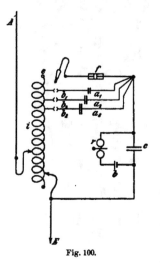

Fig. 100.

Bei der durch die Fig. 100 veranschaulichten Empfängeranordnung bedeutet A den Luftdraht, i eine Transformatorspule mit nur einer fortlaufenden Wicklung, E die Erde, f den Wellenanzeiger, $a_1\ a_2\ a_3$ Kondensatoren verschiedener Kapazität, c den im Vergleich mit dem Wellenanzeiger unendlich großen Empfangskondensator, b die Ortsbatterie und r die Schwachstromwicklung des Relais.

Der eine Pol der Kondensatoren $a_1\ a_2\ a_3$ kann stets an den Empfangsstromkreis angeschlossen bleiben; ihr zweiter Pol ist an die Klemmen $b_1\ b_2\ b_3$ geführt, die mit verschiedenen Windungen der Selbstinduktionsspule c in Verbindung stehen. Bei normalem Betriebe ist der eine Pol des Wellenanzeigers mittels eines Stöpsels bei e an das oberste Ende der Transformatorspule angeschlossen. Soll dann die Empfindlichkeit des Empfangssystems geschwächt werden, so wird die Verbindung mit e durch Herausnehmen des Stöpsels gelöst und dieser in die Löcher der Klemmen b_1 b_2 oder b_3 gesteckt. Hierdurch wird eine bestimmte Kapazität parallel zum Wellenanzeiger geschaltet und gleichzeitig die Selbstinduktion des Empfangskreises um einen gewissen Betrag verringert. Dieser ist so bemessen, daß das Produkt CL dasselbe bleibt, die Abstimmung also nicht gestört wird.

f) Die Wechselstrommeßbrücke zur Messung kleiner Kapazitäten.

Sie unterscheidet sich von einer gewöhnlichen Meßbrücke dadurch, daß in zwei benachbarten Zweigen, z. B. ca und cb (Fig. 101), nicht wie sonst üblich der Vergleichskondensator und der zu messende Kondensator, sondern die Primärwindungen zweier Transformatoren gleicher Konstruktion eingeschaltet werden. Solange die Sekundärspulen der Transformatoren offen sind, verschwindet wegen der Gleichheit der Selbstinduktion und des Ohmschen Widerstandes beider Primärwicklungen der im Fernhörer T bemerkbare Ton, der durch den Wechselstrom des bei a und b angeschlossenen Induktors J erzeugt wird, ganz oder nahezu, wenn man den Schiebekontakt d der Brücke auf die Mitte von ab einstellt. Werden dann die Sekundärwicklungen der beiden Transformatoren einerseits mit dem zu messenden Kondensator x und dem veränderbaren Vergleichskondensator C verbunden, so wird im allgemeinen sofort ein neuer Ton und zwar ein höherer Ton als bisher im Fernhörer wahrnehmbar. Sind die sekundären Wicklungen beider Transformatoren kongruent, so verschwindet dieser Ton in demselben Augenblicke, wo $C = x$ wird.

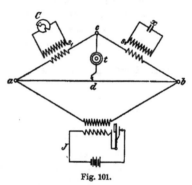

Fig. 101.

Für die Messung sehr kleiner Kapazitäten empfiehlt es sich, für die Wicklung der Transformatoren verschiedene Übersetzungsverhältnisse zu wählen. Ist z. B. die sekundäre Selbstinduktion des Transformators s_1 nur $^1/_{10}$ so groß als die von s_2, so verschwindet der Ton im Fernhörer, wenn $C = 10 x$ wird.

Als Transformatoren eignen sich sehr gut z. B. solche, wie sie für Fernsprechzwecke Verwendung finden, mit Übersetzungen von 1 : 5 bis 1 : 10. Man kann damit Kapazitäten bis 100 cm herab leicht messen.

g) Funkentelegraphie in fahrenden Eisenbahnzügen.

Zu den auf der preußischen Militärbahn Berlin-Zossen angestellten erfolgreichen Versuchen wurden im allgemeinen die Braunschen Schaltungsanordnungen, insbesondere die induktive Sendererregung benutzt. Bei der festen Station an der Strecke wurde der an das Apparatsystem angeschaltete Luftleiter aus isoliertem Draht aus dem Apparatraum heraus an das längs der Eisenbahn verlaufende Telegraphengestänge geführt und zwischen den Telegraphenleitungen, also in horizontaler Richtung, auf 50 m Länge = einer Viertelwellenlänge an dem Gestänge befestigt. Da sich die elektromagnetischen Wellen vorzugsweise an gut leitenden Flächen entlang bewegen, so nehmen sie, wenn der Luftleiter der festen Station in elektrische Schwingungen versetzt wird, ihren Weg an den Telegraphenleitungen entlang. Sie werden von diesen gewissermaßen zusammengehalten und zu einem Wellenzuge vereinigt. Auf ihrem Wege treffen sie den parallel zu den Telegraphenleitungen in nächster Nähe laufenden Eisenbahnzug und erregen dessen Luftleiterdraht in bekannter Weise. Als Luftleiter wurde bei dem aus sechs Wagen zusammengesetzten Eisenbahnzug ein an der Oberkante der Wagen verlaufender isolierter Draht von 50 m Länge benutzt. Das Apparatsystem ist in einem besonders hergerichteten Wagen derart aufgestellt, daß namentlich der Fritter mechanischen Erschütterungen durch den fahrenden Zug nicht ausgesetzt ist. Bei der Wagenstation wird die zur Herstellung der Resonanz erforderliche Gegenkapazität durch Verbindung des Luftleiters mit dem Eisengestell des Apparatwagens gebildet; bei der festen Station dient zu diesem Zwecke ein zweiter isolierter Draht von 50 m Länge, der in entgegengesetzter Richtung zum ersten am Telegraphengestänge befestigt ist.

h) Versuchsstation für große Reichweiten.

Eine solche ist in dem Kraftwerk Oberspree der Allgemeinen Elektrizitätsgesellschaft in Oberschöneweide eingerichtet. Vier Schornsteine von je 70 m Höhe (Fig. 102) tragen ein rechteckiges, nach unten zu sich trichterförmig verengendes Drahtgebilde, welches aus ca. 100 einzelnen Luftleitern besteht. Aus der genannten Kraftstation wird direkt eine Wechselstromenergie von 15 Kilo-Watt entnommen. Der Wechselstrom wird auf 50000 Volt transformiert und damit ein Erregersystem von 0,2 Mf. gespeist. Die gewaltigen Schwingungen dieses Systems, welche beim Eintreten der Funkenentladung mit einer Frequenz von 900000 per Sekunde einsetzen, erregen das obengenannte Luftleitergebilde. Die ersten Versuche zeigten sofort, daß auf eine Entfernung von 275 km über Land, nämlich bis zur deutschen Marinefunkspruchstation Marienleuchte auf der Nordküste der Insel Fehmarn, eine einwandfreie Übertragung mit nur 35 m Masthöhe an der Empfangsstelle möglich war, und zwar bereits mit dem sehr geringen Aufwand von nur 2 Kilo-Watt an der Geberstelle. Nachdem durch den neuerdings erfolgten Umbau der Station die ca. fünffache Energieaufnahme erreicht ist, wurden die Versuche auf vergrößerte Entfernungen fortgeführt. Es gelang ohne Schwierigkeit nach Karlskrona in Schweden über die Entfernung von 450 km gut lesbare Telegramme zu übermitteln, obwohl hierbei in Schweden ein Auffangedraht von nur

Fig. 102.

35 m Höhe benutzt wurde. Die größte Reichweite der Station ist damit natürlich lange nicht erreicht. Diese genau festzustellen, hatte die Gesellschaft für drahtlose Telegraphie zunächst wenig Interesse. Der Hauptzweck dieser Versuchsanlage ist vielmehr darauf gerichtet, an einer großen Station alle Spezialkonstruktionen für Transformatoren, Erregerkreise, Luft-

leiterkonstruktionen usw. auszuprobieren, und dieser Zweck ist mit den bisher gemachten Versuchen so erreicht worden, daß die Gesellschaft in der Lage ist, mit dem System Telefunken funkentelegraphische Verbin-

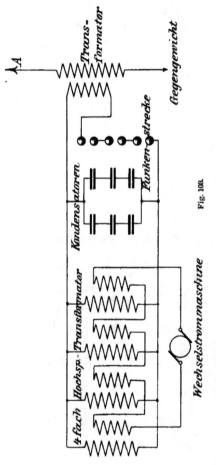

Fig. 103.

dungen auf 1000 km und mehr unter Garantie der betriebssicheren Verständigung herstellen zu können. Die Senderanordnung gibt Fig. 103.

i) Fahrbare Funkentelegraphenstationen.

Während das Slaby-Arco-System vorzugsweise praktische Verwendung in der deutschen Kriegs- und Handelsmarine gefunden hatte, kam das Braun-Siemens-System zunächst bei der Heeresverwaltung namentlich für die fahrbaren Funkentelegraphenstationen zur Einführung. Gelegentlich der großen Herbstmanöver 1903 sind mit den Funkenwagenstationen Telegramme auf 100 km Entfernung befördert worden.

Die fahrbaren Stationen des Braun-Siemens-Systems haben durch die Telefunken-Gesellschaft einen vollständigen Umbau erfahren. Die Stationen werden jetzt für zwei Wellenlängen eingerichtet und zwar für eine kurze Welle von 350 m und eine lange von 1050 m. Der Luftdraht bleibt für beide Wellenlängen derselbe. Bei der kurzen Welle schwingt er in $3/4$ (1. Oberschwingung), bei der langen in $1/4$ Welle (Grundschwingung). Die Ausbalanzierung des Luftleiters findet im ersteren Falle durch ein Gegengewicht von ca. 6, im letzteren durch ein solches von ca. 24 qm Kupfergaze statt, welche in einer Höhe von ca. 1 m vom Erdboden entfernt ausgespannt sind.

Zum Tragen des Luftleiters dienen Drachenballons oder Leinwanddrachen. Erstere haben einen Inhalt von 10 cbm und einen Auftrieb von ca. 3 kg, letztere eine nutzbare Windfläche von 1,1 qm, so daß es

schon bei leichtem Winde möglich ist, der Gasersparnis halber diese an-
zuwenden.

Eine Station setzt sich zusammen aus drei zweirädrigen Karren
und zwar:

     aus dem Kraftkarren,

     dem Apparatekarren,

     dem Gerätekarren.

Fig. 104.

Der Kraftkarren (Fig. 104) enthält die Stromquelle, bestehend
aus einem Benzinmotor von 4 HP, direkt gekuppelt mit einem Wechselstromgenerator von 1 KW. Nutzleistung und der Erregermaschine. Die Kühlung
des Motors geschieht durch Wasser, welches in einem oberhalb der Benzin-
dynamo gelagerten Behälter mitgeführt wird. Die Zirkulation des Wassers
wird automatisch durch eine kleine Zahnradpumpe bewirkt, und das Wasser
durch ein Rippenrohrsystem und durch einen Ventilator gekühlt. Das zum
Betriebe erforderliche Benzin wird in einem neben dem Wassergefäß gelagerten Behälter von ca. 30 l Inhalt mitgeführt. Der Inhalt ist so bemessen, daß er für einen ca. 30 stündigen ununterbrochenen Telegraphen-
dienst ausreicht.

Die Zündung des Motors ist elektrisch. Die Zündakkumulatoren
werden von der Erregerdynamo des Wechselstromgenerators automatisch
aufgeladen. Ein auf dem einfachen Schaltbrett montierter automatischer

Schalter schaltet den zum Laden der Akkumulatoren dienenden Strom ein und aus, so daß ein Entladen beim Stillstehen der Maschinen ausgeschlossen ist.

Zum Schutze der Strom erzeugenden Maschine, sowie der Isolation der Primärleitungen gegen auftretende Überspannungen sind auf dem Schaltbrett hinter den Spannungssicherungen der Wechselstrommaschine zwei Sicherheitslampen angebracht, von denen die eine zwischen die beiden Leitungen, die andere zwischen eine Leitung und den Körper der Maschine gelegt ist. Zwischen diesen beiden Lampen kann also ein Ausgleich der etwa auftretenden Überspannungen erfolgen.

Fig. 105.

Zum Einholen des Ballons dient eine leicht ein- und ausrückbare konische Reibungskoppelung, die durch Kettenübertragung eine an der Außenseite des Schutzkastens befindliche Kabeltrommel in Drehung versetzt. Zubehör und Reserveteile befinden sich in reichlicher Menge in dem an der Außenseite befestigten Werkzeugkasten. Außerdem enthält der Kraftkarren an den Seitenwänden angeschnallt die beiden elektrischen Gegengewichte nebst Stangen zum Aufhängen derselben.

Der Apparatekarren. (Fig. 105). Er ist durch ein Gestell in zwei Teile geteilt und enthält die Sende- und Empfangsapparate. Im vorderen Teile, vor Berührung geschützt, liegen die Hochspannungsapparate:

der Induktor, die Flaschenbatterie mit veränderlicher mehrfach unterteilter
Funkenstrecke und der Hochspannungstransformator. Letztere drei sind
durch eine herausnehmbare Klappe an der Seitenwand sehr leicht zu-
gänglich gemacht, so daß ein Auswechseln von Flaschen und Verstellen der
Funkenstrecke bequem bewerkstelligt werden kann. Im hinteren Teile
sind auf dem Boden der Morsetaster und auf einem gut federnd gelagerten
Brett zwei Empfangsapparate und ein Morseschreiber angeordnet. Auf dem
Brett des letzteren hat auch der kleinere Empfangstransformator Platz gefunden. An dem den Karren teilenden Gestell ist der große Empfangstransformator, der Empfangsstöpsel, sowie ein Gegengewichtsumschalter mit
zwei Hebeln angebracht. An der einen Seitenwand befindet sich der Hör-
apparat mit elektrolytischem Detektor und Telephon. Der Oberbau des
Wagens kann ohne Entfernung von Leitungsverbindungen abgehoben werden. An seiner Außenseite trägt der Apparatekarren eine Steckdose
zum Anschluß des vom Kraftkarren herführenden Stromleitungskabels.
An beiden Seiten des Oberbaus befinden sich Kabeltrommeln. Auf einer
von diesen ist das stärkere Ballonkabel, auf der anderen das schwächere
Drachenkabel aufgewickelt. Dieselben dienen als Luftleiter und werden
von einem Ballon, bzw. Drachen hochgenommen. Sie sind 200 m lang
und dürfen, da auf ihre Länge die Systeme abgestimmt sind, nicht durch
leitende Materialien beim Hochlassen des Drachen bzw. Ballons verlängert
werden.

Der Gerätekarren ist zur Aufnahme der Gasbehälter und des
erforderlichen Schanzzeuges, sowie der Ballons und eines Reserve-Benzin-
Reservoirs bestimmt. Die Gasbehälter sind in den Karren direkt eingebaut und fassen je ca. 5 cbm Inhalt bei 120 Atm. Gasdruck. Sie

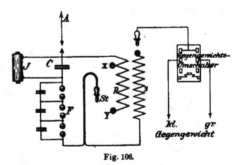

sind auf 200 Atm. geprüft
und mit entsprechenden
Ventilen verschlossen. Zwei
Behälter genügen zur Fül-
lung eines Ballons.

Schaltungsanordnung:
1. Sender: Von den se-
kundären Klemmen des In-
duktoriums J führen Leitungen zu den beiden Be-
legungen der Leydener Flaschenbatterie C (Fig. 106).

Fig. 106.

Diese bildet mit der Funkenstrecke F und den primären Windungen des
Gebertransformators einen geschlossenen Schwingungskreis, welcher durch
Stöpselung von St in X oder Y so abgestimmt ist, daß seine Schwingungen
entweder der kürzeren oder der längeren Welle entsprechen. An diesen
Schwingungskreis ist einerseits der Luftdraht A angeschlossen, andererseits

sind an ihm noch die sekundären Windungen S des Gebertransformators nebst jeweiligen Gegengewichten durch den Stöpsel St geführt.

Bei Erregung der langen Welle beträgt die Koppelung mit dem Erregerkreise 15%, bei der Oberschwingung nur 10%.

2. Empfänger. Der Luftdraht A wird durch Niederlegen des Hebels des Empfangsapparates mit dem einen Ende der Primärspule des Empfangstransformators Tr verbunden. Beim Arbeiten mit kurzer Welle liegt zwischen Luftdraht und Primärwicklung noch eine Drosselspule L (Fig. 107). An das andere Ende wird durch Stöpselung das betreffende Gegengewicht angeschlossen. An diesen Punkt ist auch das eine Ende der Sekundärspule angelegt. Der zweite Pol der Sekundärspule führt zu der einen Elektrode des Fritters Fr, dessen andere Elektrode über einen Kondensator C von 0,01 Mf. Kapazität mit dem Gegengewicht in Verbindung steht. Parallel zu dem Kondensator von 0,01 Mf. Kapazität liegen das Fritterelement B und die Magnetspulen des Relais R, denen ein Widerstand W von 6000 Ohm vorgeschaltet ist. Der Arbeitsstrom durchläuft, von der aus vier Elementen bestehenden Batterie B_1 ausgehend, die Kontaktstelle des Relais, die Relaiszunge, den Klopfer und die Elektromagnetrollen M des Morseschreibers, die parallel zum Klopfer geschaltet sind. Zur Erzielung eines leichten Schlages liegt mit den Spulen des Klopfers in Serie ein bifilar gewickelter Widerstand W_1 von 20 Ohm. Das Auftreten eines Abreißfunkens an der Unterbrechungsstelle des Klopfers wird durch eine parallel zu den Klopferspulen angelegte Batterie PZ von fünf Polarisationszellen vermieden.

Intensitätsregulierungen. — Bei zu starker Intensität, d. h. bei zu geringer Entfernung der korrespondierenden Stationen wird der Fritter gefährdet. Man muß daher sowohl beim Geber wie beim Empfänger Schwächungen vornehmen; beim Geber dadurch, daß man die drei Funkenstrecken entweder gleichmäßig verkleinert, oder nur mit ein oder zwei Funkenstrecken durch Kurzschließen der anderen arbeitet.

Beim Empfänger gibt es drei Möglichkeiten der Intensitätsschwächung:

1. Eine Regulierung durch den Fritter. Derselbe besitzt einen Keilspalt, so daß er sich in seiner empfindlichsten Lage befindet, wenn die schmalste Öffnung unten ist (vgl. Seite 113).

2. Durch eine Änderung des Koppelungsgrades der Empfangstransformatoren. Man verringert die Intensität, wenn man die äußere Spule, die Primärspule, des Empfangstransformators nach oben bewegt, so daß sie die Sekundärspule nur wenig oder gar nicht mehr umschließt.

3. Bei sehr großer Intensität in 2 bis 10 km Entfernung, schwächt man durch Nichtanlegen der Gegengewichte am Geber oder Empfänger.

4. Bei Entfernungen zwischen 0,5 bis 2 km darf der Luftleiter nicht mehr in den Empfangsapparat eingestöpselt werden; es wird dann ohne

Luftleiter gearbeitet. Unter 0,5 km Abstand darf nie ein Empfangsapparat beim Geben eingeschaltet sein.

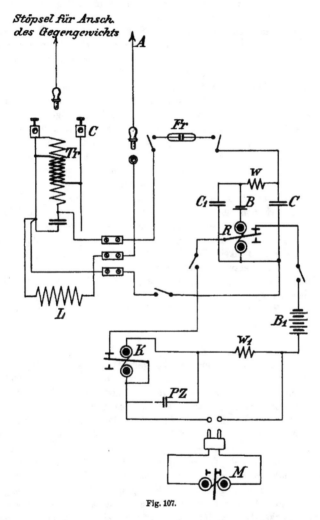

Fig. 107.

Bei schwacher Intensität, d. h. an der Grenze der Leistungen der Station müssen andererseits alle Apparate, welche eine Regulierung der Intensität ermöglichen, auf ihre entsprechende Höchstempfindlichkeit eingestellt sein.

10*

Aufnahme der Zeichen nach dem Gehör. — Wenn mit Fritter und Morseapparat eine Verständigung auf der Funkenwagenstation nur schwer zu erzielen ist, so wird der weit empfindlichere Schlömilch-Detektor eingeschaltet, und es findet dann die Aufnahme der Zeichen mit einem Kopftelephon nach dem Gehör statt. Detektor, Fernhörer und eine kleine Batterie von vier Trockenelementen werden in Serienschaltung mit dem Luftleiter verbunden. Zur Regulierung der Spannung der Stromquelle ist parallel zu ihr ein Ohmscher Widerstand mit Gleitkontakt eingeschaltet. Bei Inbetriebnahme dieser Empfängereinrichtung vermehrt man zunächst mittels des Gleitkontaktes die Spannung so lange, bis sich ein leichtes Rauschen in dem Kopftelephon bemerkbar macht. Dann geht man wieder um einen kleinen Betrag zurück, bis das Geräusch verschwindet; nunmehr hat der Detektor das Maximum seiner Empfindlichkeit. Hierauf erfolgt noch die Abstimmung auf den Luftleiter und die Wellenlänge der Senderstation durch entsprechende Regulierung der in den Empfangsstromkreis eingeschalteten Selbstinduktionsrolle und Kondensatorkapazität so lange, bis sich im Telephon ein Maximum der Lautstärke ergibt.

Die Polarisationszelle des Detektors wird in zwei Empfindlichkeitsgraden hergestellt. Die eine Type besitzt bei größerer Lautstärke eine etwas geringere Empfindlichkeit, die andere bei geringerer Lautstärke eine sehr hohe Empfindlichkeit. Der Boden des Detektorgefäßes trägt als Unterscheidungsmerkmal entweder ein E (empfindlich) oder ein H (hochempfindlich).

Wenn auch der säuredichte Verschluß der Zellen ein vorzüglicher ist, so empfiehlt es sich doch, die Zelle in gefülltem Zustande möglichst stehend aufzubewahren, um ein Ausfließen von Säure zu verhüten.

Die Inbetriebnahme einer Funkenwagenstation kann nach dem Auffahren in wenigen Minuten erfolgen. Sobald die Luftleitung mittels des Fesselballons oder Drachens in die Höhe geführt und die Dynamomaschine durch den Benzinmotor in Gang gesetzt ist, kann ein betriebssicherer Telegrammverkehr mit den übrigen in der Reichweite des Funkenwagens liegenden Funkentelegraphenstationen aufgenommen werden. Bedingen die militärischen Operationen eine Verlegung der Stationen, so wird der Benzinmotor abgestellt und die Luftleitung eingeholt; die Funkenwagenstation ist dann ebenfalls in wenigen Minuten zum Abmarsch bereit. Der große Zeitaufwand, der bei der jetzigen Feldtelegraphie für die Herstellung und den Abbruch der Leitungen erforderlich ist, kommt also bei der Verwendung fahrbarer Funkenstationen für die Zwecke der Feldtelegraphie in Wegfall. Sie werden daher bei einem Feldzuge hauptsächlich in der vordersten Operationszone von Nutzen sein, wo ihr Standort einem häufigeren Wechsel unterliegt.

k) Sicherheitsfaktor.

Die elektrischen Schwingungen werden bei verschiedener Beschaffenheit der Atmosphäre verschieden weit übertragen. Namentlich in den Sommermonaten verändert sich die Übertragungsintensität oft innerhalb weniger Stunden derart, daß zur Überbrückung einer gleichen Entfernung unter ungünstigen Verhältnissen die doppelte, ja sogar die dreifache ausgestrahlte Energie notwendig ist, als bei günstiger Übertragung. Hieraus folgt, daß man bei Errichtung einer festen Verbindung mittels drahtloser Telegraphie den überall sonst in der Technik üblichen Sicherheits-Faktor auch hier und zwar in besonders hohem Maße zur Anwendung bringen muß. Sollen z. B. zwei Stationen auf eine Entfernung von 100 km jederzeit gut miteinander signalisieren können, so müssen die Kraftwirkungen der Stationen so bemessen sein, daß man unter günstigen atmosphärischen Verhältnissen eine Reichweite von ca. 300 km erzielt: die Stationen müssen mit dreifacher Sicherheit arbeiten. Die Nichtbefolgung dieser für die Technik sonst so bekannten Vorsichtsmaßregel ist die Ursache, weshalb so häufig bei Installationen der drahtlosen Telegraphie einem anfänglichen Enthusiasmus sehr bald das Gegenteil folgt und an einzelnen Stellen höchst pessimistische Meinungsäußerungen über die Betriebssicherheit der Stationen zutage getreten sind. Der praktische Wert einzelner „Rekordversuche" ist daher stets ein durchaus zweifelhafter. Die Gesellschaft für drahtlose Telegraphie nimmt deshalb bei ihren sämtlichen Installationen auf die Notwendigkeit des Sicherheitsfaktors Rücksicht und dimensioniert die Stationen wesentlich größer als andere Systeme. Wenn trotzdem unter abnormen Verhältnissen der Atmosphäre selbst bei dieser reichlichen Dimensionierung die Nachrichtenübertragung zeitweise aussetzen kann, so wird doch die Häufigkeit dieser Störungen nicht wesentlich größer als beim Betriebe von Telegraphenanlagen mit oberirdischer Leitung sein. Die Störungen werden sich zumeist auf die Zeit kurz vor und kurz nach Gewitterbildungen beschränken.

5. Das System Lodge-Muirhead.

Versuche von Lodge. — Der englische Physiker O. Lodge hat bereits im Jahre 1889 Versuche[1]) zur Übertragung von Signalen mit Hilfe Hertzscher Wellen angestellt, bei denen es ihm sogar gelang, eine elektrische Bogenlampe aus der Ferne durch einen gewöhnlichen Oszillator ohne Luftleiter zum Brennen zu bringen, obgleich die Kohlen der Lampe vorher nicht miteinander in Berührung gekommen waren. Lodge erkannte sehr bald, daß eine gute Fernwirkung nur durch Abstimmung von Sender und Empfänger auf die gleiche Wellenlänge zu erreichen sei. Er ersetzte

---

[1]) Signalling across space without wires by Prof. Oliver J. Lodge (New-York und London).

deshalb den geradlinigen Luftleiter der Stationen durch zwei Metallplatten, zwischen denen sich ein durch die Funkenstrecke unterbrochener Draht befindet. Ein Stück dieses Drahtes ist in mehreren Schraubenwindungen geführt. Bei dieser Anordnung wurde die Selbstinduktion der Luftleitung gegenüber der geradlinigen Ausführung wesentlich erhöht. Erhielt die Luftleitung der Empfängerstation die gleiche Anordnung, so sprach der Resonator kräftig an; er blieb unbeeinflußt, wenn die Größe der Metallplatten und die Zahl der Windungen von den gleichartigen Teilen des Senders wesentlich verschieden waren. Die erzielte Reichweite war jedoch geringer als bei Verwendung der gewöhnlichen geradlinigen Luftleitung.

Um eine größere Reichweite zu erzielen, ging Lodge deshalb dazu über, die Schwingungskreise der Stationen durch Einfügung von Kondensatoren sehr großer Kapazität und Spulen von hoher Selbstinduktion aufeinander abzustimmen. Durch die hohe Kapazität und Selbstinduktion wird die Frequenz der in den betreffenden Kreisen auftretenden Schwingungen so herabgesetzt — auf einige hundert oder tausend Schwingungen in der Sekunde —, daß keine Funkenbildung mehr eintritt und als Empfangsapparat ein gewöhnliches Telephon benutzt werden kann. Die Übertragung der Zeichen fand also hier nicht durch Hertzsche Wellen, sondern lediglich durch Induktion statt. Die auf kürzere Entfernungen angestellten Versuche veranlaßten Lodge zu dem Schluß, daß bei genügender Abstimmung auch mit dem gewöhnlichen Telephon eine drahtlose Übertragung von Signalen auf größere Entfernungen möglich sein müsse. Über die Anstellung solcher Versuche auf größere Entfernungen ist bisher nichts bekannt geworden; anscheinend hat Lodge diesen Weg wieder aufgegeben, da er kurz darauf die Abstimmungsfrage wieder unter Verwendung elektromagnetischer Wellen zu lösen suchte. Die von ihm in dieser Richtung in Verbindung mit A. Muirhead bereits im Jahre 1897 wieder aufgenommenen Versuche führten zu dem System der abgestimmten Funkentelegraphie von Lodge und Muirhead.

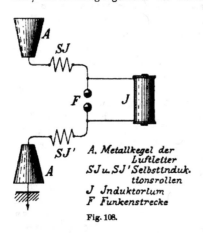

A. Metallkegel der
       Luftleiter
SJ u. SJ' Selbstinduk-
       tionsrollen
J Jnduktorium
F Funkenstrecke
Fig. 108.

Schaltung von Lodge-Muirhead. — Die Abstimmung des Senders auf Wellen derselben Periode suchen Lodge und Muirhead dadurch zu erzielen, daß sie der offenen Strombahn des Marconi-Senders große Kapazitäten in Gestalt metallener Kegel und regulierbare Selbstinduktionsspulen, wie aus Fig. 108 ersichtlich ist, hinzufügen. Die Selbstinduktionsspulen bestehen aus wenigen Windungen isolierten Kupferdrahts mit oder ohne Eisenkerneinlage. Die Regulierung der Selbstinduktion der Senderstrombahn und damit der Schwingungsperiode geschieht entweder durch Auswechslung der vorhandenen Spulen gegen andere von größerer oder geringerer Windungszahl oder dadurch, daß man mittels einer Hebelvorrichtung den Abstand zwischen den Windungen der Spulen verändert. Als Empfängerschaltung benutzten Lodge und Muirhead die gleiche Anordnung; an Stelle der Funkenstrecke tritt ein besonders konstruierter Kohärer mit einem Kontakt. Die Metallkegel und Selbstinduktionsspulen der Empfängerstation haben die gleichen elektrischen Werte wie die entsprechenden Apparate der Senderstation, so daß auch die Periode der elektrischen Schwingungen für beide Stationen annähernd gleich wird. Der einkontaktige Kohärer besteht aus einer Eisen- oder Platinspitze, die auf einer Aluminiumfeder leicht aufliegt. Die Feder wird durch ein rotierendes Zahnrad in dauernde Vibration versetzt, wodurch die unter Einwirkung der elektromagnetischen Wellen eintretende leitende Verbindung zwischen Spitze und Feder wieder aufgehoben wird.

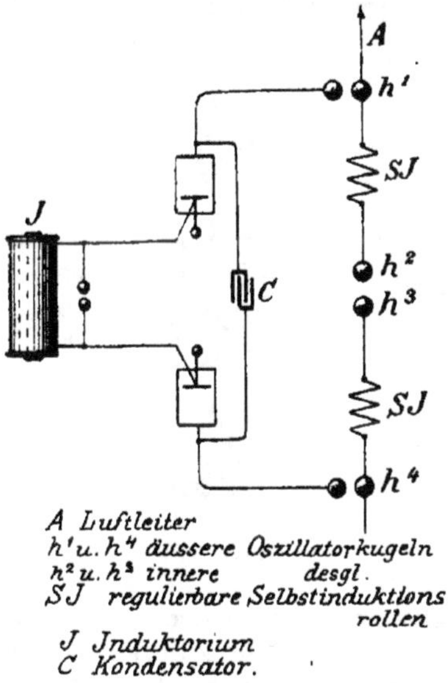

Bei einer zweiten Anordnung (Fig. 109) sehen Lodge und Muirhead für die Ladung des Oszillators Kondensatoren in Gestalt von Leydener

A Luftleiter
h^1 u. h^4 äussere Oszillatorkugeln
h^2 u. h^3 innere   desgl.
SJ regulierbare Selbstinduktions-
                          rollen
J Induktorium
C Kondensator.

Fig. 109.

Flaschen vor, deren innere Belegungen mit den Polen des Induktoriums und deren äußere Belegungen mit Kugeln verbunden sind, die den beiden äußeren Kugeln h^1 und h^4 des Oszillators gegenüberstehen. Zwischen die äußeren und die inneren Kugeln des Oszillators sind regulierbare Selbstinduktionsspulen SJ eingeschaltet.

Die Anordnung hat Ähnlichkeit mit dem Braunschen System der direkten Sendererregung mittels eines geschlossenen Schwingungskreises. Da bei ihr auch Leydener Flaschen angewendet werden, so erweckt es den Anschein, als ob Lodge früher als Braun auf die Verwendung des Leydener Flaschenstromkreises für die Erzeugung von Funkenwellen gleicher Periode gekommen sei. Dies ist aber keineswegs der Fall, denn

in der betreffenden Patentschrift legt Lodge dem Leydener Flaschenkreis an keiner Stelle eine ausschlagende Bedeutung bei; der Zweck der
Leydener Flaschen besteht hier lediglich darin, durch zwei Nebenfunken-
strecken hindurch den eigentlichen Oszillator h^2 h^3 zu laden. Die Anordnung des Empfängers entspricht genau der des Senders; an Stelle der
Funkenstrecke wird der Fritter eingeschaltet.

Bei einer zweiten Empfängerschaltung (Fig. 110) besteht der Resonator
aus zwei durch eine regulierbare Selbstinduktionsspule verbundenen Kapazitäten in Gestalt von dreieckigen Metallflügeln. Die durch die Resonanz
in diesem Luftleiter erregten elektrischen Schwingungen werden durch Induktion mittels einer die Abstimmungsspule umgebenden Sekundärspule in
den Kohärerkreis übertragen.

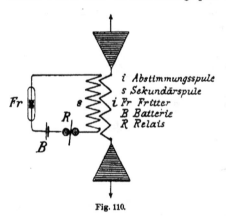

i Abstimmungsspule
s Sekundärspule
i Fr Fritter
B Batterie
R Relais

Fig. 110.

Praktische Verwendung haben
diese Schaltungsanordnungen
nicht erfahren; auch die Versuchsergebnisse scheinen nicht
ermutigend gewesen zu sein,
da Lodge neuerdings mit wesentlich anders konstruierten
Apparaten praktische Versuche
— und zwar mit gutem Er-
folg — auf den Kabelschiffen
Restorer und Patrol der Eastern
Extension Telegraph Company
angestellt hat. Bei dem verbesserten System Lodge-
Muirhead wird für die
Wellensendung der offene Schwingungskreis nach der Marconi-Anordnung
oder der geschlossene Braunsche Schwingungskreis in Verbindung mit
der offenen Strombahn durch direkte Anschaltung oder durch elektromagnetische Koppelung, d. h. induktive Übertragung benutzt. Bemerkenswert ist lediglich, daß in die offene Strombahn große Kapazitäten eingeschaltet sind; die eine in die Luft hineinragende Kapazität besteht
aus einer großen Kugel, einem Drahtkorb usw. Der Senderanordnung entsprechend kommt für die Empfängerstation ein offener oder ein geschlossener
Empfangskreis zur Anwendung, aus dem der geschlossene Fritterstromkreis
auf induktivem Wege erregt wird. Die Schwingungskreise sind aufeinander abgestimmt. Die zweckmäßigsten Schaltungsanordnungen werden
durch die Fig. 111 und 112 veranschaulicht.

Neu an dem System ist eigentlich nur der Wellenanzeiger und seine
Verwendung in Verbindung mit einem Syphonrekorder. Der Wellenanzeiger besteht aus einer Quecksilbersäule, über der sich, von ihr durch
eine Mineralölschicht getrennt, eine Stahlscheibe dauernd um ihre Achse

dreht. Die eine Elektrode des Kohärers wird durch eine in die Quecksilbersäule tauchende Platinspirale, die andere durch die Achse der Stahlscheibe gebildet. Bei elektrischer Bestrahlung des Kohärers wird die
Ölschicht für einen Augenblick durchbrochen und eine leitende Verbindung
zwischen Scheibe und Quecksilber hergestellt; sie genügt, um den parallel

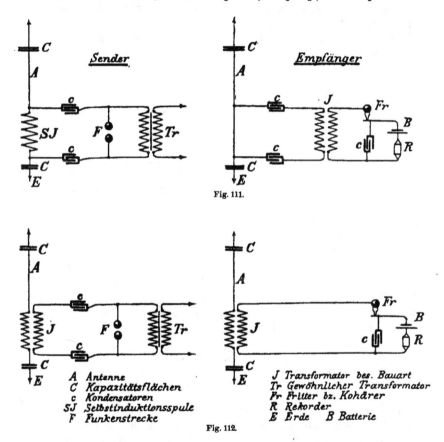

Fig. 111.

A   Antenne
C   Kapazitätsflächen
c   Kondensatoren
SJ Selbstinduktionsspule
F   Funkenstrecke

J   Transformator bes. Bauart
Tr Gewöhnlicher Transformator
Fr Fritter bz. Kohärer
R   Rekorder
E   Erde   B Batterie

Fig. 112.

zum Kohärer geschalteten Syphonrekorder zu betätigen. Für die Batterie
des Fritterstromkreises kommt ein sogenanntes Potentiometer zur Verwendung, das den Fritter unter einer Spannung von 0,03 bis 0,05 Volt
hält. Änderungen in der Spannung, selbst solche von weniger als 1 Volt genügen, um die Ölschicht zu durchschlagen und den Kohärer leitend zu machen.
Die Dekohäsion erfolgt mechanisch durch die Drehung der Metallscheibe.

6. Das System Fessenden.

Professor Reginald Fessenden, der frühere Leiter des Wetter-
bureaus der Vereinigten Staaten, hat ein neues Funkentelegraphensystem
erfunden, bei dem zur Übertragung der elektrischen Energie in die Ferne
nicht die Hertzschen Wellen, sondern Wellen besonderer Art zur Verwendung kommen sollen. Fessenden bezeichnet diese Wellen als „halb-
freie Ätherwellen", die sich von den Hertzschen Wellen dadurch unterscheiden sollen, daß sie keine vollständigen Wellen, sondern nur Halb-
wellen sind, daß sie sich nur über die Oberfläche eines Leiters fortbewegen

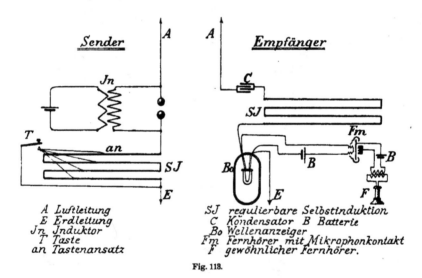

A Luftleitung
E Erdleitung
Jn Jnduktor
T Taste
an Tastenansatz

SJ regulierbare Selbstinduktion
C Kondensator   B Batterie
Bo Wellenanzeiger
Fm Fernhörer mit Mikrophonkontakt
F gewöhnlicher Fernhörer.

Fig. 113.

und daß ihre elektrische Energie ein Maximum ist, wenn auch ihre
magnetische Energie den größten Wert erreicht. Eine eingehendere
Erklärung über die Art und Weise des Entstehens der „halbfreien Ätherwellen", sowie über ihre Eigenschaften und Wirkungen hat Fessenden
noch nicht gegeben. Es fehlt auch noch der Nachweis, ob bei dem
Fessenden-System tatsächlich derartige Wellen zur Anwendung kommen.
Wenn man die in den Fessendenschen Patentschriften enthaltenen Schal-
tungsskizzen von nebensächlichem Beiwerk befreit, so kommt man schließlich
zu dem durch die Fig. 113 veranschaulichten Schaltungsschema, das sich
von den bisher gebräuchlichen Anordnungen im wesentlichen nicht unterscheidet, sondern sich als ein System der abgestimmten Funkentelegraphie
darstellt, bei dem sowohl bei der Sender- wie bei der Empfängerstation
offene Schwingungskreise und geerdete Luftleiter zur Anwendung kommen.

Die Luftleitung verbindet Fessenden durch ein Drahtgebilde besonderer Bauart mit der Erde, das sich in der Richtung nach der Empfangsstation mindestens so weit erstrecken soll, daß es einem Viertel der zu entsendenden Wellenlänge elektrisch gleichwertig wird. In dieser Verlängerung der Luftleitung wird man kaum mehr als einen der bei den abgestimmten Funkentelegraphensystemen in Gestalt von Drahtspulen oder Metallplatten zur Anwendung kommenden Resonanzansätze zu erblicken haben und aus ihrer Verwendung keineswegs auf die Entstehung einer besonderen Art elektrischer Wellen schließen können.

Immerhin enthält das Fessenden-System verschiedene recht beachtenswerte Neuerungen.

Während des Gebens findet auf der Senderstation eine dauernde Wellensendung statt. Die Telegraphierzeichen werden dadurch übermittelt, daß durch Niederdrücken der Taste T, mittels welcher die regulierbare Induktanz SJ geändert wird, auch die Wellenlänge geändert und die beiden Stationen also außer Abstimmung gebracht werden.

Die zur Abstimmung benutzte regulierbare Induktanz besteht aus mehreren Paaren parallel gespannter Drähte oder Metallstreifen, die hintereinander geschaltet und, um ihre Kapazität zu erhöhen, in einem Kasten unter Öl dicht nebeneinander angeordnet sind. Auf den beiden Drähten je eines Drahtpaares ruhen verschiebbare Kontakte. Nach Fessenden soll diese Anordnung ermöglichen, Kapazität und Selbstinduktion in ein solches Verhältnis zueinander zu bringen, daß sich im Schwingungskreise reine Sinuswellen ausbilden. Um reine Sinuswellen zu erhalten, soll das Verhältnis zwischen Kapazität und Induktanz für alle Teile des Senderdrahts für die Längeneinheit annähernd dasselbe sein. Die beweglichen Kontakte, durch welche die Selbstinduktion und Kapazität bis zur gewünschten Abstimmung abgeglichen werden, haben die Form von Stäben, die an beiden Enden ausgekehlte Scheiben tragen. Federnde Arme, die in Einschnitten des Kastendeckels verschiebbar angebracht sind, drücken die Stäbe fest auf die Drahtpaare.

Wird beim Telegraphieren der mit Erde verbundene Tastenhebel T niedergedrückt, so drückt sich der Ansatz an des Tastenkontaktes gegen einen der Drähte der Abstimmungseinrichtung und schaltet dadurch einen Teil der Abstimmung dem Senderdraht hinzu, dessen Schwingungsperiode hierdurch geändert wird.

Wird der Tastenkontakt mit mehreren Ansätzen versehen, so kann man leicht von einer Wellenlänge zur anderen übergehen.

Der Empfängerstromkreis enthält den Luftleiter, einen Kondensator, die gleiche Abstimmungsvorrichtung wie die Senderstation und einen Wellenanzeiger in Hintereinanderschaltung mit Erde verbunden. Parallel zum Wellenanzeiger ist ein Mikrophonkontakt angeordnet, durch den ein Fernhörer betätigt wird. Der von Fessenden konstruierte Wellenanzeiger

beruht auf dem Prinzip des Bolometers. Er besteht aus einem 0,25 mm
langen Stück Silberdraht von nur 0,051 mm äußerem Durchmesser mit
einem Platinkern von 0,00152 mm Stärke. Dieses Drahtstückchen wird
mit den Platinzuführungsdrähten des Wellenanzeigers metallisch verbunden
und zu einer Schleife gebogen. Die Spitze dieser Schleife wird in Salpetersäure eingetaucht, wodurch das Silber an dieser Stelle gelöst, der Platinkern also freigelegt wird. Die Drahtschleife des Wellenanzeigers hat einen
Widerstand von 30 Ohm, also im Vergleich zu dem Widerstande der
Metallfeilichtkohärer einen recht geringen Widerstand. Beim Durchgang
der elektrischen Wellen wird das dünne Drahtstück hinreichend und schnell
erwärmt und dadurch sein Widerstand vergrößert. Hört die Wellenwirkung

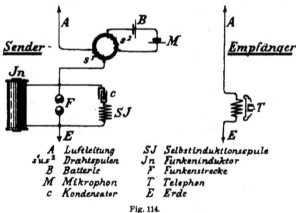

A Luftleitung	SJ Selbstinduktionsspule
$s^1 u s^2$ Drahtspulen	Jn Funkeninduktor
B Batterie	F Funkenstrecke
M Mikrophon	T Telephon
c Kondensator	E Erde

Fig. 114.

auf, was der Fall ist, wenn beim Telegraphieren die Abstimmung gestört wird, so gibt der Wellenanzeiger die Wärme durch Leitung schnell
wieder ab, sein Widerstand nimmt ab und es findet dadurch eine Beeinflussung des Mikrophonstromkreises derart statt, daß das Telephon hör-
bare Zeichen von der Dauer des Tastendrucks gibt. Die Drahtschleife des
Wellenanzeigers ist in einer luftleeren Glasbirne eingeschmolzen; zur Verhütung von Wärmeausstrahlungen ist eine kleine Silberschale über die
Schleife geschoben und an den Einführungsdrähten mittels eines Glasbänd-
chens befestigt. Mehrere solcher Wellenanzeiger sind auf einer drehbaren
Scheibe angeordnet, um leicht beim Versagen eines Anzeigers einen anderen
einschalten zu können.

  Fessenden hat bei seinen Versuchen eine sichere funkentelegraphische Verständigung auf 180 km erzielt und will auf eine Entfernung
von 90 km so schnell wie auf einer oberirdischen Telegraphenleitung
telegraphiert haben.

Von den übrigen umfangreichen Arbeiten des Professors Fessenden auf dem Gebiete der Funkentelegraphie verdienen noch folgende besondere Beachtung:

1. eine Anordnung zur Erzielung großer Reichweiten auch bei kurzen Luftleitungen.

Fessenden ordnet zu diesem Zwecke die Pole der Funkenstrecke in einer Kammer an, deren Luft- oder Gasfüllung durch eine Druckpumpe unter einen Druck von 4 bis 5 Atmosphären gesetzt wird. Den besten Erfolg hat Fessenden erzielt, wenn er den einen Pol der Funkenstrecke als Spitze, den anderen als große Platte ausbildete; er brauchte dann zur Überbrückung einer Entfernung von 180 km nur Masten von 7,5 m Höhe.

2. Eine Anordnung, bei welcher die von der Funkenstrecke ausgehenden Wellen eine Änderung ihrer Frequenz durch ein Mikrophon erhalten sollen.

Zu diesem Zwecke verbindet Fessenden den einen Pol der Funkenstrecke (Fig. 114) mit einer Spule s_1 eines ringförmigen Eisendrahtbündels und den zweiten Pol der Funkenstrecke mit Erde. Parallel zur Funkenstrecke ist in gewöhnlicher Weise ein Kondensator und eine Selbstinduktionsspule geschaltet. Über den Eisendrahtring ist ferner eine zweite Spule s_2 geschoben, deren Enden mit einem Mikrophonstromkreise verbunden sind. Das Induktorium ist ununterbrochen in Tätigkeit; es findet also eine dauernde Wellensendung statt, die der Membran des Empfangstelephons, das unmittelbar in die Luftleitung eingeschaltet ist, eine bestimmte Lage geben soll. Änderungen im Mikrophonstromkreise sollen nun entsprechende Änderungen in der natürlichen Schwingungsperiode des Senderdrahts hervorrufen, die ihrerseits wieder

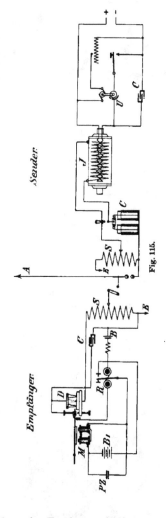

Fig. 115.

entsprechende Änderungen der Telephonmembran des Empfängers bedingen.

Der Barretter. — Mit diesem Namen bezeichnet Fessenden einen neuerdings von ihm konstruierten Wellenanzeiger, bei welchem er an Stelle

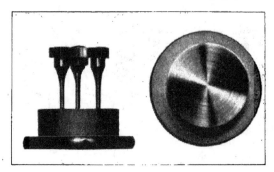

Fig. 116.

des Platindrahtes seines Bolometerdetektors eine kleine Flüssigkeitssäule benutzt. Die eine Ausführungsform enthält ein Diaphragma mit einem winzigen Loche, das die Verbindung mit der Flüssigkeit herstellt, die andere ein feines Platindrähtchen, das in die Flüssigkeit taucht und deren Widerstand gewissermaßen um die Drahtspitze herum konzentrieren soll. Der Apparat dürfte lediglich eine Ausführungsform des Schlömilchschen Polarisationszellendetektors darstellen.

Ob die praktischen Erprobungen der Erfindungen Fessendens die von seinen Freunden gehegten überschwänglichen Hoffnungen erfüllen werden, läßt sich heute noch nicht übersehen; immerhin bürgt die zielbewußte Arbeit Fessendens für einen gewissen Erfolg.

7. Das System Branly-Popp.

Charakteristisch für das von dem Erfinder des Kohärers in die Praxis eingeführte System, dessen Schaltungsanordnung Fig. 115 wiedergibt, ist ein besonders empfindlicher Wellenanzeiger: der ebenfalls von Professor

Fig. 117.

E. Branly erfundene Dreifußkohärer. Er besteht aus einem auf einer
polierten Stahlplatte ruhenden stählernen Dreifuß D (Fig. 115 u. 116),
dessen Füße leicht oxydiert sind. Zum Schutz gegen Staub und Feuchtig-
keit ist der Apparat mit einer Glasglocke bedeckt. Die Berührungspunkte

Fig. 118.

zwischen den oxydierten stumpfen Fußspitzen und der polierten Platte
bilden die Kohärerkontakte. Bei der elektrischen Bestrahlung verringert
sich der Widerstand zwischen den Kohärerkontakten, und das mit einem
kleinen Element B in den Kohärerstromkreis eingeschaltete, sehr empfindliche Relais R spricht an. Das Relais betätigt durch den Schluß der

Batterie B_1 den Morseapparat M, dessen Anker leicht auf die Stahlplatte des Dreifußkohärers aufschlägt (Fig. 117) und so die Dekohäsion bewirkt; es genügt die leiseste Erschütterung. Ein besonderer Klopfer für die Dekohäsion ist also hier überflüssig. Die Abstimmung erfolgt in der üblichen Weise durch die regulierbaren Selbstinduktionsspulen S.

Besonderes Interesse erweckt der funkentelegraphische Nachrichtendienst, den die Société française des Télégraphes sans fil mit dem System Branly-Popp in Paris eingerichtet hat. Von der Zentralstation auf dem Madelaineplatz werden die neuesten Nachrichten funkentelegraphisch nach

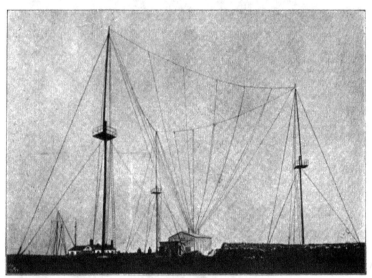

Fig. 119.

den in 20 Stadtbezirken von Paris meist in Gestalt von fahrbaren Stationen (Fig. 118) eingerichteten Verteilungsämtern befördert. Diese senden die Nachrichten durch Radfahrer an die Abonnenten.

Von den übrigen mit dem System Branly-Popp zur Einrichtung gekommenen Anlagen sind die Stationen am Cap de la Hague bei Cherbourg (Fig. 119) und am Cap Gris-Nez mit je 500 km Reichweite die bedeutendsten.

8. Das System Popoff-Ducretet.[1]

Bei dem Sendersystem wird in gewöhnlicher Weise ein geerdeter Luftleiter benutzt, in den die Funkenstrecke eingeschaltet ist. Diese ist mit der sekundären Spule eines Ruhmkorff-Induktors von 4—50 cm

[1] Ducretet: Traité Élémentaire de Télégraphie et de Téléphonie sans fil. Paris 1903.

Schlagweite unmittelbar verbunden. Um mächtigere Wirkungen zu erhalten, werden zwei Induktoren zusammengeschaltet, indem man ihre sekundären Rollen nebeneinander schaltet, d. h. ihre gleichnamigen Pole miteinander verbindet; die primären Rollen können neben- einander und bei genügend starker Stromquelle auch hintereinander geschaltet werden. In dem Untersetzkasten der Induktoren ist ein Blätter- kondensator aus Zinnfolie und paraffiniertem Papier untergebracht und zum Induktorunter- brecher so geschaltet, daß der die Unterbrechungs- funken verursachende Extrastrom zum größten Teil zur Ladung des Kondensators benutzt und daher die schädliche Funkenbildung an den Unterbrecherkontakten fast vollständig be- seitigt wird. Als Unterbrecher wird der in dem Abschnitt über die Apparate der Funken- telegraphie noch besonders beschriebene Queck- silberunterbrecher von Ducretet benutzt. Als Telegraphiertaste dient eine Knopftaste, bei der die Kontaktbildung unter Petroleum er- folgt. Die aus Messing oder Aluminium be- stehenden Polkugeln der Funkenstrecke sind an den inneren, einander gegenüberstehenden Flächen platiniert.

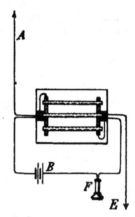

A Luftleiter
B Batterie
F Fernhörer
E Erde

Fig. 120.

Für Stationen von großer Reichweite kommen für die Funkenbildung hochgespannte Ströme von großer Wechselzahl zur Verwendung, die unmittelbar durch Dynamomaschinen erzeugt werden.

Die Empfängereinrichtung sieht eine direkte Ein- schaltung des Wellenanzeigers in die Luftleitung in der von Popoff zuerst angewandten Weise (vgl. Fig. 27) vor. Charakteristisch ist dem jetzigen System ein Metall- stabkohärer, dessen Konstruktion auf dem Prinzip des Branlyschen Dreifußkohärers beruht. Er besteht aus zwei stabförmigen, nicht polierten Metallelektroden, über die eine Anzahl polierter Stäbe aus hartem Stahl ge- legt sind. Die Aufnahme der Telegramme geschieht durch einen Fernhörer, dessen Einschaltung Fig. 120 veranschaulicht. Sollen die Telegramme mit dem Morse-

Fig. 121.

schreiber aufgenommen werden, so kommt ein Platinkohärer (Fig. 121) zur Anwendung, dessen Elektroden aus einfachen Platindrähten bestehen, zwischen denen Nickelfeilspäne liegen. In einem gebogenen Ansatz der luftleeren Kohärerröhre ist ein Vorrat von Feilspänen untergebracht. Durch entsprechende Drehung der Röhre kann man also die Feilspäne zwischen

den Elektroden vermehren, mit neuen Spänen mischen oder ganz durch
neue ersetzen.

9. Das System De Forest.

Schaltung und Apparate. — Das von Dr. Lee de Forest angegebene Funkentelegraphensystem (Fig. 122) benutzt zwar die bekannten
Sendereinrichtungen der älteren Systeme; es bedeutet aber insofern einen
Fortschritt, als es einen besonders empfindlichen, auf elektrolytischen
Wirkungen beruhenden Wellenanzeiger verwendet, der nach Aufhören der
elektrischen Bestrahlung von selbst seinen ursprünglichen Zustand wieder
einnimmt. Als Energiequelle der Senderstation dient eine Wechselstrommaschine von 110 Volt Spannung bei 120 Wechseln in der Sekunde oder

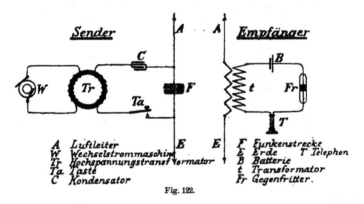

A	Luftleiter	F	Funkenstrecke
W	Wechselstrommaschine	E	Erde T Telephon
Tr	Hochspannungstransformator	B	Batterie
Ta	Taste	t	Transformator
C	Kondensator	Fr	Gegenfritter.

Fig. 122.

auch von 500 Volt bei 60 Umdrehungen. Durch einen Transformator besonderer Bauart wird der Wechselstrom auf 25 000 Volt Spannung gebracht.
Die Zeichengebung erfolgt durch die in den Sekundärstromkreis des Transformators eingeschaltete Taste *Ta*. Wegen der hohen Spannung erfolgt
Stromschluß und Stromöffnung unter Öl. Der Senderstromkreis ist also
ein offener und die Übertragung der Oszillationen auf den Senderdraht
erfolgt direkt.

Die Pole der Funkenstrecke bestehen aus sphärischen Scheiben, die
in einer Entfernung von 0,8 cm übereinander angeordnet sind. Es soll
diese Anordnung eine besonders klare und wirksame Funkenstrecke geben.
Die Strombahn des Empfängers ist eine offene; die von ihm aufgefangenen
Wellen werden durch einen Transformator auf den geschlossenen, aber
nicht abgestimmten Stromkreis des Wellenanzeigers übertragen. Die Zeichen
werden durch ein Telephon aufgenommen.

Der Wellenanzeiger, von De Forest „Responder" genannt, ist ein
elektrolytischer Antikohärer oder Gegenfritter, dessen Widerstand durch

die elektrische Bestrahlung vergrößert wird. Er besteht aus zwei in eine
Glas- oder Ebonitröhre eingeschlossenen Metallelektroden, zwischen denen
sich eine teigartige Paste aus Feilspänen, Glyzerin oder Vaseline, ferner
Bleioxyd mit Spuren von Wasser oder Alkohol befindet. Unter der Einwirkung einer kleinen Batterie von 0,1—1 Milliampere bilden die durch
die ganze Paste verteilten Feilspäne eine leitende Brücke von Elektrode
zu Elektrode von verhältnismäßig geringem Widerstande. Sobald elektrische
Wellen diese Brücke bestrahlen, fällt sie in sich zusammen, indem der
Widerstand infolge Ablagerung großer Mengen winziger Bläschen von
Wasserstoff an der Kathode erheblich zunimmt. Nach Aufhören der elektrischen Bestrahlung tritt sofort der ursprüngliche Zustand wieder ein;
die Wirkung geht augenblicklich vor sich. Eine Erneuerung der Paste
ist erst nach drei Tagen erforderlich.

De Forest will bei seinen Versuchen selbst auf größere Entfernungen
eine Sprechgeschwindigkeit von 20—40 Wörtern in der Minute erzielt
haben.

Richtungsversuche. — Um die sich nach allen Seiten ausbreitenden
elektrischen Wellen in eine bestimmte Richtung zu zwingen, verbindet
De Forest den Luftleiter nicht durch die Erregerfunkenstrecke direkt mit
Erde, sondern schließt an dessen Fußpunkt einen wagerechten isolierten
Draht an. Der senkrechte Luftleiter wird $1/4$, der wagerechte $1/2$ Wellenlänge lang gemacht. Das andere Ende des in einiger Höhe über dem
Erdboden geführten wagerechten Drahtes ist durch eine kleine Funkenstrecke an Erde gelegt. De Forest will gefunden haben, daß auf diese
Weise die in den Luftdrähten erzeugten Kraftlinien in der von ihnen
gebildeten Ebene zusammengedrängt werden und daher auch hauptsächlich
in der Richtung dieser Ebene ausstrahlen. Bevor nämlich zwischen den
Polen der Erregerfunkenstrecke ein Funke zustande kommt, werden der
senkrechte und der wagerechte Luftleiter entgegengesetzt geladen und die
beim Ausgleich der Ladungen entstehenden Kräfte wirken daher in der
von den Luftleitern gebildeten Ebene. Beim Ausgleich durch den Funken
findet die Elektrizität über die kleine Hilfsfunkenstrecke Erde, und die
jetzt entstehende Welle hat ebenfalls die Richtung der Luftleiterebene.

De Forest will auch auf folgendem Wege noch eine Richtfähigkeit
der elektrischen Wellen erzielen. Der eigentliche Luftleiter wird mit
einer Reihe anderer senkrechter Luftleiter (sekundärer Luftdrähte) umgeben.
Die Anordnung ist derartig, daß die sekundären Drähte den eigentlichen
Luftleiter als Paraboloid umgeben, in dessen Brennlinie er liegt. Das
System sekundärer Drähte soll als Reflektor für die elektrischen Wellen
dienen und ihnen eine bestimmte Richtung anweisen. Jeder der Sekundär-
drähte wird direkt oder durch einen wagerechten Draht unter Zwischenschaltung einer sekundären Funkenstrecke mit der Erde und außerdem mit
dem unteren Ende des Hauptdrahtes verbunden.

11*

10. Das System Tesla.

Das Funkentelegraphensystem von Nicola Tesla ist eine Kombination von zwei oder mehreren Senderstationen und der gleichen Anzahl Empfängereinrichtungen. Je ein Sender und Empfängerapparatsatz sind immer auf dieselbe Wellenlänge abgestimmt. Die von jedem Apparatsatz ausgehenden Wellen sind in ihrer Länge so verschieden, daß sie nur den zugehörigen Apparatsatz der Empfängerstation beeinflussen können. Die Anordnung ist so getroffen, daß sämtliche Senderapparate der Station gleichzeitig arbeiten müssen, denn auf der Empfangsstation kann der

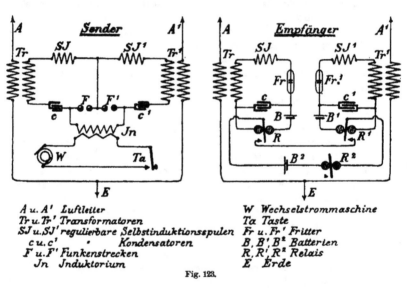

A u. A' *Luftleiter*
Tr u.Tr' *Transformatoren*
SJ u.SJ' *regulierbare Selbstinduktionsspulen*
 c u.c'   •   *Kondensatoren*
 F u.F' *Funkenstrecken*
  Jn *Jnduktorium*

W *Wechselstrommaschine*
Ta *Taste*
Fr u. Fr' *Fritter*
B, B', B² *Batterien*
R, R', R² *Relais*
E *Erde*

Fig. 123.

eigentliche Apparat für die Niederschrift der Zeichen nur dann in Tätigkeit treten, wenn alle Fritter durch die für sie bestimmten Wellen bestrahlt werden. Tesla will durch sein System eine größere Sicherheit der Abstimmung erreichen, indem er annimmt, daß bei gleichzeitiger Entsendung von zwei oder mehreren stark gegeneinander verstimmten Wellen die Wahrscheinlichkeit eine sehr geringe wird, daß gleichzeitig auch von fremden Stationen Wellen entsprechender Länge auf der Empfangsstation eintreffen. Im übrigen bietet das System, wie aus dem Schaltungsschema Fig. 123 für eine Sender- und Empfängerstation mit je zwei Apparatsätzen leicht ersichtlich ist, keine besonderen Abweichungen gegen die sonst gebräuchlichen Anordnungen. Es kommen geschlossene Schwingungskreise in elektromagnetischer Koppelung mit der offenen und geerdeten Strombahn des Luftleiters in Anwendung. Die geschlossenen Schwingungskreise sind durch eingeschaltete regulierbare Kondensatoren c und c^1 und Selbstinduktionen SJ und SJ^1 abstimmbar. Die Speisung der Funkenstrecken erfolgt durch ein Induktorium in Verbindung mit einer Sammlerbatterie oder durch eine Wechselstrommaschine. Zur Zeichengebung dient die Taste Ta.

Auf der Empfangsstation kann das Relais R^2, welches einen Morseschreiber (in der Figur weggelassen) für die Zeichenaufnahme betätigt, nur dann ansprechen, wenn beide Relais R und R^1 infolge der wirksamen Bestrahlung der Fritter Fr und Fr^1 durch die für sie bestimmten elektrischen Wellen ihre Anker anziehen. Die Betätigung eines Fritters allein durch die Wellensendung einer fremden Station würde nicht ausreichen, das Relais R^2 zum Ansprechen zu bringen; der Betrieb würde also durch die fremde Station nicht gestört werden. Es ist nicht zu verkennen, daß durch die Tesla-Anordnung eine Station der Störung durch fremde Stationen wird entzogen werden können, sofern letztere nicht in naher Entfernung von dieser Station arbeiten.

11. Das System Anders Bull.

Mehrfache Funkentelegraphie durch mechanische Abstimmung. — Das System sieht eine rein mechanische Abstimmung vor, für deren Konstruktion wohl die Einrichtung des Baudot-Vielfachtelegraphen als Vorbild gedient hat. Ein durch einen kurzen Druck auf die Telegraphiertaste erzeugter Strom löst mittels eines Elektromagnets die Arretierung einer Metallscheibe aus, die sich dann unter Einwirkung eines Motors um ihre Achse dreht und nach einer Umdrehung in der Normalstellung wieder festgehalten wird. Wird die Taste längere Zeit niedergedrückt, so erfährt die Scheibe mehrere Umdrehungen, und zwar fünf in einer Sekunde. Bei jeder Umdrehung wird durch einen an der Metallscheibe sitzenden Vorsprung der Stromkreis für den sogenannten Verteiler geschlossen und hierdurch ein Elektromagnet betätigt, der eine Feder in eine rinnenförmige Vertiefung des Verteilers schiebt. Diese Feder folgt nun der ebenfalls fünfmal in der Sekunde stattfindenden Drehung der Verteilerscheibe und berührt nacheinander eine bestimmte Anzahl und in bestimmten Entfernungen voneinander angeordnete Kontakte. Bei jeder Berührung zwischen Feder und Kontakt wird mittels eines Elektromagnets der Primärkreis eines Funkeninduktors geschlossen; durch den kurzen Druck auf die Sendertaste werden also fünf Wellenimpulse in bestimmter Aufeinanderfolge der in gewöhnlicher Weise angeordneten offenen und geerdeten Strombahn des Senderluftleiters zugeführt.

Auf der Empfängerstation befindet sich ein „Kollektor" genannter Apparat, der in seiner Einrichtung derjenigen des Verteilers der Senderstation entspricht und insbesondere mit derselben Anzahl von Kontakten in genau denselben Abständen ausgerüstet ist. Jeder den in den geerdeten Luftleiter der Empfangsstation unmittelbar eingeschalteten Fritter treffende

Wellenimpuls betätigt ein zu dem Fritter parallel geschaltetes Relais. Durch jede Ankerbewegung dieses Relais wird eine Feder in die Rinne des Kollektors geschoben, dessen Bewegung mit der des Verteilers der Senderstation synchron ist. Den vom Verteiler ausgesendeten fünf Wellenimpulsen entspricht also eine Verschiebung von fünf Federn in die Rinne des Kollektors. Liegen sämtliche fünf Federn in den durch die zeitliche Folge der Wellenimpulse bedingten Abständen in der Kollektorrinne, so schließen sie über die in entsprechenden Zwischenräumen angeordneten Kontakte den Stromkreis für einen Morseschreiber; es entsteht ein Punkt. Ein Tastendruck von längerer Dauer bringt eine Reihe Punkte hervor, die dann einen Strich des Morsealphabets darstellen.

Wellenimpulse, die in einer anderen zeitlichen Folge oder in einer anderen Anzahl in der Sekunde auf den Fritter bzw. den Kollektor wirken, können den Zeichenempfänger nicht betätigen. Würde man also an den Luftleiter der Senderstation einen zweiten Apparatsatz anschalten, der z. B. drei Wellenimpulse in bestimmter Zeitfolge in der Sekunde versendet, so würde dadurch der für fünf Wellenimpulse in der Sekunde eingerichtete Empfänger nicht betätigt werden, dagegen könnten diese aus drei Wellenimpulsen zusammengesetzten Zeichen durch einen zweiten, parallel zum Empfangsfritter geschalteten besonderen Apparatsatz aufgenommen werden. Ob praktische Erfolge diese theoretische Lösung der Aufgabe einer mehrfachen Funkentelegraphie bestätigen werden, bleibt abzuwarten.

12. Das System Blondel.

Mehrfache Funkentelegraphie durch mechanisch-akustische Abstimmung. — Professor Blondel benutzt eine mechanisch-akustische Abstimmung bei seinem System der Mehrfachfunkentelegraphie. Die Zahl der von den einzelnen Senderstationen ausgehenden Wellenimpulse in der Sekunde ist eine recht verschiedene. Auf der Empfangsstation werden sie durch einen unmittelbar in den geerdeten Luftleiter eingeschalteten Fritter in gewöhnlicher Weise registriert. Parallel zum Fritter sind mit einer Batterie eine Anzahl von Empfangsapparaten zusammengeschaltet, deren jeder nur dann akustisch anspricht, wenn die Anzahl der in der Sekunde auf ihn wirkenden Stromstöße seiner Eigenschwingung entspricht. Zu diesem Zwecke verwendet Blondel Monotelephone von Mercadier.

Ein solches Monotelephon enthält in einer zylindrischen Dose mit Glasdeckel einen kräftigen Magneten, auf dessen hohlen Kern oben eine Magnetisierungsspirale von 200 bis 400 Ohm Widerstand aufgesetzt ist. Die Membran ist etwa 2 mm dick, aber nicht mit dem Rande festgeklemmt, sondern in drei Punkten der ersten Schwingungsknotenlinie durchbohrt und mit diesen Durchbohrungen auf drei Spitzen aufgesetzt. Jede Membran ist durch entsprechende Wahl ihres Durchmessers auf einen bestimmten Ton abgestimmt. Die Membran spricht kräftig an, wenn eine Reihe Stromimpulse das Telephon beeinflussen, die der Schwingungszahl des Grundtons, der Membran entsprechen; sie bleibt jedoch nahezu unbeweglich, wenn der Periodenunterschied mindestens einen halben Ton beträgt.

Eine besondere Eigentümlichkeit des Blondel-Systems ist das Fehlen des sonst allgemein üblichen Luftdrahts bei der Senderstation. Als Wellenausstrahler benutzt Blondel einen großen Kondensator C (Fig. 124), dessen eine Belegung geerdet ist, während die andere in einer bestimmten, ziemlich bedeutenden Entfernung vollkommen isoliert aufgehängt ist. Der Raum zwischen beiden Kondensatorplatten wird zweckmäßig durch Paraffin oder ein anderes Dielektrikum ausgefüllt. Die Ladung des Kondensators erfolgt

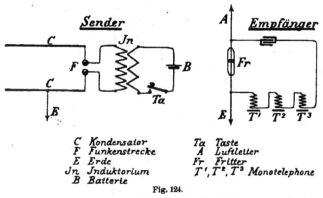

C	Kondensator	Ta	Taste
F	Funkenstrecke	A	Luftleiter
E	Erde	Fr	Fritter
Jn	Jnduktorium	T', T^2, T^3	Monotelephone
B	Batterie		

Fig. 124.

durch einen Funkeninduktor. Das durch die Ladung entstehende konzentrierte Kraftfeld zwischen den beiden Kondensatorplatten verschwindet, sobald ein Funke überspringt, indem es sich in kreisförmigen, konzentrischen, elektromagnetischen Wellen vom Kondensator hinweg über die Bodenfläche ausbreitet.

An Stelle der Drähte, welche die Funkenstrecke mit den Platten verbinden, verwendet Blondel auch große Metallzylinder, Kegel oder sonst gebogene Flächen. Blondel will durch die Kondensatoranordnung eine größere Elektrizitätsmenge zur Ausstrahlung bringen, als dies mit den Luftleitern der sonstigen Systeme möglich ist.

Da Blondel nur kurze Wellenlängen verwendet, so hält er es für angängig, den Kondensator in der Brennlinie eines parabolischen oder kreisförmigen Metallreflektors anzuordnen, um damit den Wellenstrahlen eine bestimmte Richtung zu geben.

13. Das System Blochmann.

Es ist ausgeschlossen, mit den jetzt gebräuchlichen Luftleitungen die elektrischen Wellen von einem Punkte aus nach einer bestimmten, selbstgewählten Richtung zu versenden. Dr. Rudolf Blochmann versucht die elektrischen Strahlen dadurch zu richten, daß er an Stelle der Antennen linsenförmige Körper mit großer Dielektrizitätskonstante, z. B. aus Harz, Paraffin oder Glas, setzt.

Diese Linsen wirken auf die elektrischen Strahlen in gleicher Weise wie Glaslinsen auf die Lichtstrahlen. Blochmann hat mit Linsen von nur 80 cm Durchmesser unter Verwendung von 20 cm langen Wellen Entfernungen von einigen Kilometern überbrückt.

Die Blochmannsche Sendereinrichtung bringt die für die Erzeugung der elektrischen Wellen erforderlichen Apparate in einer metallischen, für elektrische Strahlen also undurchlässigen Kammer unter, welche an einer Seite die Ausstrahlungslinse enthält. Die von der im Brennpunkt der Linse angeordneten Funkenstrecke ausgehende elektrische Energie wird hierdurch längs der Achse der Linse zusammengehalten, sie tritt in dieser Richtung in den Raum hinaus und kann so trotz des Fehlens der Antenne die Wellenanzeiger auf größere Entfernungen betätigen. Der auf diese Weise durch den Äther in der gewählten Richtung fortgepflanzte elektrische Wellenzug wird auf der Empfangsstation in seiner Wirkung dadurch wieder verstärkt, daß die Strahlen zunächst durch eine gleichartige Linse hindurchgehen und von dieser auf den in ihrem Brennpunkte angeordneten Wellenanzeiger konzentriert werden.

Die Blochmannsche Senderstation hat Ähnlichkeit mit einem optischen Scheinwerfer; die Empfangsstation tritt bei diesem an Stelle des menschlichen Auges. Da ferner die elektrischen Wellenzüge tatsächlich die Eigenschaften der Lichtstrahlen besitzen, so bezeichnet Blochmann sein System kurzweg als „Strahlentelegraphie". Es charakterisiert sich als eine erweiterte Anwendung des Hertzschen Spiegelversuchs. Bedingung für die Wirksamkeit des Systems ist, daß die Stationen gegenseitig sichtbar sind, daß also keine für die elektrischen Wellen Schatten bildenden Gegenstände, d. h. keine elektrischen Leiter größerer Ausdehnung sich in der Verbindungslinie zwischen den beiden Stationen befinden. Das System würde sich also nur für geringe Entfernungen eignen, für größere Entfernungen müßten Relaisstationen eingerichtet werden, oder es würden die sich sonst von den übrigen Systemen nicht wesentlich unterscheidenden Apparatsätze in Verbindung mit einer Luftleitung zu benutzen sein.

Die Bedeutung des Blochmannschen Systems erstreckt sich nur auf den Nahverkehr, indem es die Möglichkeit in Aussicht stellt, mit ihm eine mehrfache Funkentelegraphie zu schaffen, die bisher durch die Methoden der elektrischen und mechanischen Abstimmung gerade im Nahverkehr nicht erreicht werden konnte. Das Blochmannsche System gewährt nicht nur die Möglichkeit, auf einer Empfangsstation lediglich diejenigen Signale bzw. elektrischen Wellen aufzunehmen, die aus einer bestimmten Richtung kommen, sondern auch eine Feststellung der Richtung, aus der die Wellen eintreffen.

Kommen die Wellenstrahlen parallel zur Achse der Linse auf der Empfangsstation an, so werden sie im Brennpunkte der Linse vereinigt und von dem daselbst befindlichen Wellenanzeiger zur Wahrnehmung gebracht. Diejenigen Strahlen dagegen, deren Richtung einen Winkel zur Linsenachse bildet, werden nicht im Brennpunkte vereinigt; sie lassen also den Wellenanzeiger, wenn die Winkelabweichung groß genug ist, unbeeinflußt. Dagegen können sie durch einen in dem neuen Strahlenvereinigungspunkt aufgestellten Wellenanzeiger registriert werden. Bringt man sonach in der Empfangskammer, die ebenfalls aus Metallblech besteht, nicht einen, sondern mehrere Wellenanzeiger an, so kann man die vor der Linse der Kammer liegende Gegend in der Kammer gewissermaßen elektrisch abbilden. Man kann auf diese Weise mit einer bis auf einige Winkelgrade sich erstreckenden Genauigkeit feststellen, aus welchen Richtungen die einzelnen Wellenzüge kommen. Die Möglichkeit einer mehrfachen Funkentelegraphie ist hierdurch ebenfalls gegeben. Zu diesem Zwecke werden die Metallkammern des Senders und Empfängers mit mehreren Linsen ausgestattet. Jede Linse kann durch einen Schieber aus einem für elektrische Wellen undurchlässigen Material (Metall) außer Wirkung gesetzt werden.

Die in Brunsbüttel mit dem Blochmannschen System unter Verwendung einer primären Energie von 1 Kilowatt angestellten Versuche ergaben eine Reichweite von 1,5 km. Wie es beim Scheinwerfer nicht vollkommen gelingt, die Lichtstrahlen nur in der Achsenrichtung auszusenden, sondern die Erscheinung der sogenannten Streuung eintritt, indem sich Strahlen in benachbarten Richtungen fortpflanzen, so wurde auch bei den nach dem System Blochmann gerichteten elektrischen Strahlen eine seitliche Streuung beobachtet. Die Streuung betrug etwa 10°; außerhalb dieses Strahlenwinkels liegende Empfänger wird also der betreffende Wellenzug nicht beeinflussen. Es wäre zu wünschen, daß durch weitere Versuche dem System die Einführung in die Praxis ermöglicht würde.

14. Das System Artom.

Professor Alessandro Artom in Turin[1]) wendet an Stelle gewöhnlicher Hertzscher Wellen zirkular oder elliptisch polarisierte Wellen an, die in einer bestimmten Richtung ausgesandt werden können. Die Polarisierung erzielt er nicht, wie sonst versucht wurde, durch Prismen von Holz oder durch Metallgitter, die einen großen Energieverlust bedingen würden, sondern durch Kombination zweier oszillatorischer Entladungen von verschiedener Phase und verschiedener Richtung. Diese werden mittels drei oder vier Entladungskugeln erzeugt. Das Induktorium wird mit einem Wehnelt-Unterbrecher betrieben. Die Enden des Sekundärkreises sind in der gewöhnlichen Weise mit einem Paar Funkenkugeln verbunden; eine

---

[1]) Electrical Review 1904, S. 64.

dritte Kugel bildet mit ihnen ein rechtwinkliges Dreieck und ist durch eine Selbstinduktionsrolle oder einen Kondensator an das eine Ende des Sekundärkreises gelegt. Erforderlichenfalls wird eine vierte Kugel durch einen Kondensator mit dem anderen Ende des Sekundärkreises verbunden. Der Luftdraht wird direkt oder durch einen Transformator an den dritten oder mittleren Ball angeschlossen. Der Luftdraht des Empfängers soll Kreisform erhalten und an zwei Punkten mit dem Kohärer verbunden werden.

Praktische Erfolge hat das System noch nicht zu verzeichnen.

15. Das Relaissystem von Guarini.

Der Vorschlag Guarinis[1]), Übertragungsstationen für Funkentelegraphie einzurichten, stammt aus der ersten Zeit der Einführung der Funkentelegraphie in die Praxis, als man größere Entfernungen über Land noch nicht überbrücken konnte. Da dies jetzt der Fall ist, so dürfte der Vorschlag kaum mehr praktische Bedeutung erlangen. Das Prinzip der Übertragung ist das der gleichartigen Einrichtung in der Drahttelegraphie; der Übertragungsapparat dient zuerst als Empfänger und wirkt dann selbsttätig als Geber. Der Kohärer des neuerdings verbesserten Übertragungssystems schließt bei elektrischer Bestrahlung den Stromkreis einer Batterie und betätigt dadurch ein gewöhnliches Relais, dieses wiederum ein zweites Relais, dessen Anker den Stromkreis für die Primärwicklung eines Funkeninduktors schließt. Hierdurch wird eine Funkenstrecke erregt und von dieser der Luftdraht in Schwingungen versetzt; das eingetroffene Zeichen wird also mit neuer elektrischer Energie weiter gegeben. Die leitende Brücke des Kohärers wird durch einen vom ersten Relais in Gang gesetzten Klopfer zerstört, sämtliche Stromkreise werden durch Rückgang der Relaisanker in die Ruhelage geöffnet und das System ist wieder zum Empfang neuer Wellen bereit.

Nach zahlreichen Versuchen ist es Guarini gelungen, zwischen Brüssel und Antwerpen mit einer in Mecheln eingerichteten Übertragungsstation eine zufriedenstellende Zeichenübermittlung zu erreichen.

C) Die Apparate der Funkentelegraphie.

Eine Beschreibung der Apparate, die bei den in der Praxis allgemein gebräuchlichen Systemen zur Verwendung kommen, ist zum größten Teil bereits bei der Darstellung dieser Systeme selbst erfolgt. Hier sollen daher hauptsächlich nur noch diejenigen Konstruktionen Erwähnung finden, die bisher zwar eine allgemeine Verwendung nicht erlangt haben, denen aber trotzdem eine gewisse Bedeutung zuerkannt werden muß. Ferner sollen

---

[1]) Émîle Guarini: La Télégraphie sans fil. Brüssel. 2. Ausgabe.

auch hier diejenigen zur Ausführung gekommenen oder vorgeschlagenen Neuerungen besprochen werden, die unzutreffenderweise vielfach als neue Systeme bezeichnet werden, obgleich sie meist nur einige Abweichungen in der Konstruktion einzelner Apparate, z. B. der Wellenanzeiger, bringen.

1. Die Funkeninduktoren.

Ruhmkorff-Typen. — Soweit in der Funkentelegraphie zur Erzeugung elektrischer Wellen nicht unmittelbar Wechselstrommaschinen in Verbindung mit Transformatoren zur Verwendung kommen, werden allgemein Induktionsapparate benutzt, die sich in ihrer Bauart von dem bekannten Ruhmkorffschen Induktor nur wenig unterscheiden. Daß zur Erzielung der besten Wirkung der sekundäre mit Kapazität belastete Stromkreis des Induktors mit dem Primärkreis in Resonanz schwingen muß, hat man erst recht spät erkannt. Der Streit um die Priorität dieser Erkenntnis ist zurzeit noch nicht geschlichtet: Grisson, die Gesellschaft Telefunken, die Ingenieure Rendahl und Seibt[1]) nehmen sie in Anspruch.

Um die Induktoren den Einflüssen der Atmosphäre zu entziehen, werden sie vollständig mit Ebonit verkleidet. Besondere Sorgfalt muß ferner auf die gute Isolation der Wicklungen verwendet werden, weil bei nicht genügender Isolation die Funken leicht die isolierenden Hüllen durchschlagen. Außer der Seidenumspinnung der Drähte verwendet man daher noch eine Umkleidung mit einer Schicht geschmolzenen Harzes. Mehrfach hat man auch das Harz durch Olivenöl oder Mineralöl ersetzt. Da ferner die Spannungen in der sekundären Wicklung zu einer außerordentlichen Höhe anwachsen, so werden die Drähte dieser Wicklung auf einzelne durch gute Isolatoren voneinander getrennte Spulen derart gewickelt, daß die Spannungen zwischen den einzelnen Drahtlagen möglichst gering sind.

In dem Funkeninduktor von Wydts und Rochefort wird als Isolationsmaterial eine teigartige Masse verwendet, die durch Lösen von Paraffin in heißem Petroleum gewonnen wird.

Funkeninduktor von Klingelfuß. — Eine von der Ruhmkorff-Type wesentlich abweichende Konstruktion besitzt der Funkeninduktor von Klingelfuß. Er besteht aus einem hufeisenförmigen Eisenkern, auf dessen Schenkeln je eine primäre und eine sekundäre Spule sitzen. Der Primärkreis besteht wie bei dem Ruhmkorff-Induktor aus wenigen Windungen dicken, der Sekundärkreis aus vielen Windungen sehr dünnen Drahtes. Auf den Polen des Hufeisens sind zwei Eisenstücke so befestigt, daß dadurch ein nahezu geschlossener magnetischer Kreis gebildet wird. Die beiden Wicklungen jedes Stromkreises können nebeneinander oder hintereinander geschaltet werden. Der geschlossene magnetische Kreis erhöht die Wirkung des Induktors ganz erheblich.

---

[1]) Dr. G. Seibt: Über Resonanzinduktoren und ihre Verwendung in der drahtlosen Telegraphie. Elektrotechnische Zeitschrift, Berlin 1904. Heft 14.

2. Die Unterbrecher.

Die Funkeninduktoren werden entweder mit Wechselstrom oder mit unterbrochenem, sogen. zerhacktem Gleichstrom betrieben. In letzterem Falle benutzt man zur Unterbrechung des primären Stromkreises für größere Anlagen Quecksilberturbinenunterbrecher und elektrolytische Unterbrecher (vgl. S. 110 und 118), neuerdings wendet man sich wieder mehr dem gewöhnlichen Hammerunterbrecher zu, dessen Platinkontakte möglichst kom-

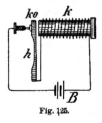

Fig. 125.

pakt hergestellt werden und daher lange Zeit vorhalten.

Hammerunterbrecher. — Das Prinzip des durch die Fig. 125 veranschaulichten Hammerunterbrechers dürfte hinreichend bekannt sein. Die in die primäre Windung des Induktors eingeschaltete Stromquelle B magnetisiert den Eisenkern k, dieser zieht den Hammer h an, wodurch der Kontakt bei ko unterbrochen wird. Der Eisenkern verliert seinen Magnetismus, der federnde Hammer geht in die Ruhelage zurück, und das Spiel beginnt von neuem.

Quecksilberunterbrecher von Margot und Ducretet. — Zur Verwendung in der Funkentelegraphie geeignet erscheinen auch die Quecksilberunterbrecher, bei denen die Stromunterbrechungen durch vertikale Bewegungen einer Kupferdrahtspirale zustande kommen.

Fig. 126.

Bei einem derartigen, von Margot konstruierten Unterbrecher (Fig. 126) taucht eine Kupferdrahtspirale mit ihrem abwärts gebogenen unteren Ende in das am Boden eines Gefäßes befindliche Quecksilber. In das Quecksilber taucht ferner ein gerader Kupferdraht als zweite Elektrode. Wird die Kupferdrahtspirale, in die oben noch ein weicher Eisenkern eingeschoben ist, vom Strom durchflossen, so verkürzt sie sich infolge der Anziehung der einzelnen Windungen untereinander. Das untere Ende der Spirale tritt aus dem Quecksilber heraus, der Strom wird unterbrochen und dann wieder kurz darauf geschlossen, da die Spirale sich infolge ihrer Elastizität und ihres Gewichts wieder ausdehnt.

Bei einer anderen Ausführung des Margotschen Quecksilberunterbrechers hängt ein von einer Kupferdrahtspirale getragener Eisenstab in einer in den Stromweg eingeschalteten Spule. Die Unterbrechung findet statt, wenn das untere Ende des Eisenstabs durch die von der Spule auf ihn ausgeübte Anziehungskraft aus dem Quecksilber gehoben wird. In dem Quecksilberunterbrecher von Ducretet wird die Vertikalbewegung des Eisenstabs im Margotschen Unterbrecher auf mechanischem Wege bewirkt, indem die Drehbewegung eines Elektromotors mittels einer Exzentervorrichtung in eine Auf- und Abwärtsbewegung des Eisenstabs umgesetzt wird.

Um eine Funkenbildung in den Unterbrechern selbst durch den bei der Stromöffnung infolge der Selbstinduktion entstehenden Extrastrom tunlichst zu verhüten, wird parallel zu dem Unterbrecher ein Kondensator eingeschaltet.

8. Die Oszillatoren.

Oszillator von Hertz. — Bei den Hertzschen Versuchen ergab sich bereits, daß die gewöhnlichen, aus zwei Metallstäben mit kugelförmigen Polen bestehenden Oszillatoren (Fig. 127) bald versagten. Die zwischen den Kugeln überspringenden Funken oxydierten deren Oberfläche, selbst wenn sie mit Platin belegt war, bald so, daß die Entladung ihren oszillatorischen Charakter verlor. Es mußte daher eine große Sorgfalt darauf verwendet werden, die Metallkugeln durch häufiges Reinigen widerstandsfähig zu erhalten.

Oszillatoren mit Flüssigkeitsmedium. — Sarasin und De la Rive konstruierten zur Beseitigung der durch die Oxydationsbildung verursachten Mängel einen Oszillator, bei welchem die Funkenentladung nicht in der Luft, sondern in gewöhnlichem vegetabilischen Öle vor sich geht. Die an den beiden Polkugeln solcher Oszillatoren sich absetzenden Oxydationsprodukte haben keinen nennenswerten Einfluß auf die Funkenbildung. Die Funkenentladung erfordert jedoch eine bedeutend größere Spannungsdifferenz als bei der Entladung in der Luft, so daß bei gleicher Schlagweite eine größere Elektrizitätsmenge zum Ausgleich kommt und die Schwingungen daher erheblich kräftiger werden. Righi verwendete später

Fig. 127.

Vaselin- und Paraffinöl, Blondel Petroleum als Medium für die Funkenentladung.

In der Praxis haben sich die Oszillatoren mit Flüssigkeitsmedium für die Funkenentladung anscheinend nicht bewährt, da man neuerdings allgemein wieder dazu übergegangen ist, den Erregerfunken in Luft überschlagen zu lassen. Ein täglich regelmäßig erfolgendes Reinigen der Polkugeln mit Schmirgelpapier genügt für den gewöhnlichen Gebrauch. Bei Anlagen für große Reichweiten nimmt man von der Verwendung von Polkugeln vollständig Abstand und läßt die Funken einfach zwischen zwei Zinkstäben überspringen.

Von den vielfachen Versuchen, die Wirkung der Oszillatoren durch Anwendung mehrerer Polkugeln verschiedenartiger Abmessungen zu steigern, sollen hier nur folgende erwähnt werden.

Der Righi-Oszillator. — Professor Righi bezeichnet ihn als Oszillator mit drei Funken. Er besteht aus zwei Messingstäben, die einerseits mit den Polkugeln B und C in einen Glasballon, der mit säurefreiem Vaselinöl gefüllt ist, eingeführt sind und andererseits den ebenfalls kugelförmigen Enden

A und D der Stromzuführungen gegenüberstehen (Fig. 128). Die äußeren Kugeln sind erheblich kleiner als die inneren; zwischen den äußeren Kugeln springt der Funke in der Luft über. Für die Wellenerregung kommt nach Righi nur der zwischen den großen Kugeln B und C überspringende

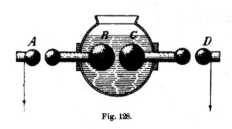

Fig. 128.

zentrale Funke in Betracht, sie sind daher auch massiv gebaut. Durch die von den äußeren Kugeln A und D nach den inneren überspringenden Funken werden den letzteren die erforderlichen Ladungen mitgeteilt. Die beiden äußeren Kugeln werden von den inneren mehrere Zentimeter, und zwar so weit entfernt, als es die Kraft der Stromquelle zuläßt. Die Entfernung der mittleren Kugeln beträgt für die Funken größter Wirksamkeit dagegen nur 1 bis 2 mm. Der Righi-Oszillator findet in der Funkentelegraphie noch ausgedehnte praktische Verwendung; man hat jedoch auch bei ihm von der Ölisolierung zwischen den beiden inneren Kugeln Abstand genommen.

Der Oszillator von Tissot. — Er besteht wie der Righi-Oszillator aus vier Kugeln, von denen jedoch nicht wie bei diesem die äußeren, sondern

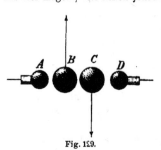

Fig. 129.

die inneren Kugeln mit dem Luftdrahte bzw. der Erde verbunden sind (Fig. 129). Die Sekundärwicklung des Induktors ist wie beim Righi-Oszillator mit den äußeren Kugeln verbunden. Die Anordnung ist der von Righi gegebenen nicht überlegen.

Die Oszillatoren von Fessenden. Bei der einen Ausführung taucht ein röhrenförmiger Leiter in ein Medium ein, dessen elektrische Konstante größer ist als diejenige der Luft, z. B. Wasser, das sich in einem metallischen Behälter befindet. Die Röhre enthält die Pole der Funkenstrecke; der eine ist mit der Röhre, der andere mit der Gefäßwandung verbunden. An die Gefäßwandung ist ein ausgedehntes Erdleitungsnetz angeschlossen.

Bei einer zweiten Ausführung läßt Fessenden die Funkenentladung unter Druck stattfinden. Er ordnet zu diesem Zwecke die Pole der Funkenstrecke in einer Kammer an, in welche mittels einer Druckpumpe Gas oder Luft getrieben werden kann. Der erreichte Druck wird an einem Manometer abgelesen. Die Oberfläche des einen Pols muß bei diesem Oszillator nach Angabe seines Erfinders im Verhältnisse zu der des anderen sehr groß sein. Fessenden stellt ihn deshalb als Platte und den anderen Pol als Spitze her.

Fessenden will mit den vorbeschriebenen beiden neuen Oszillatorformen die wirksame Weite der elektromagnetischen Wellen steigern und sie namentlich da zur Anwendung bringen, wo nur niedrige Luftleiter Verwendung finden können. Ein Urteil über die praktische Brauchbarkeit der beiden Anordnungen kann heute noch nicht gegeben werden.

4. Die Wellenanzeiger.

Die bisher bekannt gewordenen Mittel zum Nachweise der elektrischen Wellen lassen sich in sechs Gruppen einteilen:

a) Kohärer oder Fritter, bei denen der Übergangswiderstand durch die elektrische Bestrahlung verringert wird;

b) Antikohärer oder Antifritter, bei denen der Übergangswiderstand durch die elektrische Bestrahlung vergrößert wird;

c) bolometrische Wellenanzeiger, bei denen die durch Wärmewirkung verursachten Widerstandsschwankungen zum Nachweise der elektrischen Wellen benutzt werden;

d) magnetische Wellenanzeiger, bei denen durch die elektrische Bestrahlung magnetische Veränderungen hervorgerufen werden;

e) elektrolytische Wellenanzeiger, bei welchen ein im Ruhezustande dauernd wirkender schwacher Zersetzungsstrom durch die elektrische Bestrahlung verstärkt wird;

f) Elektrometer-Detektoren, bei welchen die Wechselspannungen der elektrischen Wellen in ähnlicher Weise, wie bei den Quadrantenelektrometern registriert werden.

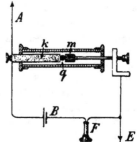

a) Kohärer oder Fritter.

Hierzu gehören die Branly-Röhre und deren bereits beschriebenen vielfachen Ausführungsformen, ferner die ebenfalls bereits mehrfach erwähnten Mikrophonfritter. Bemerkenswert sind noch folgende: **Der Quecksilber-Kohärer von Castelli-Solari-Marconi.** — Er besteht aus einer Glasröhre, in die zwei regulierbare Elektroden aus Stahl und Kohle oder Eisen und Kohle eingelassen sind (Fig. 130).

A *Luftleiter*   B *Batterie*
k *Kohlenelektrode*   F *Fernhörer*
m *Metallelektrode*   E *Erde*
q *Quecksilber*

Fig. 130.

Zwischen den Elektroden befindet sich ein Tropfen Quecksilber oder auch eine leitende Flüssigkeit. Der Kohärer wird so eingeschaltet, daß die Kohlenelektrode an den Luftleiter gelegt und die Metallelektrode mit Erde verbunden wird. Nach erfolgter Einschaltung wird der Abstand der Elektroden so reguliert, daß das Quecksilber beide Elektroden gleichmäßig berührt. Die beste Regulierung ist erreicht, wenn im Fernhörer ein leiser zischender Ton wahrnehmbar wird. Der Kohärer kehrt nach dem Aufhören der elektrischen Bestrahlung selbsttätig in seinen Ruhezustand zurück. Die Erfindung des Kohärers nehmen die Italiener Castelli und Solari jeder für sich in Anspruch.

Der Kohärer von Tissot. — Die Elektroden bestehen aus magnetisierbarem Metall, zwischen ihnen liegen Feilspäne von Eisen oder Nickel in einer luftleer gemachten Röhre. Der Kohärer steht unter dem Einfluß eines magnetischen Feldes, dessen Kraftlinien parallel zur Achse der Glasröhre gehen. Das magnetische Feld wird durch einen permanenten Magneten oder durch über die Röhre gelagerte stromdurchflossene Drahtwindungen gebildet.

Der Kohärer von Blondel. — Er besteht aus einem Metallfeilichtkohärer mit besonderer Reguliervorrichtung in Gestalt eines U-förmigen Ansatzes der Glasröhre über dem Zwischenraume zwischen den Elektroden. In dem nach abwärts gebogenen Schenkel des Ansatzrohrs befindet sich ein Vorrat von Feilspänen. Durch Drehung der Röhre kann man also, ebenso wie bei dem Platinkohärer von Ducretet (S. 161), die Feilspäne zwischen den Elektroden vermehren, mit neuen Spänen mischen oder ganz durch neue ersetzen.

Der Drahtgazefritter von Schniewindt. — Der Fritter besteht aus feiner Drahtgaze von gut leitendem Metall. Die Drähte des Gewebes sind so durchschnitten, daß kein Draht von zusammenhängender Länge von einem Ende zum andern läuft, sondern jeder aus vielen kurzen Drahtstücken gebildet wird. Zu diesem Zwecke wird ein rundes Stück Drahtgaze durch einen in spiralförmiger Linie geführten Schnitt in eine Anzahl von Windungen getrennt, deren Drähte mit ihren Enden die Kante der Windung bilden. Der Schnitt kann jedoch auch in Schlangen- oder Zickzacklinie oder auch geradlinig geführt sein, wobei die Streifen abwechselnd an dem einen oder anderen Ende zusammenhängen, da die Schnittlinien nicht ganz durchgeführt werden dürfen. Durch die Zerlegung der das Drahtnetz bildenden Drahtlängen in einzelne kurze Strecken erhält es einen außerordentlich hohen Leitwiderstand. Treffen nun elektrische Wellen auf einen solchen Drahtgazefritter, so werden die einander gegenüberstehenden kurzen Drahtstücke für den elektrischen Strom leitend gemacht, ebenso wie dies bei den Körnerfrittern der Fall ist. Die Dekohärierung erfolgt ebenfalls durch Schlagen oder Klopfen.

Der Kugelkohärer von Orling und Braunerhjelm. — Er besteht aus einer Anzahl Metallkugeln, die sich zwischen zwei Metallelektroden in einer teilweise luftleer gemachten Röhre befinden. Je nachdem die Kugeln in einer Reihe angeordnet sind (Fig. 131) oder in zwei Reihen übereinander liegen (Fig. 132), wird die Empfindlichkeit des Kohärers auf

verschiedene Weise reguliert. Im ersten Falle wird der Druck zwischen
den Kugeln und damit die Empfindlichkeit
des Apparats dadurch reguliert, daß man
der Röhre eine verschieden geneigte Lage
gibt. Im zweiten Falle wird der Abstand
der Kugeln der unteren Reihe voneinander
mittels Spiralfederdrucks vergrößert oder verkleinert; dementsprechend ändert sich auch
der Druck, mit dem die Kugeln der oberen
Reihe auf denen der unteren lasten.

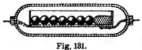

Fig. 131.

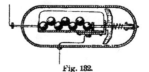

Fig. 132.

Der Kapillardetektor von Plecher.

Die Konstruktion dieses Wellenanzeigers be-
ruht auf dem Prinzip des Kapillarelektrometers: wenn in einer sehr eng

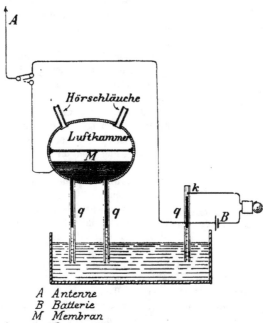

A Antenne
B Batterie
M Membran
q Quecksilber
k Weckerkontakt.

Fig. 183.

ausgezogenen Glasröhre sich Quecksilber und verdünnte Schwefelsäure
berühren, so verschiebt sich die Berührungsstelle proportional den Änderungen der elektrischen Spannung zwischen den beiden Flüssigkeiten.

Plecher benutzt für seinen Wellenanzeiger Kapillarröhren von nicht ganz 1 mm lichtem Durchmesser und Quecksilber nebst einer Lösung von Cyankalium mit 1 v. H. Cyansilber und 10 v. H. Kalilauge.   •

Zur Empfangnahme des Anrufs dient eine einfache Kapillarröhre, in die durch das Glasrohr die Enden eines Weckerstromkreises und eine Zuführung zur Luftleitung (Fig. 133) hineinreichen. Bei elektrischer Bestrahlung ändert sich die Spannung zwischen Quecksilber und Flüssigkeit; die dadurch bedingten Verschiebungen der Flüssigkeits- und Quecksilbersäulen schließen den Kontakt bei k und bringen dadurch den Wecker zum Anschlag. Nach Ertönen des Weckers wird die Antenne durch den Kurbelumschalter auf den Zeichenempfänger gelegt. Dieser besteht aus zwei Kapillarröhren, die oben durch ein kugelförmiges Gefäß abgeschlossen sind. Das Gefäß ist durch eine schwingende Membran in einen oberen Teil, die Luftkammer mit den beiden Hörschläuchen und in einen unteren Teil getrennt, der bis zu einer gewissen Höhe mit Quecksilber gefüllt ist und in den auch die Zuführung zur Antenne hineinragt. Bei dem Auftreffen elektrischer Wellen gerät die Quecksilbersäule und damit die Luft zwischen ihr und der Membran sowie letztere selbst im Rhythmus der Morsezeichen in Schwingung. In der Luftkammer, die gewissermaßen als Resonanzkasten dient, werden die Schwingungen verstärkt und dem Ohr durch die Hörschläuche zugeführt.

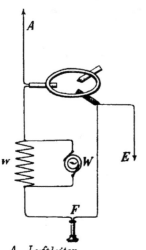

A   Luftleiter
E   Erde
F   Telephon
w   induktionsfreier Widerstand
W   Wechselstrommaschine.

Fig. 134.

Der Mikrophonfritter von Elihu Thomson. — Er besteht aus einem Metallringe, der auf zwei Metallkeilen und einem Kohlenkeile ruht (Fig. 134). Die Luftleitung ist mit den Metallkeilen, die Erde mit dem Kohlenkeile verbunden. Als Zeichenempfänger dient ein Telephon, dessen Membran dauernd durch eine kleine Wechselstrommaschine in Schwingung gehalten wird. Durch die elektrische Bestrahlung wird der Übergangswiderstand in dem Kohlenkeil geändert und durch den Fernhörer registriert.

Der Kohlekohärer von Tommasina. — Zwei Neusilberdrähte ragen in Mikrophonkohlenpulver hinein, das sich zwischen zwei Glimmerscheiben in einer 2 mm im Durchmesser haltenden Durchbohrung einer 2,5 mm starken Ebonitplatte befindet.

b) Antikohärer oder Antifritter.

Der Widerstand dieser Wellenanzeiger wird durch die elektrische Bestrahlung erhöht; nach Aufhören der Bestrahlung sinkt der Widerstand wieder auf seinen ursprünglichen Wert.

Antikohärer von Righi, Neugschwender und Aschkinass. — Den Urtypus dieser Wellenanzeiger bildet der Righische Resonator, der aus einem gewöhnlichen Stück Spiegelglas mit Silberbelag hergestellt wurde, indem man mit der feinen Spitze eines Gravierdiamanten durch den Silberbelag eine feine Linie zog. Der Silberbelag wird auf diese Weise durch einen Spalt von zwei bis dreitausendstel Millimeter Breite in zwei Teile getrennt. Neugschwender benutzt dieselbe Anordnung mit einer dünnen Flüssigkeitsschicht zwischen den beiden Teilen des Silberbelags. Aschkinass verwendete ein Gitter aus dünnen Stanniolstreifen in ähnlicher Weise. Nach seinen Versuchen liefern selbst zwei Kupferspitzen mit einem Wassertropfen zwischen ihnen einen Antikohärer und gewöhnliche Kohärer aus Feilspänen werden zu Antikohärern, wenn man die Zwischenräume zwischen den Metallteilen mit Wasser ausfüllt. Das Schlußprodukt der plattenförmigen Antikohärer ist die Schäfersche Platte.

Schäfersche Platte. — Dieser Antikohärer besteht aus einer auf Glas niedergeschlagenen Silberschicht, die wie der Righi-Resonator an einer oder mehreren Stellen mittels eines Gravierdiamanten durch Zwischenräume von etwa $1/100$ mm unterbrochen ist. Die Schäfersche Platte ist in einer leeren Glasröhre eingeschlossen. Der elektrische Widerstand der Schäferschen Platte ist im Ruhezustande nur gering; es soll dies daran liegen, daß die Ränder der Spalte stets durch ein paar Metallfäden verbunden bleiben, die der Diamant nicht entfernt hat. Bei der elektrischen Bestrahlung werden diese Metallfäden durch die auftretenden Funken verdampft; die leitenden Brücken werden also zerstört. Nach Aufhören der Bestrahlung schlagen sich die Metalldämpfe nieder, es bilden sich neue metallische Brücken und der Antikohärer erreicht wieder seinen ursprünglichen Leitungswiderstand. Wird die Schäfersche Platte nicht in einer luftleeren Glasröhre angeordnet, sondern in freier feuchter Luft verwendet, so zeigt sie, in den Stromkreis einer galvanischen Batterie eingeschaltet, nur geringen Widerstand, indem sich infolge der Elektrolyse in der die Ränder der Spalte verbindenden Feuchtigkeitsschicht dünne Metallfäden ablagern. Bei der elektrischen Bestrahlung werden diese zarten Gebilde durch die lebhaftere Gasentwicklung der stärker einsetzenden Elektrolyse zerstört. Der Widerstand der Platte steigt erheblich; nach dem Aufhören der Wellen sinkt er auf seinen ursprünglichen Wert, da sich nun wieder die dünnen Metallfädenbrücken bilden können.

Mit der Schäferschen Platte sind in Deutschland umfangreiche praktische Versuche zwischen einer Landstation in Bremerhaven und Schiffen

12*

in See angestellt worden. Das Schlußergebnis war, daß der Antikohärer dem gewöhnlichen Metallfeilichtkohärer an Sicherheit und Exaktheit, sowie auch an Empfindlichkeit weit nachsteht. Die bei den Versuchen benutzte Schaltung (Fig. 135) sieht Morse- und Fernhörerbetrieb vor. Die beste Verständigung wurde bei Aufnahme der Morsezeichen durch den Fernhörer erreicht. Bei den Versuchen ist eine Reichweite von 25 km erzielt worden.

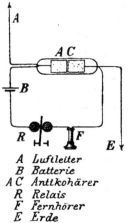

A   *Luftleiter*
B   *Batterie*
A C   *Antikohärer*
R   *Relais*
F   *Fernhörer*
E   *Erde*

Fig. 135.

Der elektrolytische Wellenanzeiger von De Forest, der bereits bei der Darstellung des De Forest-Systems beschrieben worden ist, gehört ebenfalls zu den Antikohärern. Seine Wirkungsweise ähnelt derjenigen der Schäferschen Platte mit Feuchtigkeitsbelag über den Schnittspalten.

c) Bolometrische Wellenanzeiger.

Hierzu gehört der Platinschleifenindikator von Fessenden (vgl. S. 155). Fessenden rechnet hierzu auch seine neuen Flüssigkeitsindikatoren (vgl. S. 157), bei welchem an Stelle des Hitzdrahts seines bolometrischen Empfängers eine sehr kleine Flüssigkeitssäule tritt. Die Flüssigkeit besteht wahrscheinlich aus Salpetersäure. Bei der einen Ausführung werden die Elektroden durch ein Diaphragma getrennt, bei der anderen Ausführung wird die eine Elektrode (Anode) aus sehr dünnem Drahte gebildet, der Widerstand der Flüssigkeit wird nach Fessenden hierdurch auf die Umgebung der Spitze dieser Elektrode konzentriert. Unter dem Einflusse der Wellenbestrahlung soll der Widerstand des Empfängers geringer werden; hiernach dürfte es sich also kaum um eine bolometrische Wirkung, sondern um eine elektrolytische Wirkung gleichen Charakters handeln, wie sie in dem Schlömilchschen Polarisationszellenindikator auftritt.

d) Magnetische Wellenanzeiger.

Hierzu gehört der magnetische Wellendetektor Marconis (vgl. S. 100), der Detektor von Ewing und Walter, sowie der Detektor von Arno.

Der Wellendetektor von Ewing und Walter. — Die Konstruktion beruht auf gleichem Prinzipe wie die des Marconischen magnetischen Detektors, d. h. auf der Änderung der Hysteresis durch elektrische Oszillationen. Das Instrument unterscheidet sich jedoch von allen bisher erfundenen Detektoren dadurch, daß die Schwingungen ihr Vorhandensein direkt und sichtbar durch eine mechanische Bewegung angeben, welche ihrer Intensität proportional ist. Das Instrument spricht also auf elektrische Schwingungen gerade so an, wie ein Galvanometer auf einen kontinuierlichen Strom. Walter entdeckte, daß die Hysteresis außerordentlich wächst, wenn elektrische Schwingungen längs eines magnetischen Drahtes verlaufen, der unter dem Einflusse eines magnetischen Drehfeldes steht.

Ein ringförmiger Elektromagnet, der durch einen Motor um seine senkrechte Achse mit 5 bis 8 Umdrehungen in der Sekunde in Umdrehung versetzt wird und dem zwei Bürsten den Erregerstrom zuführen, ist mit zwei nach seinem Zentrum gerichteten keilförmigen Polschuhen versehen. Zwischen diesen Polschuhen ist ein Gefäß fest angeordnet, das eine in Spitzen gelagerte, bifilar gewickelte Stahldrahtspule enthält, der die elektrischen Wellen mittels Bronzedrahtspulen zugeführt werden. Zur Dämpfung und Isolation der Spulenwindungen voneinander ist das Gefäß mit Petroleum oder einem dickeren Mineralöl gefüllt. An der Spulenachse ist ein Spiegel oder auch ein Zeiger befestigt, der die Größe der Ablenkung und ihrer Änderung durch die elektrischen Wellen registriert.

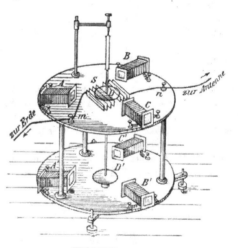

Fig. 136.

Ist der Apparat in Tätigkeit, so ist eine stetige Ablenkung vorhanden, die von der normalen Hysteresis herrührt. Der Zeiger kann also auf irgend einen Skalenteil in Nullstellung gebracht werden. Wird dann die Spule von Schwingungen getroffen, so gibt sie einen Ausschlag in derselben Richtung wie der von der normalen Hysteresis herrührende und kehrt in die Nullstellung zurück, sobald die Schwingungen aufhören. Jede Form von Recorderapparaten kann durch die Bewegungen der Spule betätigt werden.

Der Wellendetektor von Arno. — Professor Riccardo Arno benutzt zur Konstruktion seines Wellenempfängers die Veränderung der Hysteresis beim Auftreffen elektrischer Wellen und das Ferrarische Prinzip, nach welchem ein rotierendes Magnetfeld einen Eisenkörper selbst dann in Rotation versetzt, wenn dieser so fein unterteilt ist, daß die Wirbelströme nicht mehr in Betracht kommen. Arno nimmt an, daß in letzterem Falle die Hysteresis allein zur Hervorbringung der Rotation genügt. Den Eisenkörper mit außerordentlich feiner Unterteilung für seinen Wellenindikator stellt Arno dadurch her, daß er eine Paste aus Eisenpulver und Paraffin zu einer Scheibe formt. Diese Scheibe D wird bifilar in einem rotierenden Magnetfelde (Drehfeld) aufgehängt (Fig. 136), das durch die Elektromagnete A, B, C, die durch Drehstrom erregt werden, erzeugt wird. Eine Spule S, die einerseits mit der Antenne und andererseits mit der Erde verbunden ist, umgibt die Scheibe. Arno stellte fest, daß das Drehmoment, das durch das rotierende Feld auf die Scheibe ausgeübt wird, wächst, sobald elektrische Wellen von der Antenne aufgefangen und durch die Spule S zur Erde geleitet werden. Das Eintreffen solcher Wellen kann also durch den größeren Ausschlag der bifilar aufgehängten Scheibe nachgewiesen werden.

Zur Steigerung der Empfindlichkeit des Wellenanzeigers wendet Arno jedoch zwei Scheiben aus fein unterteiltem Eisen und zwei in entgegengesetzter Richtung rotierende Drehfelder an. Das zweite Drehfeldsystem mit der Scheibe D' und den Elektromagneten A', B', C' liegt unterhalb des ersten.

Unter Abschaltung der Antenne und Erdleitung mittels der Klemmen n und m werden die Drehfeldsysteme so ausbalanziert, daß die bewegliche Scheibe in Ruhe bleibt, wenn die Drehfelder erzeugt werden. Die Magnetspulen werden paarweise. in die drei Leitungen eines Drehstroms von etwa 42 Perioden eingeschaltet, so daß zwei genau gleich starke und mit gleicher Geschwindigkeit, aber im entgegengesetzten Sinne rotierende Felder entstehen. Sobald Antenne und Erdleitung angeschlossen werden, erfolgt ein Ausschlag der Scheibe D schon beim Auftreffen ganz schwacher Wellenimpulse auf die Antenne. Der Wellenanzeiger wird sich u. U. auch zum quantitativen Messen der Stärke elektrischer Wellen benutzen lassen.

e) Polarisationszellenindikatoren.

Hierzu gehört der Schlömilchsche Wellenempfänger (vgl. S. 134).

f) Elektrometer-Detektoren.

Der Wellendetektor von Vasilesco Karpen. — Zwischen zwei senkrechten, zylindrischen Armaturen $a\,a$ (Fig. 137) befindet sich eine Nadel aus Aluminium, die aus gleichfalls zylindrisch gebogenen Segmenten $a'a'$ mit Verbindungsstäbchen besteht und mit dem Punkte o an einem Quarzfaden $o\,o_1$ aufgehängt ist. Die Armaturen a sind durch eine Drahtspule S aus starkem Drahte mit passender Selbstinduktion verbunden. Die eine Apparatklemme steht mit der Erde T, die andere mit dem Luftdrahte A in Verbindung. Wenn dieser von elektrischen Wellen getroffen

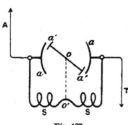

Fig. 137.

wird, so treten an den Apparatklemmen wechselnde Spannungsunterschiede auf, deren Periode gleich der der Wellen ist. Die Nadel dreht sich dann so, daß sie die Kapazität des Systems vermehrt. Beim Aufhören der Wellen geht die Nadel unter dem Einflusse der Torsionskraft des Fadens in ihre Ruhelage zurück. Die Ableukungen werden mittels Spiegels und Skala abgelesen.

5. Die Wellenmesser.

Nach der Resonanzbedingung müssen bei abgestimmten Funkentelegraphensystemen die Produkte aus Kapazität und Selbstinduktion der einzelnen Schwingungskreise einander gleich sein. Da die Messung der einzelnen Faktoren dieses Produktes für die Praxis zu schwierig und zeitraubend ist, so half man sich durch Konstruktion von Apparaten — Wellenmessern — mit denen auf schnelle und einfache Weise die bei einem System zur Anwendung kommende Wellenlänge festgestellt werden kann. Der Vorläufer dieser Wellenmesser ist die Arcosche Abstimmspule.

Die Arcosche Abstimmspule. (Fig. 138.) — Sie steht heute noch vielfach in Gebrauch und dient in erster Linie dazu, die Länge (ab in Fig. 67) der für die Abstimmung in den Fritterstromkreis einzuschaltenden Selbstinduktionsspule in folgender Weise zu ermitteln. Die Abstimmspule, eine Multiplikatorspule besonderer Bauart, wird in den Geberdraht eingeschaltet und die Zahl der eingeschalteten Windungen so lange verändert, bis die Funkenlänge einer zwischen die beiden Enden des eingeschalteten Spulendrahtes angeordneten Funkenstrecke (in

Fig. 138.

der Abbildung oben sichtbar) ein Maximum wird. Die eingeschaltete Drahtlänge, die von der Skala des Wellenmessers unmittelbar abgelesen werden kann, wird mit einem für die bei dem Slaby-Arco-System zur Verwendung kommenden Fritter berechneten Koeffizienten 0,54 multipliziert. Das Produkt stellt die Spulenlänge dar, die in den Fritterstromkreis eingeschaltet werden muß; nach Einschaltung dieser Länge wird noch der Kontakt des Luftdrahts an der Abstimmungsspule so lange verschoben, bis die Apparate genau arbeiten.

Mit der Arcoschen Abstimmspule ist es auch möglich, eine beliebige Anzahl von Funkentelegraphenstationen auf einen und denselben Geber abzustimmen, ohne daß dabei die Geberstation in Tätigkeit zu treten braucht. Zu diesem Zwecke wird die transportable Abstimmspule S (Fig. 139) zunächst bei der Geberstation auf die von dieser verwendete Wellenlänge einreguliert, indem ihr eines Ende an das untere Ende des Luftdrahtes A angeschlossen und das andere Ende mit einer Prüfungsfunkenstrecke PF in Verbindung gebracht wird. Der zweite Pol der Prüfungsfunkenstrecke führt an einen beweglichen Kontakt k, mittels dessen durch einfache Verschiebung beliebig viele Windungen der Abstimmspule S eingeschaltet werden können. Der parallel zur Prüfungsfunkenstrecke eingeschaltete kleine Kondensator muß eine Kapazität erhalten, die der Kapazität der zu verwendenden Fritter ungefähr entspricht.

Sobald die Geberfunkenstrecke in Wirksamkeit tritt, setzt auch in der Prüfungsfunkenstrecke eine Entladung ein, die um so kräftiger wird, je mehr die Eigenschwingung des Abstimmstromkreises mit der des Gebers übereinstimmt. Die beste Abstimmung ist erzielt, wenn der Kontakt k derart eingestellt ist, daß die Prüfungsfunkenstrecke die längsten Funken liefert; es sei dies z. B. bei Einstellung des Schieberkontaktes auf die Marke 120, d. h. die 120. Spulenwindung der Fall.

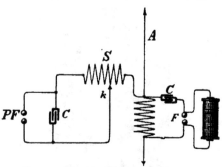

S transportable Abstimmspule
k beweglicher Kontakt
PF Prüfungsfunkenstrecke
F Funkenstrecke
A Luftleiter
C Kondensator

Fig. 139.

In gleicher Weise erfolgt dann eine Abstimmung der Geber der übrigen Stationen durch Anschaltung der Abstimmspule mit der Prüfungsfunkenstrecke an das untere Ende der Luftleitung. Der Schiebekontakt der Abstimmspule bleibt aber jetzt dauernd auf der vorher ermittelten Marke 120 stehen. Dagegen werden nun die Multiplikatorspule des Erregerkreises oder die Leydener Flaschen des Kondensators C so reguliert, daß die Prüfungsfunkenstrecke wiederum die längsten Funken gibt. Alsdann ist dieser Geber mit den ursprünglichen in Syntonismus gebracht.

Die Abstimmung des Empfängerstromkreises erfolgt ähnlich. Die Abstimmspule mit der Prüfungsfunkenstrecke wird wiederum am unteren Ende der jetzt als Empfängerdraht dienenden Luftleitung angeschlossen; der Schiebekontakt bleibt unverändert auf Marke 120 stehen. Die Stromkreise für den Empfangsdraht und den Fritter werden nun durch Änderung der eingeschalteten Kondensatoren und Selbstinduktionsspulen so eingerichtet, daß die Funken der Prüfungsfunkenstrecke ihre größte Länge erreichen. Der Empfänger ist dann mit den früher abgestimmten Gebern in Syntonismus.

Noch bessere Abstimmergebnisse erzielt man, wenn man die Arcosche Abstimmspule in Verbindung mit dem Schlömilch-Detektor benutzt, da bei diesem der Strom eines Ortskreises proportional mit der aufgenommenen Bestrahlungsenergie zunimmt. Man bringt daher durch einen solchen zur Abstimmung benutzten Detektor gleiche elektrische Werte in das Empfänger-system hinein, wie der bei der endgültigen Installation zu verwendende Wellenanzeiger.

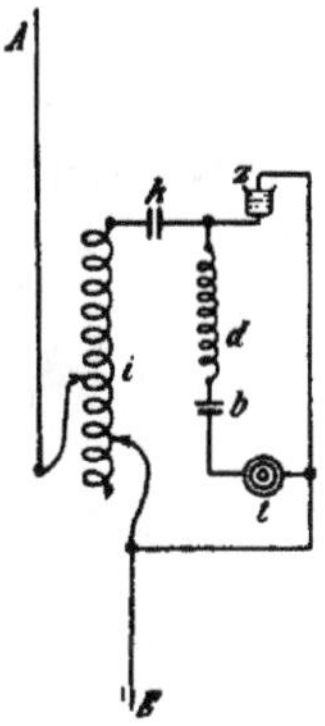

Fig. 140.

Fig. 140 gibt die Schaltung zur Ermittlung der Ab-messung der Empfangstransformatoren mit dem Schlö-milchschen Wellenanzeiger oder einem anderen elektro-lytischen Detektor. i bedeutet die Transformatorspule (Arco-Spule), die nur eine fortlaufende Wicklung besitzt, A den Luftdraht, E die Erde, z den elektrolytischen De-tektor, k einen mit ihm in Reihe geschalteten Konden-sator, d eine Drosselspule, b die Ortsbatterie, t einen Fernhörer oder ein Galvanometer zur Messung der Wir-kungen. Hat z. B. der später im wirklichen Betriebe zu verwendende Körnerfritter eine Kapazität von 50 cm, so ist der Wert von k so zu wählen, daß k mit der Kapazität des Detektors z in Serie geschaltet eine resultierende Kapazität = 50 cm gibt. Besitzt der De-tektor 200 cm Kapazität, so muß $k = 62$ cm sein, dann hat die Kombination etwa 50 cm Kapazität. Die Drosselspule d soll verhindern, daß die Leitungen des Lokalkreises eine die Messung störende Zusatzkapazität in das Schwingungssystem hineinbringen.

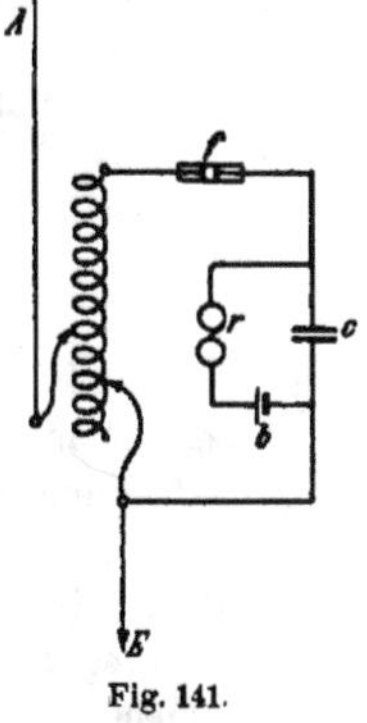

Fig. 141.

Fig. 141 zeigt die Empfangsschaltung, nachdem der elektrolytische Detektor durch den gewöhnlichen Körnerfritter ersetzt worden ist. Es bedeutet hier f den gewöhnlichen Fritter, c einen hingegen unendlich großen Kondensator, b die Ortsbatterie, r das Relais.

Mittels der angegebenen Einrichtung kann man in sehr schneller Weise die Abstimmungswerte einer Emp-fangsstation etwa auf dieselbe Entfernung vorherbestim-men, auf welche die Empfangsstation tatsächlich mit Benutzung des Fritters arbeiten soll. Die Methode ist für jede beliebige Empfängeranordnung verwendbar.

Der Wellenmesser von Franke-Dönitz. — Er besteht aus einem durch eine regulierbare Selbstinduktion L und einen regulierbaren Konden-sator C gebildeten geschlossenen Schwingungskreise, dessen Teile bei der Messung so eingestellt werden, daß sie mit dem zu messenden Stromkreis in Resonanz schwingen. Ist dies der Fall so berechnet sich die gesuchte Wellenlänge λ nach der Formel:

$$\lambda = 2\,\pi \cdot \sqrt{Ccm\,Lcm}$$

(vgl. Seite 54).

Daß die Resonanzbedingung erfüllt ist, erkennt man bei diesem Wellenmesser nicht wie bei der Arcoschen Abstimmspule an der größten Funkenlänge, sondern an einem in den Schwingungskreis des Meßsystems eingeschalteten Hitzdrahtamperemeter (Fig. 142). Der regulierbare Kondensator

Fig. 142.

besteht aus zwei Reihen halbkreisförmiger, in einem mit Paraffinöl gefüllten Gefäß untergebrachter Metallplatten. Die Platten der einen Reihe sind fest an einer Achse in gleichen Abständen übereinander angeordnet, die Platten der zweiten Reihe an einer beweglichen Achse derart, daß sie durch die Drehung dieser Achse sich zwischen die feststehenden Kondensatorplatten schieben. Je weiter die beweglichen Platten zwischen die feststehenden geschoben werden, desto größer wird die Kapazität des Kondensators. Die Größe der Bewegung der Kondensatorplatten wird an einer auf dem Gehäuse des Apparates angebrachten Meßskala von 180^0 abgelesen; steht z. B. der Zeiger auf 160^0, so ist ein Kondensator von viermal größerer Kapazität in den Schwingungskreis des Meßsystems eingeschaltet, als wenn er auf 40^0 zeigt. Die Selbstinduktion des Schwingungskreises wird durch

Anwendung von Spulen verschiedener Drahtlänge geändert; es genügen drei Spulen, deren Selbstinduktion sich verhält wie $\frac{1}{4} : 1 : 4$. Jeder Spule entspricht eine besondere Reihe auf der vorbezeichneten Meßskala, welche unmittelbar die Wellenlänge angibt. Man kann mit diesem Instrument elektromagnetische Wellen von 140 bis 1120 m Länge messen.

Die Messung selbst ist sehr einfach. Man stellt den Wellenmesser so in der Nähe des zu messenden Systems auf, daß dessen ausgestrahlte elektrische Energie die Selbstinduktionsspule des Meßsystems durchsetzt und dieses dadurch in Schwingungen gerät. Die Kapazität des Kondensators wird dann so reguliert, bis das Hitzdrahtamperemeter die größte Stromstärke anzeigt und damit die Resonanzbedingung erfüllt ist. Die Wellenlänge wird auf der betreffenden Skala abgelesen. Von den drei Selbstinduktionsspulen des Meßsystems wählt man diejenige, deren Wert der Größe der Selbstinduktion des zu messenden Schwingungskreises am nächsten kommt.

Will man mit diesem Wellenmesser die Eigenschwingung eines einfachen Luftleiters bestimmen, so benutzt man hierzu drei weitere Drahtspulen mit wenigen Windungen, die in die vorbezeichneten Selbstinduktionsspulen hineingesteckt werden können. Die entsprechende Hilfsspule wird in die zu messende Luftleitung eingeschaltet; sie ändert deren Selbstinduktion nur wenig und ist dabei doch geeignet, die Schwingungen des Luftdrahts auf den Meßstromkreis zu übertragen.

Der Wellenmesser von Slaby. — Seiner Konstruktion liegt das Prinzip des Slabyschen „Spannungsmultiplikators" (vgl. Seite 77) zugrunde. Professor Slaby gibt seinem Wellenmesser deshalb auch die Bezeichnung Multiplikationsstab. Er besteht aus einem Glasstab, der mit seideumsponnenem Kupferdraht von 0,1 mm Kupferseele in einer Lage bewickelt ist. Die Wicklungen haben eine durchschnittliche Ganghöhe von 0,2 mm. Als Isolierung genügt auch ein dünner Überzug des Drahts mit Zellulose-Acetat. Der Multiplikationsstab ist mit einer Skala versehen, die die Viertelwellenlänge der zu messenden elektrischen Schwingung in Metern angibt.

An dem einen Ende trägt der Multiplikationsstab eine Metallfassung. Nimmt man diese Fassung in die linke Hand (Fig. 143), wodurch infolge der Kapazität des menschlichen Körpers das in der Fassung liegende Ende der Multiplikatorspule das Potential 0 erhält, und fährt man dann mit dem Daumen und Zeigefinger der rechten Hand am Stabe entlang, so kommt die freie Spitze des Multiplikationsstabs bei einer bestimmten Stellung dieser Finger auf dem Stabe zum intensiven Sprühen. Die Multiplikatorspule schwingt dann in Resonanz mit dem zu messenden Schwingungskreise, am freien Ende hat sich ein Spannungsbauch ausgebildet und die von den Fingern der rechten Hand bedeckte Marke der Skala gibt die Viertelwellenlänge der zu messenden Schwingung an. Ein genaueres Resultat erhält man, wenn man anstatt mit den Fingern der rechten Hand mit

einem etwa 2 mm dicken kurzen Metallstab, der durch einen Litzendraht
und daran befestigten, auf dem Boden ruhenden Metallteller geerdet ist,
an dem Multiplikationsstab entlang fährt.

Die freie Spitze des Multiplikationsstabs muß dem zu messenden
Schwingungskreise zugewendet werden. Am besten richtet man sie nach
den Stellen, wo die stärksten Oberflächenspannungen sich ausbilden, also
nach den zwischen Kondensator und Selbstinduktionsspule liegenden Punkten.
Die Lichtwirkung des Funkensprühens wird zweckmäßig durch an der Stab-
spitze aufgeklebte kleine Blättchen mit Krystallen von Bariumplatincyanür
unterstützt. Man erhält dadurch einen intensiven hellgrünen Lichtpunkt,
der selbst in direktem Sonnenlicht noch erkennbar ist.

Professor Slaby hat für den praktischen Gebrauch zunächst die
nachfolgend bezeichneten drei Multiplikationsstäbe mit verschiedenem Meß-
bereich anfertigen lassen:

Stab	Durchmesser in cm etwa	Länge in cm etwa	Meßbereich für Viertelwellenlänge in m
A	1	80	25 bis 50
B	2	80	50 bis 100
C	4	80	100 bis 200.

Für die Eichung der Multiplikationsstäbe hat Slaby lange, 2 m über
dem Erdboden ausgespannte blanke Drähte benutzt, die in der Mitte durch
eine Funkenstrecke erregt werden. Nach den bisherigen Erfahrungen darf
nämlich angenommen werden, daß die Ausbreitung der elektromagnetischen
Wellen an geradlinig gestreckten langen Drähten mit gleicher Geschwindigkeit wie im Raume erfolgt, so daß die daran gemessenen Wellenlängen
mit jenen übereinstimmen. Die Einstellung der Multiplikationsstäbe erfolgt
im Dunkeln an den Drahtenden und in solcher Entfernung von ihnen,
daß eine Kapazitätswirkung der Drähte ausgeschlossen ist. Gleicherweise
muß dann beim Messen mit dem Multiplikationsstabe dessen freies Ende
einen gewissen Abstand von dem zu messenden Schwingungskreise haben.
Die mindestens inne zu haltenden Entfernungen sind für den Stab A auf 20,
für den Stab B auf 35 und für den Stab C auf 40 cm festgesetzt.

Der Wellenmesser von P. Drude.[1] — Der Schwingungskreis
(Primärkreis), dessen Periode man bestimmen will, erregt eine aus zwei
1 mm dicken, im Abstande von 2 bis 3 cm parallel gespannten Kupferdrähten bestehende Sekundärleitung, die an einem Ende metallisch geschlossen ist und deren verschiebbarer Metallbügel nach dem anderen
Ende zu so eingestellt wird, bis Resonanz mit dem Primärkreis erzielt ist.
Man erkennt dies daran, daß eine über die Paralleldrähte in der Mitte
zwischen beiden Enden aufgelegte Vakuumröhre ihre maximale Leuchtkraft
hat. Die Wellenlänge ist dann gleich der ganzen Länge der Sekundärleitung, d. h. der doppelten Länge der Paralleldrähte vermehrt um die

---

[1] P. Drude, Annalen der Physik, Bd. 9, 1902, S. 611 u. f.

doppelte Länge des Bügels B und um 3 cm, welche Größe der Kapazität im leuchtenden Vakuum entspricht. Als Vakuumröhre eignet sich am besten eine solche mit Luftfüllung, in der der Sauerstoff durch einen dünnen Belag elektrolytisch eingeführten Natriums entfernt ist.

Fig. 143.

Sollen Wellen über 12 m Länge gemessen werden, so hat man die sonst frei endigenden Paralleldrähte mit den Platten eines Kondensators zu verbinden, die man bei Wellenlängen über 50 m außerdem in Bäder von Flüssigkeiten taucht, deren Dielektrizitätskonstante man kennt. Durch

Benutzung eines Wasserbades von der Dielektrizitätskonstante 81 z. B. können mit einem Kondensator von $1/2$ mm Plattenabstand und einer Kapazität von 184,6 bm. Wellen bis zu 445 m Länge gemessen werden. Die Vakuumröhre wird in diesem Falle gegen die eine Metallplatte des Kondensators gelegt.

Die Wellenlänge λ des zu messenden Schwingungskreises berechnet sich nach der Formel:

$$\lambda = 2\,\pi \cdot \sqrt{CL} + \frac{\pi}{3} \cdot \frac{a^2}{\sqrt{CL}},$$

worin a den Abstand des Metallbügels vom Ende der Parallelleitung, welches am Kondensator liegt, C die Kapazität des Kondensators und L die Selbstinduktion der rechteckigen Sekundärleitung bedeutet.

D) Die Anwendung der Funkentelegraphie.

Der Wert der Funkentelegraphie für den Nachrichtenverkehr ist bereits allerseits anerkannt. Sie leistet namentlich da gute Dienste, wo die Herstellung von Telegraphenleitungen nicht angängig ist oder zu große Kosten verursacht. Zur Zeit kommt sie hauptsächlich zur Verständigung zwischen Schiffen in See untereinander und mit der Küste in Anwendung. Mit Nutzen wird sie aber auch Verwendung finden können zwischen Küsten- und Inselstationen, ferner zwischen Landstationen in wenig bevölkerten Gegenden, wo Telegraphenleitungen von wilden Tieren oder unverständigen Menschen Gefahr droht. Bei allen bisher für den regelmäßigen Nachrichtenverkehr zur Einrichtung gekommenen Funkentelegraphenstationen handelt es sich jedoch vorläufig nur um die Überbrückung von einigen hundert Kilometern. Solcher Stationen soll die Marconi-Gesellschaft gegenwärtig etwa 260 besitzen. Mit den deutschen Systemen Slaby-Arco, Braun-Siemens und Telefunken arbeiten dagegen nach dem Stande vom 8. Juni 1904:

121 Stationen in Deutschland,
2 „ „ England (Funkenwagen),
8 „ „ Dänemark,
22 „ „ Schweden,
6 „ „ Norwegen,
40 „ „ Rußland,
7 „ „ Holland,
2 „ „ Frankreich,
4 „ „ Spanien,
2 „ „ Portugal,
19 „ „ Österreich,
63 „ „ den Vereinigten Staaten,
2 „ „ Brasilien,
2 „ „ Mexiko,
2 „ „ Argentinien,
1 „ „ Uruguay,

zusammen also   303 Stationen.

10 Stationen für Südamerika und 12 Stationen für Australasien sind in Bearbeitung.

An den deutschen Küsten sind die Seetelegraphenanstalten Rixhöft, Arkona, Marienleuchte, Bülk, Cuxhaven, Helgoland, Borkum Leuchtturm und Borkum Feuerschiff mit Funkentelegraphen ausgerüstet. Von ihnen wurden im Kalenderjahr 1903 insgesamt 1508 Funkentelegramme befördert.

Die Funkentelegraphie steht noch am Anfang ihrer Entwicklung. Heute beträgt die in den Äther ausgestrahlte Energie eines funkentelegraphischen Senders im günstigen Falle etwa 30 v. H. der gesamten Betriebsenergie, und auf der Empfangsstation kommt eine so winzige Energiemenge an, daß man sich von ihrer Größe kaum eine Vorstellung machen kann. Morgen wird es vielleicht der Wissenschaft gelungen sein, den Nutzeffekt der Strahlungsapparate zu verdoppeln und die elektrischen Wellenzüge in einer bestimmten Richtung so zu konzentrieren, daß sie am Bestimmungsorte nicht mehr lediglich zur Auslösung anderer Kräfte, sondern auch unmittelbar zu einer elektrischen Leistung, wenn auch nur von der Größe eines geringen Bruchteils einer Pferdekraft, verwendet werden können.

Dann erst wird es an der Zeit sein, der Frage der Ozeanfunkentelegraphie, die von den Marconischwärmern bereits als gelöst betrachtet wird, ernstlich näher zu treten. Vorläufig muß der einsichtige Kabeltechniker die Hoffnungen, daß die Ozeanfunkentelegraphie alle Untermeerkabel entbehrlich machen würde, nicht nur als verfrüht, sondern überhaupt als Illusion bezeichnen. Für den telegraphischen Weltverkehr werden die Kabel nie entbehrlich werden, denn er verlangt nicht allein Schnelligkeit, sondern vor allem auch absolute Sicherheit der Übermittlung. Die Kabeltelegramme bestehen vielfach aus Zahlen, Handelszeichen und chiffrierten Wörtern, so daß eine vollständig genaue Übermittlung erfolgen muß, wenn sie ihren Zweck erreichen sollen. Eine solche genaue Übermittlung wird aber mit der Funkentelegraphie auf Tausende von Kilometern kaum je möglich werden, da die Elektrizität der Atmosphäre nur zu leicht die Zeichen verwirren oder ganz unterdrücken kann. Während die Kabel unter allen Witterungsverhältnissen leistungsfähig bleiben, kann der Betrieb von Funkentelegraphenanlagen durch elektrische Vorgänge in der Atmosphäre oft tagelang unmöglich gemacht werden. Zudem läßt sich das Telegraphengeheimnis bei der funkentelegraphischen Übermittlung nicht genügend sichern; die Funkentelegramme können trotz aller elektrischen oder mechanischen Vorkehrungen bislang noch von Unbefugten abgefangen werden.

Bei der Erzeugung von Fernwirkungen mittels elektrischer Wellen, wie sie bei der drahtlosen Telegraphie Anwendung finden, breitet sich die Energie der Wellen rings umher nach allen Richtungen im Raum um den Sender herum gleichmäßig aus. Wer also elektrische Wellen zum Telegraphieren benutzt, der übergibt seine Telegramme dem Raume. Wenn aber der ganze Raum elektrische Schwingungsenergie enthält, so kann der Ab-

sendende nicht verhindern, daß ein Dritter Schwingungsenergie in Leitern auf-
fängt und mit empfindlichen Apparaten wahrnehmbar macht, d. h. die Zeichen
nachweist. Wohl kann der Absender durch alle möglichen Kunstgriffe das
Lesen und Verstehen der elektrischen Signale erschweren, nicht aber ihre
Entdeckung verhindern. Hierzu müßte man die physikalischen Grundgesetze
umwerfen. Erschweren kann man das Mitlesen entweder durch Benutzung
einer Geheimschrift oder durch sehr schnelles Telegraphieren oder andere
geeignete Maßnahmen.

Trotz dieser der Funkentelegraphie eigentümlichen Schwächen wird
es an Gelegenheit nicht mangeln, an Stelle neuer unterseeischer Kabel-
verbindungen Funkentelegraphenanlagen herzustellen, wenn der zu er-
wartende telegraphische Verkehr nicht so bedeutend ist, daß er die kost-
spielige Auslegung und Unterhaltung von Kabeln tragen kann. Hier wird
es dann heißen müssen: besser eine mangelhafte telegraphische Verbindung
als gar keine. Solche Funkentelegraphenanlagen mit einer Reichweite von
etwa 1000 Kilometern werden sich jetzt mit einem Kostenaufwande von
ungefähr 500 000 Mark für beide Stationen herstellen lassen. Die Sicherheit der richtigen Übermittlung wird auf solchen Anlagen dadurch erhöht
werden können, daß jedes Telegramm vollständig zurücktelegraphiert wird.
Das ist zwar zeitraubend, immerhin aber angängig, da solche Anlagen doch
nur einen verhältnismäßig geringen Verkehr zu befördern haben werden.

Für eine telegraphische Massenbeförderung, wie sie auf den unter-
seeischen Kabeln erfolgt, ist die Funkentelegraphie nicht geeignet; es läßt
sich bei ihr kaum die Geschwindigkeit erreichen, mit der die gewöhnlichen
Morseleitungen betrieben werden. Wenn es daher wirklich gelingen sollte,
eine Funkentelegraphie für regelmäßigen Betrieb über den atlantischen
Ozean herzustellen, so werden durch sie zunächst höchstens so viel Telegramme befördert werden können, als jetzt über eine einzige Kabelleitung
gehen. Theoretisch ist zwar die Mehrfachfunkentelegraphie auf verschiedenen
Wegen gelöst; der praktische Nachweis hierfür ist aber noch nicht genügend erbracht. Bei den gewaltigen Kräften, die für eine Funkentelegraphie über die Weltmeere benutzt werden müssen, bei den vielfachen
Deformationen, die hier die Funkenwellen auf ihrem weitem Wege durch
elektrische Einflüsse der Atmosphäre oder durch Reflexwirkungen der
Wolken zu erleiden haben werden, dürfte es kaum möglich sein, durch
Abstimmung der Apparate auf bestimmte Wellenlängen oder auf sonstige
Weise eine gleichzeitige Mehrfachtelegraphie einzurichten. Das gleiche
gilt für die Funkentelegraphie auf weite Entfernungen über Land. Es ist
also zunächst noch keine Aussicht vorhanden, daß die Drahttelegraphie
durch die Funkentelegraphie ersetzt werden wird.

III. Die Telephonie ohne Draht.

Die Versuche zur Lösung des Problems der Telephonie ohne Drahtleitung lassen sich in vier Gruppen einteilen:

A) Die telephonische Übermittlung durch die Luft, die Erde oder das Wasser unter Benutzung der Induktionswirkungen und der Stromleitung. — Bedeutung und Erfolge haben auf diesem Gebiete nur die Versuche und Arbeiten von W. H. Preece erlangt, die sich in ähnlicher Richtung bewegten, wie seine Versuche zur Herstellung einer Telegraphie ohne Draht (z. vgl. Seite 16).

B) Die Übertragung von Schallwellen durch den Luftraum mit Hilfe von Lichtstrahlen. — Hierzu gehören die photophonischen Versuche von Graham Bell, die bereits 1880 eine drahtlose Telephonie auf eine Entfernung von 213 m ermöglichten. Bei dem Bellschen Photophon sind lediglich die auf mechanischem Wege in Schwingung versetzten Lichtstrahlen die Träger des gesprochenen Wortes; man bezeichnet daher zweckmäßig diese Übermittlungsart als Lichttelephonie.

C) Die Benutzung des elektrischen Bogenlichtes zur Übertragung von Gesprächen durch den Luftraum ohne Drahtleitung. — Den Ausgangspunkt für sämtliche Versuche in dieser Richtung bildet die Entdeckung des „sprechenden elektrischen Flammenbogens" durch Professor Dr. H. Th. Simon in Erlangen (jetzt Göttingen) im Jahre 1897. Mit dem von ihm ausgebildeten System der lichtelektrischen Telephonie hat Simon bei Anstellung von praktischen Versuchen eine drahtlose Telephonie bis zu 3 km Entfernung verwirklicht. Um die weitere Ausbildung der Simonschen Erfindung für die Praxis haben sich später der englische Physiker W. Duddell und der Berliner Physiker E. Ruhmer verdient gemacht. Letzterer hat eine Übertragungsweite von 15 km erreicht.

D) Drahtlose Telephonie mittels elektromagnetischer Wellen. — Es lag nahe, die elektrischen Funkenwellen in ähnlicher Weise wie bei der drahtlosen Telegraphie für eine drahtlose Telephonie nutzbar zu machen. Indes ist auf diesem Wege bis jetzt noch nichts erreicht worden. Die bereits in Abteilung II Seite 86 berührten neuen Untersuchungen von Prof. Dr. H. Th. Simon und Reich erwecken aber begründete Hoffnung, daß sich die durch hochfrequente Wechselströme unter Anwendung von Vakuumfunkenstrecken erzeugten elektromagnetischen Wellen für eine drahtlose Telephonie — Funkentelephonie — auf weite Entfernungen werden nutzbar machen lassen.

13*

A) Drahtlose Telephonie mittels Induktion oder Stromleitung.

Von Bedeutung und von Erfolg begleitet waren nur die Versuche von W. H. Preece. Sie fanden zuerst im Februar 1894 über den Loch Neß im schottischen Hochlande statt. Es galt damals, die Gesetze für die Übertragung von Morsezeichen mittels der Preeceschen Methode der drahtlosen Telegraphie zu bestimmen (vgl. Seite 16). Es wurden zwei gut geerdete Drähte, auf jeder Seite des Sees einer, parallel zueinander ausgespannt und Anordnungen zur beliebigen Verkürzung der Drähte getroffen. um auf diese Weise die kleinste für eine befriedigende Übertragung der Morsezeichen erforderliche Länge zu ermitteln. Gavey, der Assistent Preeces, kam dabei auf den Gedanken, zu versuchen, ob sich nicht gesprochene Laute unter denselben Bedingungen wie Morsezeichen übertragen ließen. Die Versuche ergaben, daß man über den See bei einem mittleren Abstande der parallelen Drähte von 2 km sprechen konnte, wenn die Länge der Drähte zu beiden Seiten des Sees auf ca. 6,5 km verringert wurde. Der leitende Gedanke bei diesen Versuchen ergab sich aus der Tatsache, daß, trotzdem die Telegraphierströme viel stärker sind als die Sprechströme, doch ein schwacher Telephonstrom eine ebenso kräftige Störung im elektrischen Gleichgewicht der Drähte verursachte, wie der stärkere Telegraphierstrom.

Im Jahre 1899 führte Preece an der Menai Strait, einer Meerenge, welche die Grafschaft Anglesey von der Grafschaft Carnarvon trennt, einige Versuche aus, welche zeigten, daß die größte Wirkung erhalten wurde, wenn die parallelen Drähte mit in die See versenkten Erdplatten verbunden waren. Es war klar, daß hier neben den gewöhnlichen Induktionswirkungen auch die Fortleitung der Ströme durch das Wasser eine Rolle spielte. Spezialapparate waren nicht erforderlich, vielmehr wurden die gewöhnlichen telephonischen Sender und Empfänger benutzt. Da eine Verbindung zwischen dem Leuchtturm auf dem Skerriesfelsen und der Küste von Anglesey wünschenswert war und der Boden der Meerenge dort zu uneben und die Strömung zu heftig für die Verlegung eines Kabels ist, so wurde beschlossen, diese Verbindung mittels drahtloser Telephonie herzustellen. Auf den Skerriesfelsen wurde ein Draht von ca. 690 m Länge und auf der anderen Seite des Kanals den Felsen gegenüber ein solcher von $5^1/_2$ km Länge ausgespannt und jeder mit einer Erdplatte verbunden, die in die See versenkt wurde. Die mittlere Entfernung zwischen beiden Drähten betrug 4,5 km. Die telephonische Verständigung war eine gute.

Auch die später auf gleiche Weise angestellten Versuche mit drahtloser Telephonie zwischen der Rathlin-Insel an der Nordküste von Irland und dem irischen Festlande waren von Erfolg begleitet.

Eine ausgedehnte Anwendung wird eine derartige drahtlose Telephonie ebensowenig erlangen, wie die auf gleicher Grundlage geschaffene drahtlose Hydrotelegraphie oder drahtlose Induktionstelegraphie.

B) Drahtlose Telephonie mittels Lichtstrahlen.
(Lichttelephonie.)

Geschichtliche Entwicklung und physikalische Grundlagen.
— Die Lichttelephonie beruht auf der Übertragung der Schallwellen durch den Luftraum mit Hilfe von Lichtstrahlen: auf der Senderstation werden die Schallwellen in Lichtwellen umgesetzt und auf der Empfängerstation diese wieder in Schallwellen. Ersteres erfolgt auf mechanisch-optische Weise, letzteres auf elektrischem Wege unter Benutzung des Selens.

Das Selen wurde 1817 von Berzelius und Gahn in den Rückständen der Schwefelsäurefabrikation entdeckt. 1837 fand Knox, daß Selen ein Leiter für Elektrizität wird, wenn man es schmilzt, und 1852 zeigte Hittorf, daß es auch bei gewöhnlicher Temperatur leitet, wenn es sich in kristallinisch metallischem Zustande befindet. 1873 entdeckte May, ein Assistent von Willoughby Smith, gelegentlich von Versuchen zur Verwendung von Selenbarren als hohe elektrische Widerstände, daß der Widerstand geringer war, wenn das Selen dem Licht ausgesetzt wurde, als wenn es sich im Dunkeln befand. Willoughby Smith äußerte sich zu der Mayschen Erfindung folgendermaßen: Mit Hilfe eines Mikrophons kann man das Laufen einer Fliege so laut hören, daß es dem Trampeln eines Pferdes auf einer hölzernen Brücke gleichkommt; aber noch viel wunderbarer ist es meiner Meinung nach, daß ich mit Hilfe des Telephons einen Lichtstrahl auf eine Metallplatte fallen hörte. 1878 gelang es dann Graham Bell, die Maysche Entdeckung in Verbindung mit dem Telephon zur Konstruktion eines Empfängers für drahtlose Telephonie praktisch zu verwerten.

Das Selen. — Das zur Schwefelgruppe gehörige Element Selen kommt in den meisten Schwefelerzen, aber stets nur in geringer Menge vor. Es tritt in drei allotropischen Formen auf:

1. Amorphes Selen ist ein rotes Pulver, das als Nebenprodukt bei der Schwefelsäurefabrikation aus den Bleikammerrückständen durch Einwirkung von schwefliger Säure auf selenige Säure gewonnen wird. In diesem Zustande ist es ein vollständiger Nichtleiter für Elektrizität.

2. Glasartiges Selen von schwarzer oder tiefbrauner Farbe erhält man durch Schmelzen des amorphen Selens. In sehr dünnen Schichten ist es mit rubinroter Farbe durchsichtig. Es ist wie das Glas ein schlechter Leiter für Elektrizität.

3. Kristallinisches oder metallisches Selen erhält man durch Erhitzen des glasartigen Selens auf längere Zeit bis etwa 100^0 C, d. h. bis zu einer etwas unterhalb seines Schmelzpunktes liegenden Temperatur. Es nimmt dann eine kristallinische Struktur und eine graue graphitähnliche Farbe an, ist auch in den dünnsten Schichten undurchsichtig, besitzt aber nun eine gewisse Leitfähigkeit. Bei geeigneter Anordnung leitet das Selen,

wenn es beleuchtet wird, den elektrischen Strom 2 bis 10 mal besser, als wenn es sich im Dunkeln befindet. Der Leitwiderstand nimmt fast augenblicklich ab bei der Belichtung; nach Aufhören der Belichtung verschwindet jedoch der durch Licht geschaffene Zuwachs an Leitfähigkeit erst nach geraumer Zeit. Die Ursache dieses eigentümlichen Verhaltens des Selens ist bis heute noch nicht aufgeklärt. Einige Physiker nehmen an, daß in dem kristallinisch-metallischen Selen noch ein Teil glasartigen Selens enthalten sei, das durch die Belichtung vorübergehend in kristallinisches Selen verwandelt werde. Andere meinen, daß das Licht nicht auf das Selen selbst, sondern auf dessen Verbindungen mit dem Metall der Zuführungsdrähte wirkt. Diese Verbindungen entstehen zunächst an den Berührungsstellen des Selens mit dem Metall, sie lösen sich dann in der Masse des Selens und ihre Menge soll eine Veränderung durch das Licht erleiden.

Das Photophon von Graham Bell. — Zur Verwendung des Selens für die Zwecke der drahtlosen Telephonie war es nötig, den Leitwiderstand des Selens wesentlich herabzusetzen. Dies geschah insbesondere durch Vergrößerung des Querschnitts der leitenden Masse und führte zur Konstruktion der sogenannten Selenzellen. Graham Bell gelang es in Verbindung mit Sumner Tainter empfindliche Selenzellen herzustellen, deren Widerstand im Dunkeln 300 Ohm und im Lichten 155 Ohm betrug, während die ersten Selenzellen einen Dunkelwiderstand von etwa 250 000 Ohm besaßen. Mit der Konstruktion der empfindlichen Selenzelle war das Problem der Hervorbringung und Reproduktion von Schall mittels Lichts gelöst. Die einfachste Form des auf dieser physikalischen Grundlage von Bell konstruierten Photophons besteht aus einem ebenen Spiegel von biegsamem Material, wie versilbertem Glimmer oder Mikroskopglas, gegen dessen Rückseite gesprochen wird. Das Licht, welches von diesem Spiegel reflektiert wird, kommt so in Schwingungen, die denen des Diaphragmas selbst entsprechen. Als Lichtquelle benutzte Bell zunächst das gewöhnliche Sonnenlicht; jede andere Lichtquelle ist ebenfalls geeignet.

Bei seinen Experimenten mit Sonnenlicht konzentrierte Bell mittels einer Linse L_1 (Fig. 144) ein kräftiges Strahlenbündel auf den Diaphragmaspiegel S; nach erfolgter Reflexion wurde es durch eine zweite Linse L_2 wieder in parallele Strahlen zerlegt. Diese wurden nach der Empfangsstation gerichtet und hier von einem parabolischen Reflektor R aufgefangen, in dessen Brennpunkt eine empfindliche Selenzelle Sz aufgestellt ist, die mit einer kleinen Batterie B und einem Telephon T zu einem Stromkreis zusammengeschaltet wird. Bereits die ersten praktischen Versuche zwischen der Franklinschule in Washington und dem 213 m von ihr entfernten Laboratorium Bells brachten eine gute Übertragung der Sprache.

Die Photophonie Bells geriet jahrelang in Vergessenheit, bis es gelang, weit empfindlichere Selenzellen zu fabrizieren. Insbesondere hat

Ernst Ruhmer die Bellschen Versuche wieder aufgenommen. Er ist zur Zeit damit beschäftigt, unter Verwendung der von ihm konstruierten Selenzellen einfache und leicht transportable photophonische Apparate für Entfernungen von 1 bis 2 km herzustellen, bei denen als Lichtquelle Acetylenlicht zur Verwendung kommt. Ruhmer hofft sogar bei der Empfindlichkeit seiner Selenzellen den Empfangsspiegel ganz entbehren zu können.

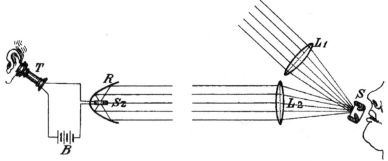

Fig. 144.

Das Radiophon von Bell. — Im Jahre 1893 stellte Bell auf der Weltausstellung in Chicago einen Empfänger für drahtlose Telephonie aus, der durch die Wärmewirkungen der Lichtstrahlen betätigt wurde. Der Sender bestand, wie bei dem Photophon, aus einer Schallplatte mit einem kleinen Spiegel, der das Licht einer elektrischen Bogenlampe reflektierte. Der Empfänger bestand aus einer kleinen Glasbirne, in deren Mitte ein Würfelchen aus Kork befestigt war. Von der Birne führten Hörschläuche an die Ohren der aufnehmenden Personen. Die vom Spiegelchen des Senders reflektierten Lichtstrahlen trafen beim Vibrieren der Schallplatte zeitweilig das Korkwürfelchen des Empfängers und erwärmten dieses oder die umgebende Luft vorübergehend. Auf diese Weise wurden in der Birne Schallwellen erzeugt, die durch den Hörschlauch dem Ohr der empfangenden Personen übermittelt wurden. Mit diesen Apparaten wurden auf der Ausstellung in Chicago auf etwa 100 m Entfernung deutlich gesprochene Worte einigermaßen verständlich übermittelt.

1899 benutzte Bell bei seinem Sender für die radiophonische Sprachübertragung nicht mehr reflektiertes Licht, sondern direktes Licht einer Bogenlampe in der Weise, daß er parallel zu der Bogenlampe ein Mikrophon in ihren Stromkreis einschaltete. Wird durch das Mikrophon gesprochen, so ändert sich der Widerstand dieses mikrophonischen Nebenschlusses und damit die Lichtstärke der Bogenlampe, indem die Stromstärke in der Bogenlampe sinkt, wenn der Widerstand des mikrophonischen Nebenschlusses geringer wird. Die wechselnde Intensität der Lichtstrahlen der Bogenlampe genügt, um den Empfänger der ähnlich gebaut ist wie der frühere, zum Ansprechen zu bringen. Statt des Korkwürfelchens enthält der Empfänger hier einige Fäden aus verkohltem Faserstoff von ähnlichem Aussehen wie die Glühlampenfäden. Um die Lichtstrahlen möglichst intensiv auf den Empfänger zu konzentrieren, ist dieser ebenso wie bei der ersten Konstruktion im Brennpunkt eines größeren parabolischen Spiegels angebracht.

Auch mit diesem Radiophon wurden brauchbare Resultate nur auf einige 100 m erzielt. Eine praktische Verwendung der Radiophonie dürfte daher kaum zu erwarten sein.

Selenzellen. — a) Die ersten Selenzellen wurden bereits 1875 von Werner v. Siemens hergestellt. Zwei feine Platindrähte wurden in Gestalt flacher Spiralen zusammengerollt und auf eine Glimmerplatte gelegt, so daß dieselben einander nicht berührten. Einige Tropfen geschmolzenen Selens wurden dann auf die Platindrähte gegossen und ein zweites Glimmerblatt auf das Selen gepreßt, so daß dieses sich ausbreitete und den Raum zwischen den Drähten ausfüllte. Die Selenzellen wurden hierauf in einem Paraffinbade einer Temperatur von 210° C ausgesetzt und dann langsam abgekühlt. Der Dunkelwiderstand guter Zellen ging bei der Belichtung bis auf $1/_{15}$ seines Wertes herab.

b) Die Selenzellen von Graham Bell (1880). Sie bestanden aus zwei mit zahlreichen Löchern versehenen Messingplatten, die durch eine dazwischen gelegte Glimmerplatte isoliert sind. In die Löcher der einen Platte sind konische Messingstifte eingesetzt, die in die Löcher der anderen Platte hineinragen, ohne jedoch die Platte zu berühren. Über die obere Lochplatte wird eine dünne Schicht glasiges Selen aufgetragen und in die Zwischenräume der Löcher und Stifte hineingedrückt. Die Zelle wird dann über einer Gasflamme erhitzt, bis das Selen zu schmelzen beginnt und in die schiefergraue kristallinisch-metallische Modifikation übergeht.

c) Von den in den nächsten Jahren folgenden vielen Ausführungsformen von Selenzellen seien hier nur kurz noch erwähnt: die Weinholdsche Zelle, die einen Dunkelwiderstand von einigen Hundert Ohm hat, der bei der Belichtung auf etwa die Hälfte sinkt; ferner die Zellen von Mercadier, Shelford-Bidwell, Uljanin und Fritts, bei denen der Dunkelwiderstand durch die Belichtung auf den vierten bis zehnten Teil sinkt. Vorzügliche, den neueren Anforderungen entsprechende Zellen konstruieren jetzt Clausen und v. Bronk in Berlin mit 50 bis 80 facher Lichtempfindlichkeit und P. J. Kipp und Zonen, J. W. Giltay, Opvolger in Delft, welche letztere sich bereits seit 1880 mit der Fabrikation von Selenzellen befassen. Verdienste um die Verbesserung der Selenzellen hat insbesondere sich auch E. Ruhmer erworben.

d) Selenzelle von E. Ruhmer.[1]) Als Zellenkörper findet un-
glasiertes Porzellan in Gestalt eines Zylinders oder Täfelchens Verwendung.
In dem Porzellankörper sind feine Nuten eingepreßt, in welche die Zuführungsdrähte erwärmt hineingewickelt werden. Das Selen wird in ge-
schmolzenem Zustande aufgetragen und durch Erhitzen in die metallische
Modifikation übergeführt. Die Zelle wird dann in eine Glasbirne (Fig. 145)
eingeschmolzen und diese luftleer gemacht.

Um eine bequeme Einschaltung zu ermöglichen, hat die Birne Ge-
windefassung und Kontakt wie eine Glühlampe erhalten; sie kann daher
in jeder Glühlampenfassung befestigt werden. Wird die Zelle
in der optischen Achse eines Reflektors angebracht, so erhält
sie also von allen Seiten Licht.

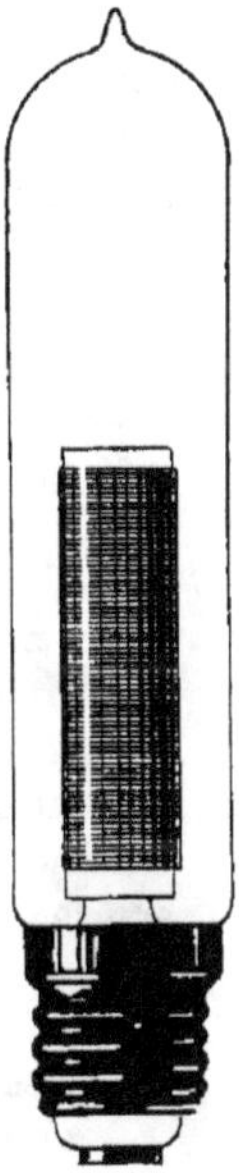

Ruhmer unterscheidet harte und weiche Zellen. Harte
Zellen nennt er solche, die auf grelle Beleuchtung stark reagieren, dagegen für schwache Beleuchtung weniger empfindlich
sind, und weiche Zellen solche, die für schwache Lichteindrücke
sehr empfindlich sind und für starke weniger. Die harte Modifikation wird erhalten, wenn man das glasartige Selen schmilzt
und unter Umrühren oder Erschüttern rasch erkalten läßt; es
hat dann eine feinkörnige Struktur und blaugraue Farbe. Die
weiche Modifikation erhält man durch Erhitzen des auf der
Zelle aufgetragenen geschmolzenen Selens auf mehr als 250° C
und danach ruhiges und langsames Abkühlen. Das Selen muß
noch glasig-schwarz aussehen. Hierauf erfolgt ein nochmaliges
Erhitzen auf 200° C, bis das Selen nun in die weiche grob-
körnig-kristallinische Modifikation übergeht, die eine weißgraue
Farbe hat.

Je nach der Art der Beleuchtung wird man in der Lichttelephonie und auch bei der im nächsten Abschnitt zur Be-
sprechung kommenden lichtelektrischen Telephonie harte oder
weiche Zellen verwenden; im allgemeinen werden die weichen
Zellen am häufigsten benutzt werden.

Fig. 145.

Der Dunkelwiderstand der Selenzellen sinkt bei eintretender Belichtung sehr schnell, dagegen dauert es längere Zeit, ehe nach Aufhören
der Belichtung der frühere Widerstand wieder erreicht ist. Indes ist
diese Trägheit der Zellen nicht so groß, daß die eintretenden Wider-
standsänderungen durch das Telephon nicht mehr wahrnehmbar gemacht
werden könnten. Die Ruhmerschen Zellen erreichen den vollen Wert
ihres Dunkelwiderstandes bereits einige Minuten nach Aufhören der Belichtung.

---

[1]) Ernst Ruhmer. Das Selen und seine Bedeutung für die Elektrotechnik,
Berlin 1902.

C) Drahtlose Telephonie mittels elektrischen Bogenlichtes.
(Lichtelektrische Telephonie.)
1. Die Simonschen Entdeckungen.

Der sprechende Flammenbogen. — Professor Dr. H. Th. Simon ist zuerst gelegentlich anderer Versuche durch ein besonders störendes, knatterndes Bogenlampengeräusch auf die akustischen Erscheinungen des elektrischen Flammenbogens aufmerksam gemacht worden. Im Jahre 1897 arbeitete er im Erlanger physikalischen Institute mit einer Gleichstrombogenlampe und beobachtete, daß jedesmal, wenn in einem benachbarten Zimmer ein Induktorium in Gang gesetzt wurde, die Bogenlampe ein eigentümlich knatterndes Geräusch hören ließ. Er glaubte bei dieser Erscheinung zunächst, ein Reagens auf elektrische Schwingungen gefunden zu haben. Dann zeigte sich, daß die Speiseleitung der Lampe der zum Induktorium führenden Leitung auf einer kurzen Strecke parallel lief. Durch die Unterbrechung des Induktoriumstroms wurden in dem Lampenstromkreis Induktionsströme hervorgerufen, die sich über den Gleichstrom des Flammenbogens lagerten und das erwähnte Geräusch verursachten. Es fiel auf, daß die akustische Wirkung verhältnismäßig laut war, obwohl die Induktionswirkungen nicht besonders intensiv sein konnten. Die induzierenden Leitungen, deren gegenseitiger Abstand 10 bis 15 cm betrug, liefen nur auf einer kurzen Strecke nebeneinander her; außerdem waren die Primärströme im Induktorium nicht sehr kräftig. Die Stärke der akustischen Wirkungen im Verhältnisse zur Stärke der sie erzeugenden Stromstöße führte Simon auf den Gedanken, Mikrophonströme über den Flammenbogen überzulagern, um die entsprechenden Schallwirkungen zu erzielen. Der Versuch gelang.

Die Ergebnisse seiner Untersuchungen faßte Simon in einer Wiedemanns Annalen der Physik und Chemie[1]) am 23. Dezember 1897 zugegangenen Abhandlung in folgende Lehrsätze zusammen:

a) Der Flammenbogen verwandelt periodische Stromschwankungen, die sich über seinen Hauptstrom lagern, bis in alle Einzelheiten der Klangfarbe in Töne. Er kann somit als Empfänger bei mikrophonischer Übertragung jeder Art von Klang und Geräusch dienen.

b) Der Flammenbogen reagiert auf die kleinsten Dichteschwankungen der umgebenden Luft durch entsprechende Schwankungen seiner Stromstärke und kann somit als Geber bei telephonischer Übertragung jeder Art von Klang und Geräusch dienen.

Die von Simon gewählte Versuchsanordnung wird durch das Schaltungsschema Fig. 146 veranschaulicht. Die eine Windung des Transformators wird vom Bogenlampenstrome, die andere vom Mikrophonstrome durchflossen. Man hört so aus dem Flammenbogen alles in das Mikrophon Gesprochene

---

[1]) Wiedemanns Annalen, Bd. 64, 233. 1898.

mit unveränderter Klangfarbe wieder herausschallen. Wenn man die Bedingungen richtig wählt, läßt sich die Lautstärke so steigern, daß man
in dem elektrischen Flammenbogen ein laut sprechendes Telephon bester
Art, besitzt, dessen größter Vorzug das Fehlen jeder trägen Masse ist.

    Vor allem muß man recht gute
Mikrophone verwenden, denn die
Lautwirkung wird um so größer, je
stärkere Ströme das Mikrophon erzeugt. Man muß die Mikrophone
mit Stromstärken von 0,5 Ampere
und mehr betreiben können. Ferner
stellte Simon fest, daß zur Erzielung von genügender Lautwirkung
und Klangreinheit für jede derartige
Anordnung ein besonderes Trans-
formationsverhältnis zwischen den
Spulenwindungen des Übertragers
erforderlich ist.

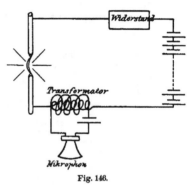

Fig. 146.

    Das Zustandekommen der elek-
trisch-akustischen Erscheinungen im Flammenbogen erklärt Simon auf
folgende Weise:

    Die übergelagerten schnellen Stromänderungen erzeugen in dem Flammen-
bogen analoge Schwankungen der Jouleschen Wärme und bewirken dadurch

entsprechende Schwankun-
gen des Flammenbogenvolu-
mens, die sich in die um-
gebende Luft als Schallwellen
ausbreiten müssen.

    Diese Erklärung ist be-
reits vielfach angefochten
worden, ohne aber eine
bessere an ihre Stelle zu
setzen.

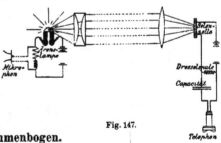

Fig. 147.

Der lauschende Flammenbogen.

Es lag die Vermutung nahe, daß sich der
„sprechende" Flammenbogen umgekehrt auch als „lauschender" Flammenbogen, d. h. als Mikrophon würde benutzen lassen können. Simon gelang
unter Benutzung derselben Schaltungsanordnung (Fig. 146) der praktische
Nachweis, daß Druckwellen, die über einen Flammenbogen hinziehen, tatsächlich analoge Intensitätsschwankungen seiner Stromstärke bewirken,
durch die ein an Stelle des Mikrophons eingeschaltetes Telephon betätigt
werden kann. Auf das glühende Gasvolumen des Flammenbogens werden
die Schallwellen durch einen Blechtrichter konzentriert.

Die Simonsche lichtelektrische Telephonie. — Bei seinen Versuchen, die sprechende Bogenlampe zu einer Telephonie ohne Draht zu verwenden, ging Simon von folgender Erwägung aus: In der sprechenden Bogenlampe oszilliert die Temperatur der Flamme. Nach den Strahluggs-

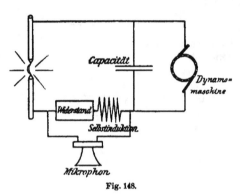

Fig. 148.

gesetzen glühender Körper hat aber jede Änderung der Flammentemperatur eine gleiche Änderung der Strahlungsintensität zur Folge. Wenn also die Temperatur des sprechenden Flammenbogens oszilliert, muß auch die von ihm ausgehende Strahlung oszillieren, die Lichtstrahlung. ebenso wie die Wärmestrahlung. Läßt man derartige Strahlen auf eine Selenzelle fallen, die mit einer Batterie und

einem Telephon in einen Stromkreis geschaltet ist, so wird man, was das Licht der sprechenden Lampe als Intensitätsschwankung in den Raum

trägt, im Telephon als Schallwellen wieder gewinnen: man erhält eine Telephonie ohne Draht.

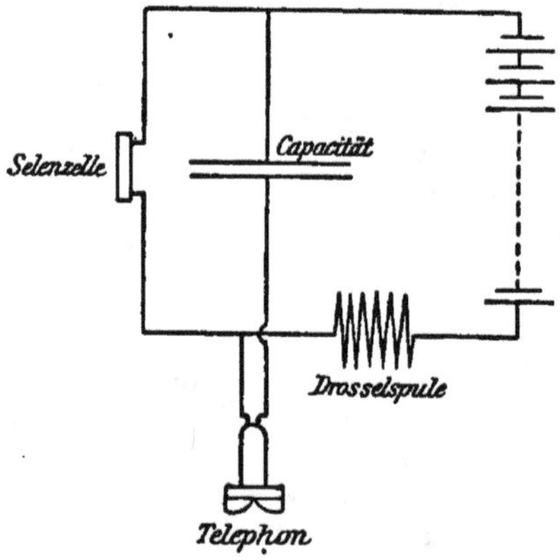

Bei seinen Laboratoriumsversuchen wendete Dr. Simon als Lichtsender keine lautsprechende Bogenlampe an, die durch ihre Töne gestört haben würde, sondern einen stummen, aber lichtsprechenden Flammenbogen. Einen solchen bietet die Arons-Lampe [1]) dar. Sie liefert einen Flammenbogen zwischen Quecksilberelektroden im Vakuum. Über den Flammenbogen werden in der besprochenen Weise die Ströme eines Mikro-

Fig. 149.

phonkreises gelagert. Die Mikrophonströme können in diesem Falle nur Intensitätsschwankungen des ausgestrahlten Lichtes, keine Schallwellen erzeugen. Die Lichtstrahlen werden mittels einiger Linsen auf die Selen-

---

[1]) Jetzt als Cooper-Hewitt-Lampe in Gebrauch.

zelle (Fig. 147) konzentriert. Man hört dann alles, was in das Mikrophon hineingesprochen wird, laut und deutlich in dem Telephon der Selenzelle wieder.

Praktische Versuche stellte Simon im September 1901 in Hamburg und Nürnberg unter Verwendung eines parabolisch geschliffenen Schuckertschen Scheinwerfers von 90 cm Durchmesser und 40 cm Brennweite, in dessen Brennpunkt der sprechende Lichtbogen angeordnet wurde, sowie eines 90 cm-Spiegels oder einer 30 cm-Linse auf der Empfangsstation an, er erreichte eine gute drahtlose telephonische Verständigung auf 1200 m. Die Versuche ließen die Überbrückung größerer Entfernungen durchaus möglich erscheinen. In Göttingen gelangen solche kurze Zeit danach auf Entfernungen von 2,5 bis 3 km. Damit hat Simon das Problem der drahtlosen Telephonie auf lichtelektrischem Wege nicht nur theoretisch, sondern auch praktisch gelöst.

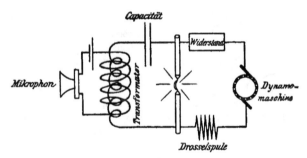

Fig. 150.

Das von Professor Simon in Verbindung mit Dr. Reich für die praktische Verwendung ausgearbeitete System der lichtelektrischen Telephonie wird für die elektrische Schaltung der Senderstation durch Fig. 148 und für die Empfängerstation durch Fig. 149 veranschaulicht. (Spiegel und Linsen sind weggelassen.) Auf der Senderstation wird von dem Lampenstromkreise ein Mikrophonstromkreis über eine Strecke abgezweigt, die so großen Widerstand enthält, daß der Spannungsabfall auf ihr etwa 4 Volt beträgt. Gleichzeitig wird in diesen Zweig eine Selbstinduktion eingeschaltet, damit die Mikrophonwechselströme sich nicht ausgleichen, sondern ihren Weg über den Flammenbogen nehmen. Da die Lautwirkung mit der Flammenbogenlänge zunimmt, so werden möglichst große Bogen bis zu 10 cm und zur Erzielung solcher salzgetränkte Dochtkohlen verwendet. Auf der Empfangsstation wird das Hörtelephon zusammen mit einer Kapazität parallel zur Selenzelle geschaltet. Es wird dadurch verhindert, daß der konstante Strom der Selenzelle das Telephon mit durchfließt.

2. Versuche und Erfolge anderer Forscher mit der Simonschen licht-elektrischen Telephonie.

a) Die Versuche von Duddell.

Um bei der Sendereinrichtung für lichtelektrische Telephonie den Mikro-phonströmen einen leicht gangbaren Weg über den Flammenbogen anzu-weisen und ihnen schädliche Umwege durch das ganze Zentralnetz, über

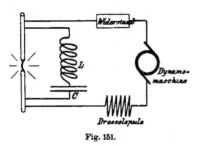

Fig. 151.

die Batterie oder die Dynamo-maschine zu versperren, wendet der englische Physiker Professor Duddell[1]) eine Schaltung nach Fig. 150 an. Die eingeschaltete Kapazität sperrt dem Gleichstrom der Dynamomaschine den Weg zum Mikrophontransformator ab, während die Selbstinduktion der Drosselspule die induzierten Mikro-phonströme vom Dynamostrom-kreise abdrosselt, d. h. ihnen den Abweg in diesen versperrt.

Die Duddellsche Schaltung empfiehlt sich, wenn man den Flammen-bogen von einer Leitung speist, die an sich schon eine große Selbstinduktion enthält, also namentlich dann, wenn die Leitung an eine Dynamomaschine mit ihrer hohen Drosselwirkung angeschlossen ist. Wenn dagegen der

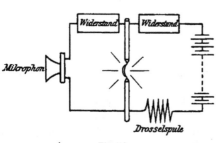

Fig. 152.

Flammenbogen aus einer Akkumulatorenbatterie ge-speist wird, so ist die Duddellsche Einschaltung von Kapazität und Selbst-induktion entbehrlich. Man erzielt in diesem Falle die-selben Erfolge mit der ein-fachen ersten Simonschen Anordnung nach Fig. 46. Größere Bedeutung wird u. U. für die draht-

lose Telephonie, die durch Fig. 151 wiedergegebene Versuchsanordnung Duddells erlangen können, durch die es möglich wird, gleichsam auf auto-matischem Wege Gleichstrom in Wechselstrom von 30 000 bis 40 000 Schwin-gungen umzuwandeln. Gelingt es auf diesem Wege noch zu höheren Schwin-gungszahlen von der Größenanordnung der elektromagnetischen Wellen über-zugehen, so wäre damit das für die drahtlose Telephonie auf weite Entfernungen

---

[1]) The Electrician Nr. 8 und 9 vom Dezember 1900.

so unendlich wichtige Problem, dauernd ungedämpft und rein sinusförmige elektrische Schwingungen zu erzeugen, gelöst. Bei der Duddellschen Anordnung (Fig. 151) bildet der zu dem Flammenbogen (Homogenkohlen) parallel geschaltete Stromkreis mit der Selbstinduktion L und der Kapazität C bei kleinem Widerstande ein elektrisches System, das bei passender Abstimmung

Fig.153.

von C und L eine Eigenschwingung hat, die sich nach der Thomsonschen Formel

$$T = 2\,\pi \cdot \sqrt{CL} \qquad \text{oder} \qquad n = \frac{1}{2\,\pi \cdot \sqrt{CL}}$$

berechnet. Der Flammenbogen tönt in diesem Falle ziemlich laut mit einem reinen Tone von der Schwingungszahl n, das schwingende System wird hierbei von recht kräftigen sinusförmigen Strömen durchflossen.

b) Die praktischen Erfolge von Ruhmer.

Ernst Ruhmer änderte anfänglich die grundlegende Simonsche Sender-anordnung für lichtelektrische Telephonie dahin ab, daß er das Mikrophon mit dem erforderlichen Widerstande parallel zum Flammenbogenstromkreise schaltete. Diese Schaltung (Fig. 152) braucht keinen Transformator und keine besondere Mikrophonbatterie; sie umgeht also die Schwierigkeiten der richtigen Abgleichung des Transformators. Die Drosselspule versperrt wiederum den Mikrophonströmen den Weg in den Lampenstromkreis. Später wendete Ruhmer, jedoch unabhängig von Simon, ebenfalls die Schaltung (Fig. 148) von Simon und Reich an.

Fig. 154.

Die Verdienste Ruhmers auf dem Gebiete der lichtelektrischen Telephonie liegen weniger in der theoretischen Ausbildung, sondern vielmehr in der praktischen Anwendung der Simonschen Erfindung, deren Nutzbarmachung er sich mit großer Energie und viel Geschick gewidmet hat. Die von ihm erzielten Erfolge hat er hauptsächlich durch seine bereits Seite 201 beschriebenen besonders empfindlichen Selenzellen erreicht.

Die ersten Versuche mit seiner Selenzelle zum Lichtfernsprechen auf größere Entfernungen machte Ruhmer 1902 gelegentlich der Motorboot-ausstellung auf dem Wannsee bei Berlin. Er benutzte dabei eine Zelle mit einer zylinderförmigen lichtempfindlichen Fläche von nur 18 mm Durch-messer und 24 mm Länge, deren Dunkelwiderstand bei Beleuchtung durch eine gewöhnliche Glühlampe bereits auf $1/80$ sank.

Die Empfängerstation war am Ufer des Wannsees (Fig. 153), die Sender-
station auf dem Akkumulatorenboot „Germania" der Akkumulatorenfabrik
A. G. Hagen zur Einrichtung gekommen. Die lichtempfindliche Ruhmersche
Zelle wurde in einem Parabolspiegel von 50 cm Durchmesser angeordnet; als
Empfangstelephone dienten zwei hochempfindliche Telephone mit schwachem
Hufeisenmagnet und empfindlicher Membran. Die Senderstation auf dem
Akkumulatorenboot (Fig. 154) war mit einem kleinen Schuckertschen

Fig. 155.

Torpedobootscheinwerfer von 35 cm Durchmesser ausgerüstet. Um die Reich-
weite der von den Lichtstrahlen getragenen Sprache zu ermitteln, fuhr das
Akkumulatorenboot bei den verschiedenen Versuchen immer weiter in den
Wannsee und die Havel hinaus. Das Endergebnis der Versuche war die
Möglichkeit einer lichtelektrischen Telephonie auf mindestens 7 km Ent-
fernung bei Nacht und auf rund 3 km bei Tage. Bei dem Versuche auf
7 km Entfernung war die Empfangsstation auf der Plattform des Kaiser
Wilhelm-Turmes auf dem Karlsberg im Grunewald aufgestellt worden.

Angespornt durch die günstigen Ergebnisse der Wannseeversuche hat
Ruhmer neuerdings versucht, mit der lichtelektrischen Telephonie noch

größere Entfernungen zu überbrücken. Diese zu erfolgreichem Abschlusse gekommenen Versuche fanden zwischen Berlin und Grünau auf eine Entfernung von 15 km statt. Auf der Senderstation bei Berlin kam ein Schuckertscher Scheinwerfer mit Glasparabolspiegel von 60 cm Durchmesser und auf der Empfangsstation bei Grünau ein Parabolspiegel von 90 cm Durchmesser zur Anwendung. Die letzten Versuche haben ergeben, daß es möglich ist, auf Entfernungen von 15 km die lichtelektrische Telephonie zu benutzen, und es steht zu erwarten, daß mit besseren Hilfsmitteln, insbesondere größeren Spiegeln und Lichtquellen, man noch weiter kommen wird. Fig. 155 stellt eine fahrbare Senderstation für drahtlose Telephonie zur Verwendung im Festungskriege dar.

D) Drahtlose Telephonie mittels elektromagnetischer Wellen.
(Funkentelephonie.)

Die bisherigen funkentelegraphischen Sender liefern den einzelnen Funkenentladungen entsprechend Wellenzüge, die von relativ langen Pausen unterbrochen sind. Wenn auch die Zeit, die zwischen dem Vergehen einer Wellengruppe und dem Entstehen der nächsten Gruppe nur winzige Bruchteile einer Sekunde beträgt, so ist diese kurze Unterbrechung in der Aufeinanderfolge der Schwingungen doch bereits hinreichend, eine Fernübertragung der Schallwellen der menschlichen Sprache mittels solcher Sender unmöglich zu machen. Die drahtlose Telephonie erfordert vielmehr kontinuierliche Wellenströme. Die Möglichkeit, solche zu erzeugen, ist durch die Untersuchungen von H. Th. Simon und Reich (vgl. S. 86) gegeben.

Will man die elektromagnetischen Wellen zur Übertragung der Sprachwellen benutzen, so muß man sie gewissermaßen zu einer Resultierenden von der Form der letzteren vereinigen. Es wird sich also bei der Funkentelephonie darum handeln, die Intensität der Funkenwellen derjenigen der Sprachwellen anzupassen. Dies kann entweder dadurch erfolgen, daß man die Wellenlängen ändert und die Intensität der Wellensendung konstant erhält, oder daß man die Intensitäten unter Beibehaltung der Wellenlängen ändert. Im ersteren Falle werden im gleichen Zeitraume bei Verkürzung der Wellen mehr, bei Verlängerung dagegen weniger Wellen auf den Empfänger einwirken. Da aber jeder Welle eine bestimmte Leistung entspricht, so wird die Resultante der Leistungen bei gleichbleibender Intensität der Wellen um so größer sein, je mehr Wellen auf den Empfänger einwirken. Bleiben dagegen die Wellenlängen die gleichen, so bedingt eine Änderung der Wellenintensität auch eine entsprechende Änderung der Einwirkung auf den Empfänger.

Am einfachsten erscheint die Anpassung der elektromagnetischen Wellen an die Schallwellen durch Änderung der Wellenlängen. Da die Wellenlänge von dem Produkt aus Selbstinduktion und Kapazität abhängt, so wird man den einen oder anderen Faktor durch die Sprachwellen beeinflussen. Fessenden hat für beide Fälle Schaltungen angegeben: die eine auf der Änderung der Selbstinduktion beruhende ist bereits Seite 157 (Fig. 114) beschrieben, die andere, die eine Änderung der Kapazität benutzt, veranschaulicht Fig. 156. Der Kondensator C ist so angeordnet, daß seine eine Belegung als Sprechmembran benutzt werden kann; als Dielektrikum dient die Luft. Wird diese Membran durch das Sprechen in eine schwingende Bewegung versetzt, so vergrößert sich die Kapazität bei der Näherung der Membran und verringert sich bei deren Entfernung.

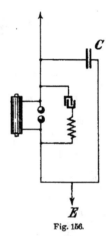

Fig. 156.

In beiden Fällen muß der Oszillator dauernd den Luftleiter erregen, und die von diesem ausgestrahlten kontinuierlichen Wellenzüge werden dann entsprechend der Änderung des Produkts aus Selbstinduktion und Kapazität in ihrer Länge verschieden sein, d. h. analog den Schallwellen auf den Empfänger einwirken.

Der zweite Weg zur Lösung des Problems der Funkentelephonie durch Änderung der Intensitäten der Wellen, d. h. deren Amplituden, bei gleichbleibender Länge, erscheint ebenfalls gangbar. Im eigentlichen Schwingungskreise dürfte dann, da die Wellenlänge ja konstant bleiben soll, keine Veränderung vorgenommen werden. Die Intensitätsänderung müßte also durch Vermehrung oder Verminderung des Widerstandes im Stromkreise der Energiequelle erfolgen. Ob sich dies durch besonders konstruierte Mikrophone oder durch Benutzung einer dem Simonschen sprechenden Flammenbogen entsprechenden Schaltung wird erreichen lassen, ist heute noch eine offene Frage.

Theoretisch erscheint das Problem der Funkentelephonie gelöst; hoffentlich bringen die zur Zeit fortgesetzten Versuche von Simon und Reich auch bald die praktische Lösung.

Namen- und Sachregister.